深入理解 Prometheus 监控系统

鲍光亚　张　帆◎著

人民邮电出版社

北　京

图书在版编目（CIP）数据

深入理解Prometheus监控系统 / 鲍光亚，张帆著
. -- 北京 ： 人民邮电出版社，2024.7
ISBN 978-7-115-64267-7

Ⅰ．①深… Ⅱ．①鲍… ②张… Ⅲ．①计算机监控系
统 Ⅳ．①TP277.2

中国国家版本馆CIP数据核字(2024)第080475号

内 容 提 要

本书按照监控数据的采集和加工流程的顺序，深入剖析 Prometheus 监控系统的主要模块，旨在帮助读者理解 Prometheus 监控系统的底层工作机制。本书主要内容包括监控数据来源模块、监控目标发现模块、监控数据采集模块、监控数据存储与读写模块、监控数据查询语言、监控数据计算与告警模块、Web 模块，以及警报管理系统等。通过对主要模块的学习，读者可以了解 Prometheus 监控系统是如何充分利用并发能力和 Go 语言的关键特性来应对动态变化的云环境的。

本书适合已经对 Prometheus 有初步了解的读者，也适合想要进一步探究其内部工作机制的运维工程师、软件设计人员及软件开发工程师阅读。

◆ 著　　　　鲍光亚　张　帆
责任编辑　刘雅思
责任印制　王　郁　胡　南

◆ 人民邮电出版社出版发行　　北京市丰台区成寿寺路 11 号
邮编　100164　电子邮件　315@ptpress.com.cn
网址　https://www.ptpress.com.cn
北京天宇星印刷厂印刷

◆ 开本：800×1000　1/16
印张：15　　　　　　　　2024 年 7 月第 1 版
字数：303 千字　　　　　2024 年 7 月北京第 1 次印刷

定价：79.80 元

读者服务热线：(010)81055410　印装质量热线：(010)81055316
反盗版热线：(010)81055315
广告经营许可证：京东市监广登字 20170147 号

序一

我认识光亚六年有余，我们曾在京东零售基础架构部合作过。他工作认真负责，对技术充满热情，给我留下了深刻的印象。他在学习和使用 Zabbix 的过程中，积累了丰富的知识和经验，并将这些知识和经验写入《深入理解 Zabbix 监控系统》一书中，该书受到广泛好评。

在那之后，光亚并未止步，而是投入更多的热情和时间去学习和使用 Prometheus。他不仅研读了 Prometheus 的源代码，还深入挖掘了源代码背后的逻辑和原理。他与朋友合作编写了《深入理解 Prometheus 监控系统》一书，这份努力和毅力令人钦佩。

Prometheus 是云原生计算基金会（CNCF）继 Kubernetes 之后的第二个托管项目，为云原生监控系统提供了高效、可靠的解决方案，使得包括 Kubernetes 在内的云原生监控系统能够充分发挥其潜力，构建更为稳健、智能的监控体系。对从事云原生监控系统的开发和使用的工程师来说，学习和掌握 Prometheus 是非常有必要的。

本书系统地阐述了 Prometheus 的功能和特性，深入剖析了其设计与实现过程中的技术细节。作者结合自身丰富的实践经验和对技术的独到见解，为系统运维工程师和系统开发者提供了一本极具参考价值的书。阅读本书，有助于相关专业人士深入理解 Prometheus 的工作原理，提升在业务实践中快速定位并解决问题的能力。

在这个信息爆炸、节奏日益加快的时代，作者能够静下心来，深入探索技术的本质，参与并完成这样一本好书，实属难能可贵。本书不仅向读者展示了 Prometheus 的强大功能，更传递了作者持续探索和不断学习的精神。

我衷心希望，读者在阅读完这本书后，不仅能够掌握 Prometheus 的相关知识，将其深入运用到自己的实践中，还能从本书中汲取灵感，在未来写出一本属于自己的好书。

陈源

佐治亚理工学院计算机科学博士、英伟达公司主任工程师

序二

据 Gartner 预测，到 2025 年，部署在云原生平台上的数字工作负载将达到 95%。面对这种趋势，不同行业、不同体量的场景化应用对云端监控提出了更高的要求。

Prometheus 作为现在最重要的云原生监控平台之一，凭借其开源的属性、灵活的架构和强大的功能，受到越来越多企业和开发者的青睐。与此同时，相关的学习资料也越来越丰富。我认为本书无疑是市面上一系列相关资料中的佼佼者，本书清晰的结构和丰富的案例能够帮助读者更好地理解和应用 Prometheus。

本书从监控数据来源到数据存储，再到告警处理，系统地介绍了 Prometheus 的关键组成部分。如果读者深入本书的技术细节，就可以发现作者对 Prometheus 的独到解读。例如，第 6 章详细介绍了 Prometheus 的本地存储数据库 TSDB，包括监控数据写入头部块的具体过程、头部块和主体块的逐级压缩过程，以及 WAL 文件和事务隔离机制。这些细致入微的技术讲解，将帮助读者更深入地理解 Prometheus 的工作原理，从而将其更好地应用于实际场景中。

在此，我由衷地对本书作者鲍光亚和张帆表示赞赏，他们的辛勤劳动和专业造诣为我们呈现了一本深入剖析 Prometheus 的宝贵图书。

鲍光亚是开源监控领域的专家，我通过他的著作《深入理解 Zabbix 监控系统》与他结识。该书深入解析了 Zabbix 5.0 的源码，揭示了 Zabbix 监控系统的核心原理，并指导技术人员和决策者有效解决问题，广受 Zabbix 社区成员赞誉。鲍光亚还多次参加 Zabbix 中国峰会，其深刻的见解为观众提供了丰富的启发和思考。

张帆是 Zabbix 社区的专家，多年来利用个人时间免费为社区成员解答问题，是社区的意见领袖，也是 Zabbix 支持原厂订阅的使用者。张帆在 Zabbix 多服务器架构设计、自动化监控方案设计实现以及源码解析方面拥有丰富的经验。随着业务需求的不断发展，张帆引入了将 Prometheus 与 Zabbix 结合使用的方法，并分享了《基于 Prometheus 和 Zabbix 实现容器云平台整体监控方案》等系列文章和演讲，极大地增加了开源社区的活力与创造力。

正是有了像鲍光亚、张帆这样的有能力、有情怀、有担当的人，开源工具在中国的落地才更加顺利！

宏时数据作为 Zabbix 大中华区总代理，对监控系统的发展历程有着清晰的认知。在这个领域中，Zabbix 作为一款成熟、稳定的监控系统，长期以来为众多企业提供了可靠的监控解决方案。然而，随着信息技术的不断演进和需求的日益复杂化，尤其是云原生的快速发展，为了达到更全面、更有效的监控覆盖，越来越多的企业选择将 Prometheus 与 Zabbix 结合使用，因此学习、掌握 Prometheus 和 Zabbix 都是非常有必要的。

最后，再次感谢两位作者的贡献，并对本书的问世表示热烈的祝贺。我相信，这本书将为广大对 Prometheus 感兴趣的读者和即将使用 Prometheus 的朋友提供宝贵的帮助和指导。也期待在未来的实践中，Prometheus 与 Zabbix 的结合使用能够为更多企业带来卓越的监控体验和效果。

侯健

上海宏时数据系统有限公司创始人兼 CEO

前　　言

写作目的

随着 Kubernetes 在信息技术领域的广泛应用以及运维工作对监控系统的依赖程度的增加，Prometheus 监控系统逐渐成为信息技术架构中不可缺少的功能组件。本书全面而深入地剖析 Prometheus 监控系统的各个组成部分，帮助读者理解 Prometheus 监控系统各个模块的底层工作机制。

内容结构

本书共 11 章，总体上按照监控数据的采集和加工流程顺序讲解各个模块的底层工作机制。

第 1 章选取 Prometheus 发展过程中的 4 个具有里程碑意义的版本，讲解各主要模块的功能发展、演变过程。

第 2 章讲解 Prometheus 各个模块中广泛用到的 YAML 文本以及 Prometheus 配置文件的加载与刷新过程。

第 3 章讲解监控数据来源模块 Exporter 的典型工作架构以及原始监控数据是如何加工和对外输出的。

第 4 章讲解监控目标的自动发现机制，即 Prometheus 如何探测并发现多种多样的监控目标。

第 5 章讲解监控数据的采集与加工，即 Prometheus 服务器如何向大量监控目标请求监控数据，以及如何将监控数据转换为需要的数据结构并写入数据库。

第 6 章讲解 Prometheus 的本地数据库 TSDB，包括监控数据写入头部块以及头部子块的具体过程、头部块和主体块的逐级压缩过程，以及 WAL 文件和事务隔离机制等。

　　第 7 章讲解 Prometheus 本地数据库的查询语言 PromQL，包括 PromQL 解析器、语法树的结构和语法树的执行等。

　　第 8 章讲解监控数据的计算与告警触发，包括转录规则和告警规则的执行以及警报消息的通知等。

　　第 9 章讲解 Prometheus 提供的 Web 服务，包括 Web API 的各项功能和 Web 用户界面中 PromQL 编辑器的功能等。

　　第 10 章讲解 Prometheus 的构建与部署，以及与部署相关的问题。

　　第 11 章讲解分布式系统 Alertmanager，包括分布式集群工作原理以及警报管理系统对警报消息的整个处理流程（从警报接收到分组、滤除、派发和登记）等。

致　　谢

特别感谢陈源博士为本书作序，这份认可和支持对本书来说是莫大的荣幸。在本书的创作过程中，陈源博士给予了我无尽的鼓励和帮助。陈源博士在 IT 领域的成就令人瞩目，他的研究成果不仅丰富了理论知识，更为实际应用提供了重要的指导。他在计算机学术会议上发表的 50 多篇学术论文，以及拥有的 21 项专利，充分展现了他的学术造诣和创新能力。同时，陈源博士作为 CNCF 云原生社区的积极参与者、Kubernetes 开源软件社区的代码贡献者，以及 KubeCon 云原生技术峰会的连续嘉宾，他的影响力和贡献力在业界有目共睹。此外，他常年活跃于社交媒体，在新浪微博（@硅谷陈源博士）和领英（LinkedIn）等社交媒体上分享知识和职场经验，具有广泛的影响力。

特别感谢侯健先生为本书作序。侯健先生是 Zabbix 中国上海宏时数据的创始人兼 CEO，国内开源监控工具领导者。从本书的兄弟篇《深入理解 Zabbix 监控系统》到本书的编写，侯健先生给予了我们极大的支持和鼓励。

此外，我要感谢人民邮电出版社的编辑刘雅思和李齐强。两位编辑为本书倾注了大量时间和精力，对稿件进行了细致入微的打磨。他们以认真负责的态度为本书提出了大量宝贵意见，使本书得以更加完善地呈现给读者。

感谢我的家人，他们的支持让我能够专心致志地完成这本书的编写。

感谢我的工作单位的领导和同事，他们为我提供了在国内大型企业负责监控工作的舞台，并给予了我许多指导和帮助，让我有机会深入使用和研究 Prometheus。

感谢来自开源监控社区以及各行业监控同行的技术分享，他们的专业知识和经验为本书的构思提供了重要的参考。

再次向所有支持和帮助本书出版的人表示衷心的感谢！

鲍光亚

资源与支持

本书由异步社区出品，社区（https://www.epubit.com/）为您提供相关资源和后续服务。

配套资源

本书提供如下资源：

- 本书源码；
- 电子附录。

要获得以上配套资源，您可以扫描下方二维码，根据指引领取。

您也可以在异步社区本书页面中点击 配套资源 ，跳转到下载界面，按提示进行操作。注意：为保证购书读者的权益，该操作会给出相关提示，要求输入提取码进行验证。

提交勘误

作者和编辑尽最大努力来确保书中内容的准确性，但难免会存在疏漏。欢迎您将发现的问题反馈给我们，帮助我们提升图书的质量。

当您发现错误时，请登录异步社区，按书名搜索，进入本书页面，点击"发表勘误"，输入勘误信息，点击"提交勘误"按钮即可（见下图）。本书的作者和编辑会对您提交的勘误进行审核，确认并接受后，您将获赠异步社区的 100 积分。积分可用于在异步社区兑换优惠券、样书或奖品。

与我们联系

本书责任编辑的联系邮箱是 liuyasi@ptpress.com.cn。

如果您对本书有任何疑问或建议，请您发邮件给我们，并请在邮件标题中注明本书书名，以便我们更高效地做出反馈。

如果您有兴趣出版图书、录制教学视频，或者参与图书技术审校等工作，可以发邮件给我们。

如果您来自学校、培训机构或企业，想批量购买本书或异步社区出版的其他图书，也可以发邮件给我们。

如果您在网上发现有针对异步社区出品图书的各种形式的盗版行为，包括对图书全部或部分内容的非授权传播，请您将怀疑有侵权行为的链接通过邮件发给我们。您的这一举动是对作者权益的保护，也是我们持续为您提供有价值的内容的动力之源。

关于异步社区和异步图书

"异步社区"（www.epubit.com）是由人民邮电出版社创办的 IT 专业图书社区。异步社区于 2015 年 8 月上线运营，致力于优质学习内容的出版和分享，为读者提供优质学习内容，为作译者提供优质出版服务，实现作者与读者在线交流互动，实现传统出版与数字出版的融合发展。

"异步图书"是由异步社区编辑团队策划出版的精品 IT 专业图书的品牌，依托于人民邮电出版社计算机图书出版积累和专业编辑团队，相关图书在封面上印有异步图书的 LOGO。异步图书的出版领域包括软件开发、大数据、人工智能、测试、前端、网络技术等。

目　　录

第 1 章

Prometheus 技术演进史

本章讲解了 Prometheus 技术演进史，从而帮助读者理解 Prometheus 监控系统的发展方向。Prometheus 的版本变更很频繁，有众多版本，本章选取其中 4 个具有里程碑意义的版本进行对比和分析。Prometheus 监控系统可以划分为 12 个模块，即配置信息处理（Config）、监控目标自动发现（ServiceDiscovery）、采样管理（ScrapeManager）、本地存储（TSDB）、远程存储（RemoteStorage）、监控数据查询语言（PromQL）、告警规则管理器（AlertingRules）、转录规则管理器（RecordingRules）、通知器（Notifier）、Web API、Web 用户界面和工具箱（Promtool）。其中大部分模块一开始就存在，只是功能较少，少量模块在发展过程中被添加进来，各个模块的功能都在 Prometheus 发展过程中不断升级、完善。

1.1 Prometheus 0.1.0（首个版本）

Prometheus 目前在 GitHub 上公开的首个版本为 0.1.0 版本，发布于 2014 年 3 月份前后。相较于首个长期支持版本（2.37 版本），0.1.0 版本的功能并不少，只不过每项功能要简单得多，使用的数据库也不是后来 Prometheus 开发者官方开发的 TSDB，而是基于 LevelDB 的本地存储开发的数据库，同时 0.1.0 版本支持 OpenTSDB 作为远程存储。如果用一句话概括 0.1.0 版本，可以说是麻雀虽小，五脏俱全。

在模块方面，0.1.0 版本主要包含配置信息处理、采样管理器、监控目标管理器、基于 LevelDB 的本地存储、支持 OpenTSDB 的远程存储、告警规则管理器、转录规则管理器、通知器、Web API、Web 用户界面和工具箱共 11 个模块。上述模块的实现分布在代码文件目录的不同文件夹中，如代码清单 1-1 所示。相比于 2.37 版本，0.1.0 版本缺少 PromQL 模

块，但是规则模块（rules 文件夹）中具有的数据查询功能在后期独立出来形成了 PromQL
模块。

代码清单 1-1　Prometheus-0.1.0 主要代码文件目录

```
.
|-- coding          # 底层模块，提供时间戳的编码和解码功能
|-- config          # 配置信息处理模块，实现了配置信息的结构定义和解析，以及配置文件的加载等
|-- documentation   # 配置文件及说明文档
|-- main.go         # 主程序文件
|-- model           # ProtoBuf 消息定义，定义了标签和监控项等核心消息
|-- notification    # 通知器模块，仅支持以 HTTP POST 方式发送通知
|-- retrieval       # 采样管理器模块和监控目标管理器模块
|-- rules           # 告警规则管理器模块、转录规则管理器模块，以及数据查询功能
|-- stats           # 计时器模块（底层模块，用于上层模块的性能监控）
|-- storage         # 基于 LevelDB 的本地存储模块和支持 OpenTSDB 的远程存储模块
|-- tools           # 工具箱，包含数据导出、数据压缩和规则检查共 3 种工具，后发展为 Promtool 模块
|-- utility         # 底层数据结构模块，包含 LRU 缓存、集合、列表、时间处理、字符串处理等
`-- web             # Web API 和 Web UI 用户界面模块
```

首个版本中各个模块的功能尚不完善。配置信息处理模块能够实现对配置信息的加载，
但是此时使用的配置文件为 ProtoBuf 格式，而非 YAML 格式，并且不支持运行时动态加载。
在监控目标管理方面，0.1.0 版本实现了采样管理器模块，该模块可以从配置文件中加载监
控目标数据以及从监控目标中采集样本数据，相当于具有非常初级的监控目标自动发现功
能和采样过程管理功能。本地存储模块则是基于 LevelDB 的分级存储，它先将数据写入内
存，然后每 15 min 进行一次持久化。由于数据模型的特殊性，本地存储的这一实现方式在
数据量较大的情况下容易遇到瓶颈。远程存储模块实现了 OpenTSDB 客户端，但是仅支持
对 OpenTSDB 数据库的远程写入，不能进行远程读取。告警规则管理器模块和转录规则管
理器模块通过读取本地存储中的样本数据进行计算并将计算结果写入存储或者生成告警。
虽然该版本不具备独立的 PromQL 模块，但是告警规则管理器模块和转录规则管理器模块
内部定义了一套通用的规则表达式句法来实现规则定义和数据查询，这一句法后来演变为
PromQL 模块的基础，而句法本身也发生了很大变化。通知器模块实现了发送警报消息的
功能，但是只能通过 HTTP 的 POST 方法发送 JSON 格式的消息。Web API 模块实现了监
控数据查询功能，能够对外提供数据查询服务，同时实现了监控目标更新功能（此时还不
具备主动发现监控目标的能力，只能被动地接收监控目标数据）。该版本的 Web 用户界面
模块主要利用 Go 语言的 html/template 包所提供的功能来实现，功能相对简单。首个版本
中的工具箱模块包含 3 种工具，可以实现数据导出、数据压缩和规则检查，相较于后期发
展出的 Promtool 工具，其功能要少得多。

在样本类型方面，0.1.0 版本仅支持 Counter、Gauge 和 Summary 这 3 种类型，并不支
持 Histogram 类型。该版本支持的样本数据格式只有 ProtoBuf 和 JSON 两种，这意味着监
控目标返回的样本数据的格式须为这两种格式之一。

1.2 Prometheus 1.0

Prometheus 1.0 发布于 2016 年 7 月。从首个版本到 1.0 版本，Prometheus 进行了多次迭代，增加了很多功能，本节所述功能并非在 1.0 版本中一次性添加，但是截至 1.0 版本发布时这些功能已经存在。由于新增功能较多，本节仅选取其中比较重要的一些功能进行讲解。

1.0 版本对本地存储模块进行了重大改进，大幅提高了存储性能，这些改进通过完善大量代码实现。该版本支持的样本类型增加了 Histogram，在此之前仅支持 Counter、Gauge 和 Summary 类型。为了解决标签集的哈希指纹重复的问题，1.0 版本变更了监控项的指纹哈希算法，通过在标签集的各个字符串之间添加分割符来避免哈希指纹重复。1.0 版本非常重要的改进之一是改进了数据存储编码，采用 delta-on-delta（增量的增量）编码，大约减少了 40%的内存和硬盘资源消耗。在远程存储方面，1.0 版本在原有 OpenTSDB 的基础上增加了 InfluxDB 和 Graphite 作为远程存储。

1.0 版本将配置文件格式由 ProtoBuf 格式转变为 YAML 格式，解析和加载方法也相应修改。1.0 版本增加了运行时加载配置的功能，由 SIGHUP 信号触发加载过程。在监控目标管理方面，1.0 版本增加了对多种监控目标的自动发现功能，包括 Kubernetes、Azure、Consul、Serverset（ZooKeeper）、File、DNS、EC2（AWS）、Marathon 和 Nerve（SmartStack）共 9 种。在警报消息处理方面，1.0 版本开始支持将警报消息发送到 Alertmanager（警报管理系统）。在 Web API 方面，1.0 版本开始支持 federate（联邦）功能，并且在提供监控数据查询功能的基础上支持对监控项元数据的条件查询功能，用户可以查询符合指定条件的监控项元数据，而不是全量数据。

总之，1.0 版本主要是在不变更存储架构的情况下对存储性能进行了优化，在配置信息处理方面转为使用 YAML 格式，并且实现了对多种监控目标的自动发现。1.0 版本的主要代码文件目录以及各个模块在代码文件中的分布如代码清单 1-2 所示。

代码清单 1-2　Prometheus 1.0 主要代码文件目录

```
.
|-- cmd          # 包含主程序，以及由工具箱发展而来的 Promtool 模块
|-- config       # YAML 配置信息处理模块，实现了配置信息的结构定义和编解码，以及配置文件的加载等
|-- console_libraries   # Web 用户界面模块所使用的模板定义，包括导航栏、菜单、通用函数等
|-- consoles     # Web 用户界面使用的 HTML 文件，其中的导航栏等内容来自 console_libraries
|-- documentation   # 配置文件及说明文档
|-- notifier     # 通知器模块，支持向多个 Alertmanager 接口发送消息
|-- promql       # 数据查询语言模块
|-- retrieval    # 采样管理器模块和监控目标管理器模块，包含监控目标自动发现功能
|-- rules        # 规则模块，包含告警规则管理器模块和转录规则管理器模块
```

```
|-- scripts                 # 仅包含一个代码检查工具，用于检查各个代码文件的许可声明是否存在
|-- storage                 # 本地存储模块和远程存储模块，完善了本地存储，远程存储增加对 InfluxDB 和 Graphite
|                           # 的支持，代码量增加约 60%
|-- template                # 底层模块，用于增强监控数据的处理能力
|-- util                    # 底层数据结构模块，包含缓存、文件操作、定时器、字符串处理和 HTTP 客户端等
|-- vendor                  # 实现其他模块功能所需的外部库，包含自动发现功能所需的外部库
`-- web                     # 该模块包含 Web API 和 Web 用户界面两个模块，增加了联邦功能
```

1.3　Prometheus 2.0

2017 年 11 月，Prometheus 发布了 2.0 版本。在 2.0 版本中，Prometheus 开始使用完全独立的全新存储引擎 TSDB[①]（不再依赖于 LevelDB，与之前的版本不兼容）。新的存储引擎的引入使得 Prometheus 的数据存储性能大幅增强，为 Prometheus 的后续发展奠定了坚实基础。此外，在该版本的远程读写过程中，请求和响应消息开始使用 snappy 算法进行压缩，从而提高了网络 I/O[②]吞吐量。同时远程存储使用的连接开始启用 HTTP keep-alive（在 1.0版本中该模式是未启用的），从而减少了应用层远程连接方面的开销。

除了存储方面的升级，2.0 版本还增加或者升级了其他方面的功能。自动发现功能支持的目标增加到 11 种，包括 Kubernetes、Azure、Consul、ZooKeeper、File、DNS、EC2、GCE、Marathon、OpenStack、Triton 等。其中，GCE、OpenStack 和 Triton 为新增的功能。在 Web API 方面，2.0 版本增加了监控目标数据查询功能、Alertmanager 查询功能以及配置信息查询功能，并且开始支持远程读取。

2.0 版本的各个模块在代码文件中的分布如代码清单 1-3 所示。

代码清单 1-3　Prometheus-2.0 主要代码文件目录

```
.
|-- cmd                     # 包含主程序，以及由工具箱发展而来的 Promtool 模块
|-- config                  # YAML 配置信息处理模块，实现了配置信息的结构定义和编解码，以及配置文件的加载等
|-- console_libraries       # Web 用户界面所使用的模板定义，包含导航栏、菜单、通用函数等
|-- consoles                # Web 用户界面使用的 HTML 文件
|-- discovery               # 监控目标自动发现模块，支持 11 种目标的自动发现
|-- docs                    # 说明文档和用户手册
|-- documentation           # 各种配置文件
|-- notifier                # 通知器模块
|-- pkg                     # 底层模块，包含各种底层数据结构和底层函数
|-- prompb                  # 各种 .proto 文件
|-- promql                  # 数据查询语言模块
|-- relabel                 # 只有 3 个函数，实现标签集的重新打标功能
|-- retrieval               # 采样管理器模块和监控目标管理器模块，监控目标自动发现模块被拆分并转移到
                            # discovery 目录中
|-- rules                   # 规则模块，包含告警规则管理器模块和转录规则管理器模块
```

① 时间序列数据库（Time Series Database，TSDB）
② 输入/输出（input/output，IO）

```
|-- scripts          # 包含 2 个文件，用于检查许可声明，以及编译.proto 文件并生成 Go 代码
|-- storage          # 存储模块，本地存储改为 TSDB（以外部依赖包方式引入）
|-- template         # 底层模块，用于增强监控数据的处理能力
|-- util           # 底层数据结构模块，包含缓存、文件操作、定时器、字符串处理和 HTTP 客户端等
|-- vendor           # 实现其他模块功能所需的外部库，包含自动发现功能所需的外部库
`-- web             # 该模块包含 Web API 和 Web 用户界面这 2 个模块
```

1.4　Prometheus 2.37（LTS 版本）

Prometheus 2.37 发布于 2022 年 7 月，是 Prometheus 的首个长期支持（long term support，LTS）版本。该版本在 2.0 版本的基础上进行了多个方面的增强和完善。

在本地存储方面，2.37 版本的一项重要改进是增加了事务隔离功能，从而能够更可靠地进行并发操作。本地存储增加了快照功能，当系统重启时能够通过加载快照文件快速恢复内存状态，减少启动时间。2.37 版本实现了以 mmap 方式访问本地存储的头部块，提高了监控数据的读写性能。此外，2.37 版本采用 snappy 格式压缩 WAL 文件，节约了存储空间。

2.37 版本中的 PromQL 模块引入了多项改进：增加了@修饰符，从而能够更准确、更灵活地控制查询数据的时间；支持嵌套子查询，从而能够表示更复杂的查询请求。

在服务自动发现方面，2.37 版本新增了对多种目标的自动发现，包括 DigitalOcean、Eureka、Hetzner、HTTP、IONOS、Linode、Moby、Nomad、PuppetDB、Scaleway、Uyuni、Vultr 和 XDS 等。至此版本，Prometheus 自动发现的目标达到 24 种。

2.37 版本的 Web API 功能也得到大幅增强，除了支持对监控数据、监控项元数据和监控目标的查询，还增加了远程写功能（可接收远程写入的数据）以及告警规则和警报消息的查询功能等，支持通过 API 执行某些存储管理操作（如快照生成、删除数据等）。

2.37 版本各个模块在代码文件中的分布如代码清单 1-4 所示。

代码清单 1-4　Prometheus 2.37 主要代码文件目录

```
.
|-- cmd              # 包含主程序以及 Promtool 模块
|-- config         # YAML 配置信息处理模块，实现了配置信息的结构定义和编解码，以及配置文件的加载等
|-- console_libraries  # Web 用户界面所使用的模板定义，包含导航栏、菜单、通用函数等
|-- consoles         # Web 用户界面使用的 HTML 文件
|-- discovery        # 监控目标自动发现模块，支持 24 种目标的自动发现
|-- docs             # 说明文档和用户手册
|-- documentation    # 各种配置文件
|-- model            # 底层模块，包含标签处理、样本数据解析和时间戳处理等功能
|-- notifier         # 通知器模块
|-- plugins          # 用于管理自动发现功能而引入的外部库
|-- prompb           # 各种.proto 文件
|-- promql           # 数据查询语言模块
|-- rules            # 规则模块，包含告警规则管理器模块和转录规则管理器模块
```

```
|-- scrape        #采样管理器模块和监控目标管理器模块，监控目标自动发现模块被拆分并转移到 discovery
                  #目录中
|-- scripts       # 包含 2 个文件，用于检查许可声明，以及编译 .proto 文件并生成 Go 代码
|-- storage       # 存储模块，本地存储改为 TSDB（以外部依赖包方式引入）
|-- template      # 底层模块，用于增强监控数据的处理能力
|-- tracing       # 跟踪器模块
|-- tsdb          # 本地存储模块，此前在 2.0 版本中该模块以外部依赖包方式引入
|-- util          # 底层数据结构模块，包含缓存、文件操作、定时器、字符串处理、HTTP 客户端等
`-- web           # 该模块包含 Web API 和 Web 用户界面这 2 个模块
```

## 第 2 章

YAML 文本与配置文件

Prometheus 配置文件（包含规则文件）均采用 YAML 格式。配置文件被加载到 Prometheus 进程中，供各个模块使用，整个过程可以分为两步：一是将程序外部的文本数据转换为程序内部表示配置信息的结构体实例；二是将结构体实例中不同部分的信息加载到不同的模块中使用。经过这样的两步，一个文件被转换成运行中的程序模块中控制各种行为的变量。

本章主要讲解 YAML 文本的解析过程以及 Prometheus 配置信息结构体，希望能够帮助读者理解 Prometheus 监控系统在加载配置文件的过程中究竟做了什么。

2.1 YAML 文本解析过程

Prometheus 使用的 yaml.v2 库提供两种反序列化，即严格反序列化和一般反序列化。在进行严格反序列化时，如果 YAML 文本中的某个字段在输出结构体中没有对应的成员，或者某个字典对象中出现重复的键，那么解析过程将会返回错误。而在进行一般反序列化时，若缺少成员或者存在重复的键，解析过程并不会返回错误（但是类型不匹配时会返回错误）。Prometheus 对配置文件进行解析时采用的是严格反序列化，这相当于对 YAML 文本的规范性施加了更严格的限制，可以避免书写错误造成的异常。这样一来，编写配置文件就必须严格按照配置文件的结构定义来进行。以配置文件中的 scrape_config 配置为例，它定义了 scrape_interval 参数，如果不小心将该参数写为 scrape_gap，或者配置了多个 scrape_interval 参数，那么将解析失败。

为了避免配置错误导致的任一模块启动失败，在启动其他模块之前，主协程会尝试解析配置文件，目的是当发现配置错误时及时退出程序。此时解析得到的数据并不会投入使用，真正投入使用的配置类型对象是由后面启动的配置加载协程解析得到的（由 reloadConfig() 函数实现）。

　　对 YAML 解析器来说，YAML 文本相当于一个长字符串。将 YAML 字符串翻译为目标结构体、字典或者切片，需要解决的第一个问题是将字符串拆分为记号（token），也就是词法分析过程。为了确保词法分析不会导致关键信息丢失，词法分析输出结果除了需要保留字面意义单元，还需要在适当的位置补充一些单元来表示各成分之间的结构关系。词法分析输出的记号序列还不能直接转换为目标结构体、字典或者切片，词法分析对字符串的成功拆分只能说明该字符串中各个单独的词是符合 YAML 语法要求的，但是其句子未必符合语法要求。在词法分析之后进行的是句法分析，句法分析使用词法分析输出的记号序列作为输入，按照句法规范将该序列推导为一棵语法树，如果推导成功则说明该序列符合句法规范。

　　YAML 文本解析的最后一步是解码（反序列化），也就是将语法树转换为指定的输出对象。

2.1.1　记号类型

　　YAML 记号由记号结构体定义（见代码清单 2-1），其成员包括记号类型、位置信息、值、风格类型等。YAML 解析器共使用 21 种记号（见表 2-1），这些记号可以表示 YAML 文本中的所有不同类型的词，将 YAML 文本转换为这些记号以后不会出现信息（包括文本内容信息、缩进信息等）丢失问题。

代码清单 2-1　YAML 记号结构体定义

```
type yaml_token_t struct {
    typ yaml_token_type_t              // 记号类型，共 21 种，如表 2-1 所示
    start_mark, end_mark yaml_mark_t   // 位置信息，每个记号都有其起始位置和结束位置
    encoding yaml_encoding_t           // 编码类型，仅适用于 STREAM-START 记号
    value []byte            // 值，用于 SCALAR 记号，以及 ANCHOR、ALIAS、TAG、VERSION-DIRECTIVE
                            // 和 TAG-DIRECTIVE 记号
    suffix []byte                      // TAG 记号的后缀
    prefix []byte                      // TAG-DIRECTIVE 记号的前缀
    style yaml_scalar_style_t          // SCALAR 记号的风格类型，共 5 种
    major, minor int8                  // 版本号信息，仅适用于 VERSION-DIRECTIVE 记号
}
```

表 2-1　记号类型

序号	记号类型名称	含义	起始字符	终点规则
1	STREAM-START	字符流起点	无	无
2	STREAM-END	字符流终点	\0	无
3	DOCUMENT-START	文档开始	---	无

续表

序号	记号类型名称	含义	起始字符	终点规则
4	DOCUMENT-END	文档结束	...	无
5	VERSION-DIRECTIVE	版本号指令	%YAML	无
6	TAG-DIRECTIVE	标签指令	%TAG	无
7	BLOCK-SEQUENCE-START	列表开始（块模式）	无	无
8	BLOCK-MAPPING-START	字典开始（块模式）	无	无
9	BLOCK-ENTRY	列表项（块模式）	-	无
10	KEY	键（块模式或者流模式）	无或者?	无
11	VALUE	值（块模式或者流模式）	:	无
12	BLOCK-END	列表/字典结束（块模式）	无	无
13	FLOW-SEQUENCE-START	列表开始（流模式）	[	无
14	FLOW-SEQUENCE-END	列表结束（流模式）	]	无
15	FLOW-MAPPING-START	字典开始（流模式）	{	无
16	FLOW-MAPPING-END	字典结束（流模式）	}	无
17	FLOW-ENTRY	列表项（流模式）	,	无
18	SCALAR（文本风格）	文本风格的标量	|	缩进量不足时结束
	SCALAR（折叠风格）	折叠风格的标量	>	缩进量不足时结束
	SCALAR（平庸风格）	平庸风格的标量	非空白符	（1）缩进量不足；（2）文档结束；（3）遇到注释字符#；（4）遇到: ;（5）遇到流模式记号
	SCALAR（单引号风格）	单引号风格的标量	'	以单引号结尾
	SCALAR（双引号风格）	双引号风格的标量	"	以双引号结尾
19	ANCHOR	锚点	&	无
20	ALIAS	别名	*	无
21	TAG	标签	!	无

  YAML 解析器将整个解析对象视为一个字符流，并使用 STREAM-START 记号来标记字符流起点，字符流终点则使用 STREAM-END 记号进行标记。一个完整的字符流对应一个 YAML 文件，可以简单地认为文件头就是字符流起点，文件尾就是字符流终点。

  每个字符流又可以包含多个文档（document）。YAML 文件使用连续的 3 个短横线（---）来表示文档开始，用连续的 3 个点（…）来表示文档结束。在词法分析过程中，文档开始符号被识别为 DOCUMENT-START 记号，文档结束符号则被识别为 DOCUMENT-END 记号。如果一个 YAML 文件中包含多个文档，则意味着字符流内会出现多个 DOCUMENT-START

记号。在不引起歧义的情况下，YAML 文件中的文档开始符号和结束符号可以省略，也就是说，YAML 文件中的第一个文档可以不写开始符号（其后的文档则必须写，以实现与第一个文档的分隔），所有文档都可以不写结束符号。即使在省略文档开始符号和结束符号的情况下，词法分析程序仍然可以识别文档的开始和结束，并在正确的位置插入 DOCUMENT-START 和 DOCUMENT-END 记号。

YAML 已经发展出了 1.0、1.1 和 1.2 等版本。为了支持多版本，在文档开始符号之前可以使用%YAML 指令来说明随后的文档使用的版本号，例如%YAML 1.2。这一指令在词法分析时被识别为 VERSION-DIRECTIVE 记号，指令中的版本号则记录在 major 和 minor 成员中（见代码清单 2-1）。可以认为%YAML 指令是 YAML 文档的一个属性，只有确定了该属性，解析器才能够正确地解析文档内容。如果不存在%YAML 指令，解析器认为该文档使用解析器所支持的版本。显然，在不存在%YAML 指令的情况下，词法分析不会识别出 VERSION-DIRECTIVE 记号。

与%YAML 指令类似，%TAG 指令也位于文档开始符号之前，该指令在词法分析时被识别为 TAG-DIRECTIVE，其作用是定义与数据类型有关的名称。

上述 6 种记号对应表 2-1 的前 6 行，它们分别用于表示字符流和文档的起止点，以及文档的版本号和数据类型声明。除此之外，剩余的 15 种记号均用于表示文档的内容，也就是说文档内容将被识别为这 15 种记号。

一般情况下，YAML 词法分析生成的每个记号应包含一个词（字符串），并且每个记号不仅能够表示词的性质（角色），还能够表示其所处的结构位置。按照 YAML 规范，字符流中的每个文档的顶层结构都是列表、字典或者标量这 3 种结构之一。在文档结构中，词的角色可以是列表元素、字典键、字典值和别名等，这可以通过记号类型进行区分。而词的结构位置的表示则相对复杂，由于列表和字典均允许有多层结构，并且可以互相嵌套，在这样的结构中定位一个词要比在线性数组中定位一个词复杂得多。例如，某个词可能位于 doc[0][2]['prod']['sn'][5]['name']中，这是一个 6 层结构，而 YAML 允许结构有多达上万个层级。如果每个词都从顶层开始表示其绝对位置，显然过于复杂。YAML 解析器采用相对位置的表示方式，即引入一些特殊类型的记号（以下称为"定位记号"），这些记号就像引路的面包屑一样分布在各个词之间，每个词的位置都由它前面的一系列定位记号决定。这些定位记号包括 BLOCK-SEQUENCE-START、BLOCK-MAPPING-START、BLOCK-ENTRY、BLOCK-END、KEY 和 VALUE 等，所有定位记号都不包含词，仅用于在结构中进行定位。

BLOCK-SEQUENCE-START 记号表示在当前位置开启一个新的列表，意味着后面的词将位于一个列表内。类似地，BLOCK-MAPPING-START 记号表示在当前位置开启一个新的字典，意味着后面的词将位于字典内。BLOCK-ENTRY 记号表示后面的词将属于一个列表项，该记号一般由 YAML 文件中的"-"符号转换而来。BLOCK-END 记号表示当前层级的列表或者字典结束，该记号总是与同一层级的 BLOCK-SEQUENCE-START 或者 BLOCK-MAPPING-START 记号对应，每个开始记号都有对应的结束记号。KEY 和 VALUE

记号也属于定位记号，分别表示其后紧跟的词将作为键和值使用。定位记号的示例如代码清单 2-2 所示，这看上去类似于 XML 的表示方法，不同的是 XML 中的标签总是成对出现的，而定位记号中只有列表和字典的开始和结束记号是成对的，其他记号不是。采用这样的定位方法时，词法分析的一项重要工作就是确定一个列表或者字典在什么位置开始或者结束，以及确定各个词在列表或者字典中的出现顺序。

代码清单 2-2　YAML 定位记号的示例（块模式）

记号：**\<BLOCK-SEQUENCE-START\>**\<BLOCK-ENTRY\>HELLO\<BLOCK-ENTRY\>WORLD**\<BLOCK-END\>**
结构表示：[HELLO,WORLD]

记号：**\<BLOCK-MAPPING-START\>**\<KEY\>HELLO\<VALUE\>WORLD\<KEY\>TIME\<VALUE\>2022-05-07**\<BLOCK-END\>**
结构表示：{HELLO: WORLD, TIME: 2022-05-07}

记号：**\<BLOCK-MAPPING-START\>**\<KEY\>HELLO\<VALUE\>**\<BLOCK-SEQUENCE-START\>**\<BLOCK-ENTRY\>WORLD\<BLOCK-ENTRY\>TOMORROW**\<BLOCK-END\>\<BLOCK-END\>**
结构表示：{HELLO: [WORLD, TOMORROW]}

上述定位记号主要用于块模式下的定位，在流模式（flow 模式）下的定位使用另外一套定位记号。之所以使用两套定位记号，是因为 YAML 文本在两种模式下对结构层级的表示方式不同，块模式下通过缩进量来控制层级，而流模式下通过方括号和花括号来控制层级，使用同一套定位记号会互相干扰。流模式下的定位记号有 FLOW-SEQUENCE-START、FLOW-SEQUENCE-END、FLOW-MAPPING-START、FLOW-MAPPING-END、FLOW-ENTRY、KEY 和 VALUE，其中 KEY 和 VALUE 的含义与块模式下的含义相同。不同的是，列表的开始和结束分别由 FLOW-SEQUENCE-START 和 FLOW-SEQUENCE-END 记号表示，分别对应左方括号和右方括号；字典的开始和结束分别由 FLOW-MAPPING-START 和 FLOW-MAPPING-END 记号表示，分别对应左花括号和右花括号；列表项则由 FLOW-ENTRY 表示。流模式下的定位记号的示例如代码清单 2-3 所示。

代码清单 2-3　YAML 定位记号的示例（流模式）

记号：\<**FLOW-SEQUENCE-START**\>HELLO\<FLOW-ENTRY\>WORLD**\<FLOW-SEQUENCE-END\>**
结构表示：[HELLO,WORLD]

记 号 :**\<FLOW-MAPPING-START\>**\<KEY\>HELLO\<VALUE\>WORLD\<KEY\>TIME\<VALUE\>2022-05-07\<FLOW-MAPPING-END\>
结构表示：{HELLO: WORLD, TIME: 2022-05-07}

记号：\<**FLOW-MAPPING-START**\>\<KEY\>HELLO\<VALUE\>**\<FLOW-SEQUENCE-START\>**WORLD\<FLOW-ENTRY\>TOMORROW**\<FLOW-SEQUENCE-END\>\<FLOW-MAPPING-END\>**
结构表示：{HELLO: [WORLD, TOMORROW]}

上述定位记号都没有保存词的内容本身，而 SCALAR 记号是唯一可用于保存词的内容的记号。如果说词法分析的目的是将 YAML 字符流拆分为词，那么 SCALAR 记号的生成就是词法分析的核心目标，而其他记号只是用于修饰 SCALAR 记号的附属品。在 YAML 文本中，有 5 种风格的词，即单引号词（用单引号标识的字符串）、双引号词（用双引号标识的字符串）、文本词（文本文件原样表示的字符串）、折叠词（将空白符合并以后的字符串）以及平庸词（首尾无空白符号的字符串）；相应地，SCALAR 记号也有 5 种风格（由 style 成员表示，见代码清单 2-1）。每种风格的 SCALAR 记号都以一个字符串作为值。

ANCHOR 和 ALIAS 是需要组合使用的一对记号，它们能够实现某些句子成分在不同位置的复用。ANCHOR 记号的作用是为紧跟其后的节点（须为列表、字典和标量三者之一）起一个名字（引用名称）。一旦为某个节点打上了锚点，那么在锚点之后的某个位置就可以通过引用名称表示对应节点，从而实现节点的复用。这种节点复用方式的示例如代码清单 2-4 所示，其中的 ALIAS 记号表示一个包含 2 个元素的列表。

代码清单 2-4　ANCHOR 与 ALIAS 记号组合使用实现节点复用

```
记号：<BLOCK-MAPPING-START><KEY>HELLO<VALUE><ANCHOR><BLOCK-SEQUENCE-START><BLOCK-
ENTRY>WORLD<BLOCK-ENTRY>TOMORROW<BLOCK-END><KEY>HELLO AGAIN<VALUE><ALIAS><BLOCK-END>
结构表示：{HELLO: [WORLD,TOMORROW], HELLO AGAIN: [WORLD, TOMORROW]}
```

2.1.2　词法分析过程

词法分析需要完成的工作主要是将字符流转换为记号序列，该序列主要由 SCALAR 记号以及分布在 SCALAR 记号之间的定位记号组成。在词法分析过程中，扫描器从头到尾对字符流进行一遍扫描即可识别所有记号。在此过程中词法分析器一旦遇到特定的起始字符（见表 2-1），就启动对应记号的识别与截取工作，截取的内容与长度取决于记号类型。

词法分析工作由 yaml_parser_t 结构体（其定义见代码清单 2-5）负责管理，该结构体包含 YAML 字符流的输入结构、扫描控制结构以及输出记号队列等。识别出的每个记号都加入输出记号队列中，基本上按照先进先出的规则插入（有些记号需要插入指定位置）。扫描控制结构中的 mark 成员表示当前字符的位置（行号、列号和全局索引号），随着扫描进度的更新，如果某个记号的识别依赖于位置信息，就可以使用该成员进行辅助识别。

代码清单 2-5　YAML 词法分析器结构体定义

```
type yaml_parser_t struct {
    error yaml_error_type_t
    problem string
    problem_offset int
    problem_value  int
    problem_mark   yaml_mark_t
    context        string
    context_mark yaml_mark_t
    read_handler yaml_read_handler_t
    input_reader io.Reader
    input        []byte
    input_pos    int
    eof bool
    buffer     []byte          // 缓冲区，固定大小为 512×3 字节
    buffer_pos int             // 缓冲区的游标位置
```

```
    unread int
    raw_buffer      []byte              // 原始缓冲区，固定大小为 512 字节
    raw_buffer_pos int                  // 原始缓冲区的游标位置
    encoding yaml_encoding_t
    offset int
    mark    yaml_mark_t                 // 当前字符位置，由行号、列号和全局索引号构成
    stream_start_produced bool          // 是否已生成 STREAM-START 记号
    stream_end_produced   bool          // 是否已生成 STREAM-END 记号
    flow_level int
    tokens          []yaml_token_t      // 输出记号队列
    tokens_head     int                 // 队列头位置
    tokens_parsed   int
    token_available bool
    indent  int
    indents []int                       // 缩进栈
    simple_key_allowed bool
    simple_keys         []yaml_simple_key_t
    simple_keys_by_tok map[int]int
    state           yaml_parser_state_t     // 解析器的当前状态（状态机，见 2.1.3 节）
    states          []yaml_parser_state_t   // 状态栈（状态路径）
    marks           []yaml_mark_t
    tag_directives []yaml_tag_directive_t   // 标签指令
    aliases []yaml_alias_data_t
    document *yaml_document_t
}
```

　　YAML 语法规定，任何记号不得以空白符（含空格和换行符）作为起点，因此在识别任何记号时首先要做的就是忽略前导空白符，直到遇见一个非空白符，该字符就是记号的起点。记号终点的确定则取决于记号类型。

　　词法分析的第一步是字符流起点与终点的识别。扫描器生成的第一个记号永远是STREAM-START 记号，该记号只在启动扫描时生成一次，后续扫描过程中可根据 yaml_parser_t 结构体中的 stream_start_produced 成员判断该记号是否已经生成。当扫描器遇到"\0"字符时，将该字符识别为 STREAM-END 记号，说明字符流结束。

　　文档开始与结束记号的识别依赖于字符流的内容和位置信息，当扫描器遇到"---"（或者"…"）字符并且字符所在列号为 0（行首）时，这些字符将被识别为文档开始记号（或者文档结束记号），即 DOCUMENT-START（或者 DOCUMENT-END）。如果文档开始字符（---）或者结束字符（…）被省略，扫描器将不会生成对应的记号，后续处理过程中只能根据记号上下文判断当前是否位于文档的起点或者终点。

　　对版本号指令（%YAML）和标签指令（%TAG）的识别同样需要位置和内容两方面的信息，即这两种指令都要求位于行首（列号为 0）。不同于文档起点字符的固定长度，这两种指令截取的字符串长度是不固定的，图 2-1 所示的状态转换图展示了这两种指令的截取规则（图中灰色圆代表初始状态，白色圆代表中间状态，白色圆环代表终止状态）。

　　定位记号附属于 SCALAR 记号，用于标记 SCALAR 记号的角色和结构位置。在块模式下，角色由 BLOCK-ENTRY、KEY 和 VALUE 这 3 种记号表示，结构位置由 BLOCK-SEQUENCE-START、BLOCK-MAPPING-START 和 BLOCK-END 这 3 种记号表示。

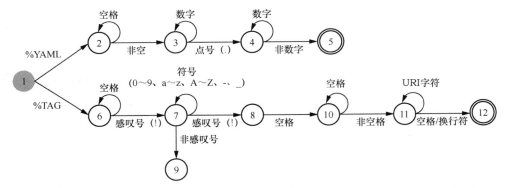

URI字符（共84个）：0~9、A~Z、a~z、-、―、;、/、?、:、@、&、=、+、$、,、·、!、~、*、|、（、）、[、]、%

图 2-1 版本号指令和标签指令的截取规则

  BLOCK-ENTRY 记号表示列表项，说明该记号以及该记号修饰的节点一定在列表记号内（BLOCK-SEQUENCE-START 和 BLOCK-END 之间）。KEY 和 VALUE 记号表示字典键值对，说明该记号以及该记号修饰的节点一定在字典记号内（BLOCK-MAPPING-START 和 BLOCK-END 之间）。然而，并非每个键都有起始字符（用问号？表示，见表 2-1 的第 10 行），当键值对采用冒号分隔形式（如 hello: world）时，冒号本身可识别为 VALUE 记号，用以修饰冒号后的字符串（world），而冒号之前的字符串（hello）需要等 VALUE 记号被识别之后才能确定其角色为键，这时就需要在 hello 字符串之前插入 KEY 记号。这也是输出记号队列并非每次都在队尾插入记号，而是允许将记号插入队列中指定位置的原因。

  除了需要为 SCALAR 记号确定角色，还需要为每个列表项和键值对确定结构层级。要在多层嵌套的列表与字典结构中定位一个列表项或者键值对并不容易，YAML 文本使用缩进量来表示层级关系，当某个列表项（或键值对）的缩进量大于上一个列表项（或键值对）的缩进量时，说明该列表项开启了一个新的列表（子列表）（或者该键值对开启了一个新的字典）。反之，当缩进量减小时，意味着前面的列表或者字典结束，并且可能连续结束多个层级。也就是说，层级增加时每次只增加一层，层级减少时可以连续减少多层。YAML 扫描器使用栈来追踪和控制这种层级变化。

  缩进量是非常重要的参数，每个列表项（或键值对）的层级都取决于其缩进量。最低的层级缩进量最小，意味着更靠近左侧，随着缩进量的增加，逐渐向右推移，层级也越来越高。每个列表项所属的层级也就是其缩进量在栈中的层级。因此，单独一个缩进量并不能表明列表项（或键值对）所属层级，对任意一个项来说，其所属层级不仅取决于自身的缩进量，还依赖于它与邻近层级缩进量的相对关系。为了实现对每个层级的追踪，YAML 扫描器使用栈（称为缩进栈）来保存每个缩进量，从栈底到栈顶缩进量逐渐增大，并且栈中的每个元素各不相等。当某个项的缩进量大于栈顶值时，将该缩进量入栈；当某项的缩进量小于栈顶值时，则进行出栈操作，直到栈顶值小于或者等于当前缩进量。当发生入栈操作时意味着需要生成列表开始或者字典开始记号；当发生出栈操作时意味着需要生成列表结束或者字典结束记号。图 2-2 为缩进栈示意，图中之所以没有将 13 入栈，是因为 alertmanager:9093（中间无空格）是标量而非键值对，该位置不会生成 BLOCK-MAPPING-START 记号。

图 2-2　缩进栈示意（共 8 层）

可见，任何一个项（BLOCK-ENTRY或者 KEY）都对应缩进栈中的一个层级，一旦某个项的列号与栈顶元素不一致，就会触发入栈或者出栈操作，同时伴随着开始记号或者结束记号的生成。如果列号与栈顶元素相同，说明该项与上一个项是同级的。在单个文档中，除注释行以外的任何一行的缩进量都不会小于首行的缩进量，因为一旦小于首行缩进量就意味着该文档中至少存在两个顶层节点，这显然不符合 YAML 语法规定。

与块模式类似，流模式也需要一种机制来控制层级。由于流模式下的层级不是由缩进量决定而是由方括号和花括号决定的，所以不需要使用缩进栈，只需要使用一个整型变量来表示当前的层级即可，该变量名为 flow_level。当 flow_level 为 0 时，说明当前处于块模式下没有进入流模式。一旦扫描到左方括号或者左花括号，扫描器就会递增 flow_level 值，从而进入流模式；扫描到右方括号或者右花括号时则递减 flow_level 值，当减为 0 时退出流模式。可见，flow_level 变量起到的作用与缩进栈是一样的，可以认为 flow_level 是步长为 1 的缩进栈。此外，相较于入栈和出栈操作，整数加减要简单得多，所以就这一点而言流模式的扫描要比块模式效率更高。

下面讲解 SCALAR 记号的识别。上文提到 SCALAR 记号有 5 种风格，无论是哪种风格，其本质上都是字符串，只是在截取字符串时会遵循不同的规则。单引号（双引号）风格的 SCALAR 记号在遇到单引号（双引号）时开始，直到遇见下一个单引号（双引号）结束。文本风格的 SCALAR 记号以竖线开始，允许多行表示，当某一行的缩进量小于设定值时结束。同样地，折叠风格的 SCALAR 记号以大于号（>）开始，允许多行，当缩进量小于设定值时结束。平庸风格的 SCALAR 记号起始字符可以是除其他记号起始字符之外的非空白字符，该风格的字符串的终点规则如表 2-1 所示。注意，根据终点规则，平庸风格的 SCALAR 记号允许多行表示，但是多行的平庸风格的 SCALAR 记号在某些情形下会存在一些限制，例如该记号作为冒号之前的键时不允许跨行，也不允许其长度超过 1,024 个字符，对这些限制的判定由代码清单 2-6 中的函数实现。也就是说，有些 SCALAR 记号虽然能够被成功识别，但是随后进行其他记号识别时会追溯该记号的合规性。

代码清单 2-6　平庸风格的 SCALAR 记号的有效性判定

```
func yaml_simple_key_is_valid(parser *yaml_parser_t, simple_key *yaml_simple_key_
t) (valid, ok bool) {
```

```
        if !simple_key.possible {
            return false, true
        }
        if simple_key.mark.line < parser.mark.line || simple_key.mark.index+1024 <
parser.mark.index {              // 当平庸风格的 SCALAR 记号出现跨行，或者其长度超过 1,024 个字符时
            if simple_key.required {
                return false, yaml_parser_set_scanner_error(parser,
                    "while scanning a simple key", simple_key.mark,
                    "could not find expected ':'")
            }
            simple_key.possible = false
            return false, true
        }
        return true, true
    }
```

为了便于理解，代码清单 2-7 构建了一个简单的 YAML 文本并展示了该文本完成词法分析后生成的记号序列，该序列共包含 80 个记号，这些记号将在后续的句法分析过程中进一步处理。

代码清单 2-7　某 YAML 文本及其记号序列

```
global:
  scrape_interval: 15s
  evaluation_interval: 15s
alerting:
  alertmanagers:
    - static_configs:
        - targets:
            - alertmanager:9093
rule_files:
  - "first_rules.yml"
  - "second_rules.yml"
scrape_configs:
  - job_name: "prometheus"
    static_configs:
      - targets: ["localhost:9090"]
===============================以下为记号序列===============================
<STREAM_START>,<BLOCK_MAPPING_START>,
  <KEY>,<SCALAR>,<VALUE>,<BLOCK_MAPPING_START>,<KEY>,<SCALAR>,<VALUE>,<SCALAR>,<KEY>,
<SCALAR>,<VALUE>,<SCALAR>,<BLOCK_END>,
  <KEY>,<SCALAR>,<VALUE>,<BLOCK_MAPPING_START>,<KEY>,<SCALAR>,<VALUE>,<BLOCK_SEQUENC
E_START>,<BLOCK_ENTRY>,<BLOCK_MAPPING_START>,<KEY>,<SCALAR>,<VALUE>,<BLOCK_SEQUENCE_STA
RT>,<BLOCK_ENTRY>,<BLOCK_MAPPING_START>,<KEY>,<SCALAR>,<VALUE>,<BLOCK_SEQUENCE_START>,
<BLOCK_ENTRY>,<SCALAR>,<BLOCK_END>,<BLOCK_END>,<BLOCK_END>,<BLOCK_END>,<BLOCK_END>, <BL
OCK_END>,
  <KEY>,<SCALAR>,<VALUE>,<BLOCK_SEQUENCE_START>,<BLOCK_ENTRY>,<SCALAR>,<BLOCK_ENTRY>,
<SCALAR>,<BLOCK_END>,
  <KEY>,<SCALAR>,<VALUE>,<BLOCK_SEQUENCE_START>,<BLOCK_ENTRY>,<BLOCK_MAPPING_START>,
<KEY>,<SCALAR>,<VALUE>,<SCALAR>,<KEY>,<SCALAR>,<VALUE>,<BLOCK_SEQUENCE_START>,<BLOCK_
ENTRY>,<BLOCK_MAPPING_START>,<KEY>,<SCALAR>,<VALUE>,<FLOW_SEQUENCE_START>,<SCALAR>,<F
LOW_SEQUENCE_END>,<BLOCK_END>,<BLOCK_END>,<BLOCK_END>,<BLOCK_END>,
  <BLOCK_END>,<STREAM_END>
```

2.1.3　句法分析过程

词法分析的输出是一个记号序列，构成了句法分析的输入。YAML 句法分析器的任务是根据记号序列构建符合 YAML 语法的语法树。记号序列与原始字符流一样遵循从左至右的顺序，这决定了语法树的构建过程将是自顶向下、深度优先的。具体的构建过程为：句法状态机逐个读取并处理记号序列，同时生成一个事件序列。该事件序列决定了语法树节点的创建过程，包括节点的类型和次序。为了生成正确的事件序列，句法状态机需要布置多个状态。随着记号序列的不断输入，句法状态机在众多状态之间变换，直到记号序列耗尽或者进入终止状态。YAML 句法分析器共使用了 11 种事件，其状态机则包含 24 种状态。具体的事件和状态详见本节内容。

1. 语法树的结构

YAML 语法树使用 node 结构体表示，其定义如代码清单 2-8 所示，可见每个节点都允许有自己的值（虽然实际上只有叶节点才需要值）以及子节点。语法树中的每个节点可以具有不同的类型，YAML 语法树共有如下 5 种节点，每种节点的形状如图 2-3 所示。

- 文档节点，位于顶层，最多只有一个子节点，遇到 DOCUMENT-START 事件时创建。
- 字典节点，允许存在多个子节点，子节点的个数为偶数（每个键值对相邻排列），遇到 MAPPING-START 事件时创建。
- 列表节点，允许存在多个子节点，子节点个数可以为偶数或者奇数，遇到 SEQUENCE-START 事件时创建。
- 标量节点，无子节点，只能作为叶节点，遇到 SCALAR 事件时创建。
- 别名节点，相当于指向另外一个节点的指针，只能作为叶节点，遇到 ALIAS 事件时创建。

可见，5 种节点中只有标量和别名节点有对应的值（字符串类型），其他节点都是逻辑节点，没有值。也就是说，整个语法树中只有叶节点上有值。空列表和空字典虽然也可以作为叶节点，但是它们是空的，没有值。

代码清单 2-8　YAML 语法树节点及其类型

```
type node struct {
    kind         int      // 节点类型，document、mapping、sequence、scalar 和 alias 之一
    line, column int      // 节点起始位置的行号和列号
    tag          string
    alias        *node
    value        string            // 节点值（字符串类型）
    implicit     bool
    children     []*node           // 子节点
    anchors      map[string]*node
}
```

```
const (
    documentNode = 1 << iota    // 1，对应图 2-3 中的文档节点
    mappingNode                 // 2，对应图 2-3 中的字典节点
    sequenceNode                // 4，对应图 2-3 中的列表节点
    scalarNode                  // 8，对应图 2-3 中的标量节点
    aliasNode                   // 16，对应图 2-3 中的别名节点
)
```

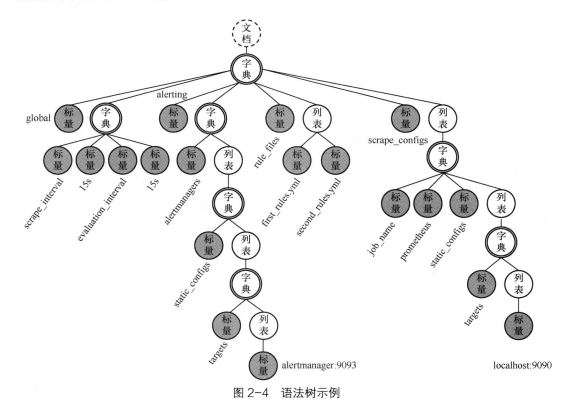

图 2-3   语法树的 5 种节点

以代码清单 2-7 中的记号序列为例，如果该记号序列经过句法分析生成了一棵语法树，该语法树的形状将如图 2-4 所示，其中有 34 个节点、33 条连线、19 个叶节点和 15 个非叶节点。将此图与记号序列进行对照，基本上可以认为每个 SCALAR 记号都转换为标量节点，每个 KEY、VALUE 和 BLOCK-ENTRY 记号都转换为连线，每一对开始记号和结束记号都转换为字典或者列表节点。

图 2-4   语法树示例

2. 状态机

要将记号序列转换为语法树，就需要从记号序列中识别出所有节点，并确定节点之间的父子关系。记号有 21 种（见表 2-1），而语法节点只有 5 种，显然不可能一一对应，因此句法分析器需要按照一定的规则将记号序列转换为语法树节点。这一转换由一个状态机完成，状态机工作过程遵循 YAML 语法规则，具体如代码清单 2-9 所示。

代码清单 2-9　YAML 语法产生式

```
stream                   ::= STREAM-START implicit_document? explicit_document* STREAM-END
implicit_document        ::= block_node DOCUMENT-END*
explicit_document        ::= DIRECTIVE* DOCUMENT-START block_node? DOCUMENT-END*
block_node_or_indentless_sequence    ::=
                             ALIAS
                             | properties (block_content | indentless_block_sequence)?
                             | block_content
                             | indentless_block_sequence
block_node               ::= ALIAS
                             | properties block_content?
                             | block_content
flow_node                ::= ALIAS
                             | properties flow_content?
                             | flow_content
properties               ::= TAG ANCHOR? | ANCHOR TAG?
block_content            ::= block_collection | flow_collection | SCALAR
flow_content             ::= flow_collection | SCALAR
block_collection         ::= block_sequence | block_mapping
flow_collection          ::= flow_sequence | flow_mapping
block_sequence           ::= BLOCK-SEQUENCE-START (BLOCK-ENTRY block_node?)* BLOCK-END
indentless_sequence      ::= (BLOCK-ENTRY block_node?)+
block_mapping            ::= BLOCK-MAPPING_START
                             ((KEY block_node_or_indentless_sequence?)?
                             (VALUE block_node_or_indentless_sequence?)?)*
                             BLOCK-END
flow_sequence            ::= FLOW-SEQUENCE-START
                             (flow_sequence_entry FLOW-ENTRY)*
                             flow_sequence_entry?
                             FLOW-SEQUENCE-END
flow_sequence_entry      ::= flow_node | KEY flow_node? (VALUE flow_node?)?
flow_mapping             ::= FLOW-MAPPING-START
                             (flow_mapping_entry FLOW-ENTRY)*
                             flow_mapping_entry?
                             FLOW-MAPPING-END
flow_mapping_entry       ::= flow_node | KEY flow_node? (VALUE flow_node?)?
```

YAML 句法分析状态机设计了 24 种状态，每种状态的名称及含义如表 2-2 所示。在所有 24 种状态中，只有 FLOW_NODE、BLOCK_NODE 和 BLOCK_NODE_OR_INDENTLESS_SEQUENCE 这 3 种状态下可以解析 SCALAR 记号，其他状态下只处理定位记号。

表 2-2   句法分析状态机

序号	状态	含义	记号片段
1	STREAM_START	初始状态	\<STREAM-START>
2	IMPLICIT_DOCUMENT_START	到达隐式文档起点	无
3	DOCUMENT_START	文档起点	\<VERSION-DIRECTIVE>、\<TAG-DIRECTIVE>、\<DOCUMENT-END>、\<DOCUMENT-START>、\<STREAM-END>
4	DOCUMENT_CONTENT	文档内容	\<VERSION-DIRECTIVE>、\<TAG-DIRECTIVE>、\<DOCUMENT-END>、\<DOCUMENT-START>、\<STREAM-END>
5	DOCUMENT_END	文档结束位置	\<DOCUMENT-END>
6	FLOW_NODE	流模式下的节点（可以是标量、字典或列表节点）	\<ALIAS>、\<ANCHOR>、\<TAG>、**\<SCALAR>**、\<FLOW-SEQUENCE-START>、\<FLOW-MAPPING-START>
7	BLOCK_NODE	块模式下的节点（可以是标量、字典或列表节点）	\<ALIAS>、\<ANCHOR>、\<TAG>、**\<SCALAR>**、\<FLOW-SEQUENCE-START>、\<FLOW-MAPPING-START>、\<BLOCK-SEQUENCE-START>、\<BLOCK-MAPPING-START>
8	BLOCK_NODE_OR_INDENTLESS_SEQUENCE	块模式下的节点以及无缩进列表	\<ALIAS>、\<ANCHOR>、\<TAG>、**\<SCALAR>**、\<FLOW-SEQUENCE-START>、\<FLOW-MAPPING-START>、\<BLOCK-SEQUENCE-START>、\<BLOCK-MAPPING-START>、\<BLOCK-ENTRY>
9	BLOCK_SEQUENCE_FIRST_ENTRY	块模式下的列表中的首个列表项	\<BLOCK-SEQUENCE-START>、\<BLOCK-ENTRY>、\<BLOCK-END>
10	BLOCK_SEQUENCE_ENTRY	块模式下的列表项（非首个）	\<BLOCK-ENTRY>、\<BLOCK-END>
11	INDENTLESS_SEQUENCE_ENTRY	无缩进列表的列表项	\<BLOCK-ENTRY>
12	BLOCK_MAPPING_FIRST_KEY	块模式下字典的首个键	\<BLOCK-MAPPING-START>、\<KEY>、\<BLOCK-END>
13	BLOCK_MAPPING_KEY	块模式下字典的键（非首个）	\<KEY>、\<BLOCK-END>

序号	状态	含义	记号片段
14	BLOCK_MAPPING_VALUE	块模式下字典的值	\<VALUE>
15	FLOW_SEQUENCE_FIRST_ENTRY	流模式下列表的首个列表项	\<FLOW-SEQUENCE-START>、\<KEY>、\<FLOW-SEQUENCE-END>
16	FLOW_SEQUENCE_ENTRY	流模式下列表的列表项（非首个）	\<FLOW-ENTRY>、\<KEY>、\<FLOW-SEQUENCE-END>
17	FLOW_SEQUENCE_ENTRY_MAPPING_KEY	当使用单个键值对作为列表项时的键	\<KEY>
18	FLOW_SEQUENCE_ENTRY_MAPPING_VALUE	当使用单个键值对作为列表项时的值	\<VALUE>、\<FLOW-ENTRY>、\<FLOW-SEQUENCE-END>
19	FLOW_SEQUENCE_ENTRY_MAPPING_END	作为列表项的键值对结束	\<FLOW-ENTRY>、\<FLOW-SEQUENCE-END>
20	FLOW_MAPPING_FIRST_KEY	流模式下字典的首个键	\<FLOW-MAPPING-START>、\<KEY>、\<FLOW-MAPPING-END>
21	FLOW_MAPPING_KEY	流模式下字典的键（非首个）	\<KEY>、\<FLOW-ENTRY>、\<FLOW-MAPPING-END>
22	FLOW_MAPPING_VALUE	流模式下字典的值	\<VALUE>
23	FLOW_MAPPING_EMPTY_VALUE	流模式下字典的值为空或不存在	无
24	END	结束状态	无

　　状态机具有唯一的初始状态，即 STREAM_START 状态（注意与 STREAM-START 记号区分，状态名的分隔符是下画线，记号名的分隔符是短横线）。由于 STREAM_START 状态使用整数 0 表示，所以不需要为该状态显式赋值，解析器初始化时自动进入该状态。状态机的工作机制是：由状态切换触发对应的操作（读取记号进行处理），操作进一步触发状态切换，从而形成一种互动循环，直到进入结束状态（END 状态）。状态切换触发的操作可以根据状态值和记号值判断是否需要生成新节点，并将新节点放到语法树中。每当需要生成新节点时，状态机会生成一个事件（event），句法分析器根据事件类型生成对应类型的节点并将其放入语法树的特定位置。值得注意的是，并非每个记号都会生成事件，有些记号仅仅导致状态切换，也不是只有当读取到某个记号以后才会生成事件，在某些情况下状态机会向前查看一个记号，即根据下一个记号的值决定是否生成事件，可以认为此时状态机位于两个记号之间。YAML 句法分析状态机可以生成 11 种事件，具体定义如代码清单 2-10 所示。由于记号序列的顺序对应语法树的先根遍历顺序，所以事件生成的顺序也是先根遍历的顺序。相应地，语法树的构建先后顺序也是根节点在前，左右子树在后。

代码清单 2-10　YAML 句法分析状态机生成的事件类型

```
const (
    yaml_NO_EVENT yaml_event_type_t = iota
    yaml_STREAM_START_EVENT     // STREAM-START 事件, 1→2 时生成
    yaml_STREAM_END_EVENT       // STREAM-END 事件, 2→24、3→24 时生成
    yaml_DOCUMENT_START_EVENT   // DOCUMENT-START 事件, 创建文档节点, 2→4、2→7 时生成
    yaml_DOCUMENT_END_EVENT     // DOCUMENT-END 事件, 5→P 时生成
    yaml_ALIAS_EVENT            // ALIAS 事件, 创建别名节点, 6→P 时生成
    yaml_SCALAR_EVENT           // SCALAR 事件, 创建标量节点, 6→P 或者标量为空时生成
    yaml_SEQUENCE_START_EVENT   // SEQUENCE-START 事件, 创建列表节点, 8→11、6→15、7→9 时生成
    yaml_SEQUENCE_END_EVENT     // SEQUENCE-END 事件, 9→P、10→P、15→P、16→P 时生成
    yaml_MAPPING_START_EVENT    // MAPPING-START 事件, 创建字典节点, 6→20、7→12、15→17 时生成
    yaml_MAPPING_END_EVENT      // MAPPING-END 事件, 12→P、13→P、19→16、20→P、21→P 时生成
)
```

　　图 2-5 展示了 YAML 句法分析状态机的状态转换, 其中的状态编号与表 2-2 中的序号一致。状态之间的方向线标记了触发状态转换的记号类型, 这些记号类型用角括号标识, 角括号前面的感叹号代表“非”。如果记号前面有一个短横线, 说明向前看（lookahead）一个记号, 即该记号并未被处理, 状态机只是注意到下一个记号为此类型。如果在记号后面有一个短横线, 代表上一个处理的记号为此类型, 说明此时状态机在该记号的后面。如果两个记号中间有两个连续的短横线, 说明已经处理了一个记号并且向前看一个记号。

　　由于 YAML 文本中结构为树形, 结构中的字典和列表可以多层相互嵌套, 这意味着句法分析状态机的下一个状态并非单纯依赖于当前状态和当前记号。在处理嵌套结构时往往需要将状态回退到前一个状态, 如果嵌入了多层结构, 则需要向前回退多个状态。要实现这一效果就要求分析状态机能够保存多个历史状态, 并且这些状态能按照一定的顺序前进和回退, 这一机制形成了状态栈。

　　图 2-5 中用虚线圆标识的 P 状态代表 Popup, 即从状态栈中弹出一个状态。状态栈的作用在于记录每个列表或者字典的层级关系, 状态入栈的顺序决定了列表和字典所属的层级, 当列表和字典逐层回退结束时只需要将这些状态从状态栈依次出栈。由于列表和字典结构可以多层嵌套, 所以在每次进行节点解析之前都需要将该节点的结束状态入栈, 待该节点解析结束时将该状态出栈。状态栈机制主要用于 FLOW_NODE 和 BLOCK_NODE 状态下, 由于字典和列表节点可以互相多层嵌套, 所以通过读取单个记号无法确定是否切换到下一个状态, 状态机需要有一种方式来存储未来的期望状态, 因此设计了状态栈。具体使用时, 在进入 FLOW_NODE 或者 BLOCK_NODE 状态之前, 先将期望状态入栈, 然后读取记号, 待期望的记号出现后将栈顶状态出栈作为当前状态使用。

　　图 2-5 中有些状态由斜线分隔的两个状态值构成, 其含义是将右侧的状态值入栈, 当前状态则切换/保持为左侧的状态值。例如 4/5 代表将 DOCUMENT_END 状态入栈, 当前状态为 DOCUMENT_CONTENT 状态。当遇到 P 状态时, DOCUMENT_END 状态将出栈,

当前状态同时切换为 DOCUMENT_END 状态。图中 ANY 指任意记号，ANY-OTHER 是指除了出边记号外的任意记号。

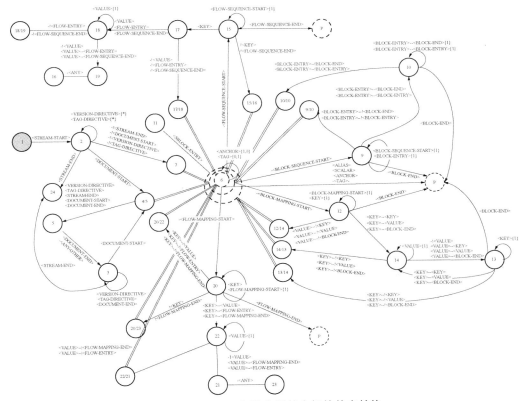

图 2-5　YAML 句法分析状态机的状态转换

以代码清单 2-7 中的记号序列为例，状态机在对该序列进行句法分析过程中发生的状态转换如代码清单 2-11 所示（用表 2-2 中的状态序号表示状态值）。

代码清单 2-11　状态转换

```
1
2
7(PUSH 5)
12
14
12(PUSH 13)
14
13
14
13
13(POP 13)
14
12(PUSH 13)
```

```
14
9(PUSH 13)
12(PUSH 10)
14
9(PUSH 13)
12(PUSH 10)
14
9(PUSH 13)
10
13(POP 13)
10(POP 10)
13(POP 13)
10(POP 10)
13(POP 13)
13(POP 13)
14
9(PUSH 13)
10
10
13(POP 13)
14
9(PUSH 13)
12(PUSH 10)
14
13
14
9(PUSH 13)
12(PUSH 10)
14
15(PUSH 13)
16
13(POP 13)
10(POP 10)
13(POP 13)
10(POP 10)
13(POP 13)
5(POP 5)
3
24
```

2.1.4 将语法树转换为目标对象

一旦语法树生成完毕，就可以将其转换为目标对象供系统使用，这一过程由解码器（decoder）完成，该过程能否成功取决于目标对象结构与语法树结构的匹配程度。一个 YAML 文本即使成功生成了语法树，如果该语法树结构与目标对象结构存在冲突，也无法成功转换。

在 yaml.v2 库中，解码器结构体定义如代码清单 2-12 所示，它持有一棵完整的语法树（doc 成员）。在转换过程中，解码器以递归方式从根节点开始以深度优先的顺序进行解码，尝试将每个节点的值转换为目标对象中相应的成员。这意味着目标对象结构与语法树结构需要一致，具有相同的层数和分支数。解码器在语法树节点间移动的同时会以相同的顺序在目标对象的成员之间移动。解码过程中出现的错误信息记录在 terrors 成员中，每条错误信息的格式如下。

```
line <行号>: cannot unmarshal <tag><node_value> into <out_type>
```

代码清单 2-12　解码器结构体定义

```
type decoder struct {
    doc       *node            // 语法树
    aliases map[*node]bool     // 表示树中的每个节点是否为别名节点
    mapType reflect.Type       // 用于指定字典的键和值类型，默认为 map[interface{}]
                               // interface{}
    terrors []string           // 解码过程中出现的错误信息
    strict  bool               // 是否启用严格解码
    decodeCount int            // 调用 unmarshal()方法的次数
    aliasCount  int            // 当前已解码的别名节点数量
    aliasDepth  int            // 别名节点的嵌套层数
}
```

现在考虑将每种语法树节点转换为相应成员的具体方法。在语法树的所有 5 种节点中，文档节点（根节点）和别名节点本身不包含需要转换的内容，而是作为容器或者引用存在，所以在解码过程中这两种节点将被跳过。重点需要考虑的是字典、列表和标量这 3 种节点。三者中只有标量节点包含值，在递归过程中扫描到标量节点时，解码器将其转换为目标成员所需的类型，可以是整数、浮点数和字符串等。字典和列表节点本身不需要转换，但是它们规定了子节点的顺序。

以上是 yaml.v2 库默认执行的转换逻辑，这些逻辑保证了成功完成转换要达到的最低要求。如果需要对某个目标成员的转换过程进行自定义操作，可以通过自定义 UnmarshalYAML()方法实现。具体到 Prometheus 的配置文件，在实现上述成功转换的基础上还需要检查某些成员的值能否满足更多方面的要求，例如路径字符串是否符合路径规范、自动发现超时时间是否大于采样间隔、是否存在重复的作业名称等。在 2.37 版本中，Prometheus 定义了 10 个 UnmarshalYAML()方法（见代码清单 2-13），以实现对配置信息 Config 结构体中不同层级的多个成员进行类似的检查。

代码清单 2-13　自定义 UnmarshalYAML()方法

```
func (c *Config) UnmarshalYAML(unmarshal func(interface{}) error) error {}
func (c *GlobalConfig) UnmarshalYAML(unmarshal func(interface{}) error) error {}
func (c *ScrapeConfig) UnmarshalYAML(unmarshal func(interface{}) error) error {}
func (t *TracingClientType) UnmarshalYAML(unmarshal func(interface{}) error) error {}
func (t *TracingConfig) UnmarshalYAML(unmarshal func(interface{}) error) error {}
func (c *AlertingConfig) UnmarshalYAML(unmarshal func(interface{}) error) error {}
func (v *AlertmanagerAPIVersion) UnmarshalYAML(unmarshal func(interface{}) error)
error {}
func (c *AlertmanagerConfig) UnmarshalYAML(unmarshal func(interface{}) error) error {}
func (c *RemoteWriteConfig) UnmarshalYAML(unmarshal func(interface{}) error) error {}
func (c *RemoteReadConfig) UnmarshalYAML(unmarshal func(interface{}) error) error {}
```

2.2　配置文件的加载与刷新

Prometheus 配置文件的加载过程大体上分为以下两步：

（1）解析配置文件并将整个文件转换为临时变量 conf；

（2）将 conf 变量中不同成员的信息分配给各个模块，包括本地存储（TSDB）、远程存储、Web API、监控数据查询语言、采样管理器、通知器、监控目标自动发现、告警规则管理器、转录规则管理器、跟踪管理器等相关模块。

本节讲解临时变量 conf 的数据结构，以及该变量的不同字段的信息如何在各个模块之间分配。

代码清单 2-14 展示了 conf 变量的结构体定义，其中包含 8 个成员，每个成员中的信息可以供不同的模块使用（见表 2-3）。所有成员中只有 RuleFiles 字段是字符串，其他成员都是结构体。RuleFiles 成员存储的是规则文件的路径，供规则管理器使用，规则管理器负责进一步加载这些规则文件。在所有模块中，除 Web 服务之外的每个模块都只需要使用不超过 3 个成员。Web 服务则使用所有字段，这是因为 Web 服务需要与所有模块进行交互，需要知道所有模块的配置情况。

代码清单 2-14　配置信息的顶层结构体定义

```
type Config struct {
    GlobalConfig     GlobalConfig          `yaml:"global"`
    AlertingConfig   AlertingConfig        `yaml:"alerting,omitempty"`
    RuleFiles        []string              `yaml:"rule_files,omitempty"`
    ScrapeConfigs    []*ScrapeConfig       `yaml:"scrape_configs,omitempty"`
    StorageConfig    StorageConfig         `yaml:"storage,omitempty"`
    TracingConfig    TracingConfig         `yaml:"tracing,omitempty"`
    RemoteWriteConfigs []*RemoteWriteConfig `yaml:"remote_write,omitempty"`
    RemoteReadConfigs  []*RemoteReadConfig  `yaml:"remote_read,omitempty"`
}
```

表 2-3　配置信息在不同模块之间的分配

模块	配置信息所在成员
本地存储（TSDB）	StorageConfig
远程存储	GlobalConfig、RemoteWriteConfigs、RemoteReadConfigs
Web API	所有成员
监控数据查询语言	GlobalConfig
采样管理器	GlobalConfig、ScrapeConfigs

模块	配置信息所在成员
通知器	AlertingConfig
监控目标自动发现	ScrapeConfigs
告警规则管理器、转录规则管理器	RuleFiles
跟踪管理器	TracingConfig

Prometheus 允许在运行过程中重新加载配置文件，这一过程由信号或者 Web 服务接口触发，重新加载配置文件的过程与上述加载过程一致，同样需要解析配置文件并将其转换为 conf 变量，然后将该变量中不同字段的信息分配给各个模块。这意味着每个模块都要具有刷新配置信息的能力。

第 3 章

监控数据的来源——Exporter

Prometheus 官方提供基于多种语言的客户端库，包括基于 Go、Java 和 Python 等语言的客户端库。虽然用户可以自己从头开发 Exporter，但是基于官方提供的这些客户端库进行开发无疑能够提高开发效率并保证代码质量。本章主要以官方提供的 Go 语言客户端库为例，分析客户端库提供的功能以及如何基于这些库进行 Exporter 的定制开发等。

3.1 Exporter 的典型工作架构

Exporter 的最终意义在于提供监控数据，具体方法是以指定格式的消息响应 HTTP 请求。Exporter 的典型工作架构往往以汇集器（gatherer）为中心，图 3-1 展示的 Registry1 就是一个汇集器。汇集器的上游是多个采集器（collector），每个采集器将一系列样本写入汇集器的通道，汇集器则对通道中的所有样本进行汇总和排序，并将结果转换为 ProtoBuf 消息对象（图 3-1 中的 protoMetricFamily），这一消息对象中包含所有采集器采集的所有样本。ProtoBuf 消息对象经过编码之后就构成了 HTTP 响应消息，可以将其返回给请求方。

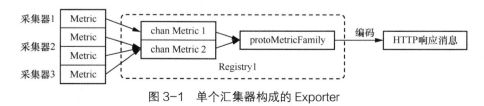

图 3-1 单个汇集器构成的 Exporter

Exporter 在开始处理 HTTP 请求之前就已经准备好汇集器，并且在汇集器中注册了需要的采集器。当 Exporter 处理某个 HTTP 请求时，汇集器为每个采集器启动一个协程，如果汇集器中注册了 N 个采集器，那么将启动 N+1 个协程，多出来的 1 个协程用于等待所有其他协程执行完毕后关闭 Metric 通道。当所有采集器协程执行完毕，汇集器就能够从通道中获取所有样本，随后将样本转换为 ProtoBuf 消息对象。采集器的这种并发执行方式带来的好处是不同采集器之间不会相互干扰，整个采集过程花费的时间取决于耗时最长的协程。

除了使用单个汇集器工作架构，Exporter 还可以使用多个汇集器工作架构。当 Exporter 包含的采集器较多时，有可能需要将采集器分为多个批次，按照一定的顺序进行分批并发，此时可以采用图 3-2 展示的多个汇集器工作架构。当采用多个汇集器工作架构时，这些汇集器将以串行方式执行，即只有当前一个汇集器执行完毕后才会启动下一个汇集器，当所有汇集器都执行完毕后才会形成最终的 ProtoBuf 消息对象。如图 3-2 所示，Registry1 汇集完毕后才会启动 Registry2 的汇集过程，Registry2 汇集完毕后才会将两个汇集器的 ProtoBuf 消息对象汇总为一个大的 ProtoBuf 消息对象，整个汇集过程消耗的时间是 Registry1 和 Registry2 花费时间的和。当然，在单个汇集器内部的采集器仍然采用并发方式执行。

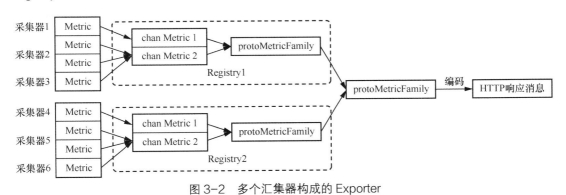

图 3-2　多个汇集器构成的 Exporter

显然，使用 Registry 作为汇集器时，其结构是比较复杂的。所以，Prometheus 另外提供了一种结构精简的汇集器，此种汇集器在处理数据时不必像 Registy 那样依赖采集器和通道，而是直接使用函数来完成数据的采集和汇集，该类函数的结构命名为 GathererFunc，其定义如下。图 3-3 展示了包含这种精简汇集器的 Exporter 架构，图中的 GathererFunc 将在 Registry2 汇集完毕后执行。

```
type GathererFunc  func()([]*dto.MetricFamily, error)
```

除了 Registry 实现了汇集器接口从而具有汇集功能，还有两种结构也具有汇集功能，即 Gatherers 和 GathererFunc。Gatherers 可以嵌套 Registry，从而实现汇集器的多维度集合。

客户端库提供了 3 种汇集器：Registry、Gatherers 和 GathererFunc。Registry 负责管理指定的一些采集器，并在需要汇集数据时为每个采集器启动一个采集器协程，并将所有协程的输出结果转换为 ProtoBuf 消息对象，即数据传输对象（data transfer object，DTO），虽然采集过程的并发过程无法保证各个采集器的执行顺序，但是汇集器在转换 ProtoBuf 消息对象时会将所有结果按照名称进行排序。

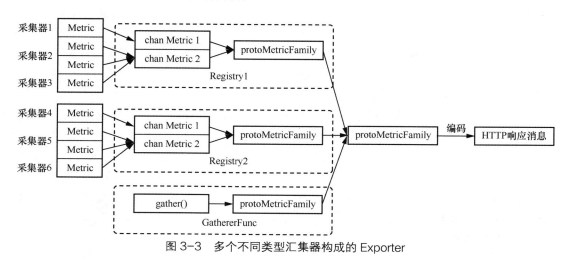

图 3-3　多个不同类型汇集器构成的 Exporter

总之，Registry 作为汇集器所做的工作比较完善，推荐使用 Registry 来实现自定义 Exporter。Gatherers 是多个汇集器的组合，其中每个汇集器可以是 Registry、Gatherers 或者 GathererFunc。在执行汇集操作时，Gatherers 先完成每个成员的汇集，每个成员的汇集结果都是一个有序的 DTO 数组，然后 Gatherers 会将所有 DTO 数组融合为一个大的 DTO 数组并排序。

3.2　采集器

采集器负责采集样本，每个采集器都实现了 Collect()方法并通过该方法来采集样本。采集器的每次采样可以获取一个或者多个样本，采集的所有样本都被输出到指定通道，供下游的汇集器处理。采集器一般包含多个监控项，同一监控项可以多次采样，每次采样的结果称为该监控项的一个样本。

3.2.1　采集器的工作机制

在 Go 语言客户端库中，定义了采集器接口（见代码清单 3-1），任何实现了该接口的结构体都可以被称为采集器。采集器的采样过程由 Collect()方法实现，对该方法的每次调用意味着一次采样。采样的过程实际上就是获取原始监控数据并将其转换为合适的类型，最后将结果输出到 Metric 通道。一般来说，采集器的每次采样都由单独的协程执行，如果采集器中包含多个监控项，这些监控项将以串行方式采样，最终样本进入通道的顺序与采集顺序一致。总之，采集器的每次采样实际上是将一系列样本（其结构体实现了 Metric 接口）写入 Metric 通道。

代码清单 3-1　采集器接口

```
type Collector interface {
    Describe(chan<- *Desc)    // 向指定通道输出采集器的样本描述符，用于 Registry 进行有效性审查
    Collect(chan<- Metric)    // 采样方法，其任务是将监控数据输出到 Metric 通道
}
type Metric interface {
    Desc() *Desc              // 返回监控项信息
    Write(*dto.Metric) error // 转换为 DTO Metric 类型，用于数据对象传输
}
```

客户端库定义了 3 种样本结构体（见代码清单 3-2）来表示采集器采集的样本，Counter、Gauge 和 Untyped 样本共用一种样本结构体，Histogram 和 Summary 各使用一种样本结构体。这些结构体均实现了 Metric 接口，从而能够将样本写入 Metric 通道供下游的汇集器使用。在一次采样过程中（Collect()方法执行一次），采集器的每个监控项输出 1 个样本，若有多个监控项就意味着有多个样本（可能使用不同的样本结构体）。需要注意的是，这些样本结构体用于表示采样的最终结果，而不是采样过程的中间结果。

代码清单 3-2　不同种类的样本结构体（均实现了 Metric 接口）

```
type constMetric struct {        // 不可更新的 Counter、Gauge 或者 Untyped
    desc       *Desc
    valType    ValueType         // Counter、Gauge 或者 Untyped
    val        float64           // 样本值
    labelPairs []*dto.LabelPair  // 标签集
}
type constHistogram struct {     // 不可更新的 Histogram，用于表示采样的最终结果
    desc       *Desc
    count      uint64
    sum        float64
    buckets    map[float64]uint64
    labelPairs []*dto.LabelPair
}
type constSummary struct {       // 不可更新的 Summary，用于表示采样的最终结果
    desc       *Desc
    count      uint64
    sum        float64
    quantiles  map[float64]float64
    labelPairs []*dto.LabelPair
}
```

采集器存在的意义在于采集一系列样本，并将这些样本依次写入指定的通道。此时的样本并没有具体的结构，只是要求结构具有数据转换功能（能够转换为 ProtoBuf 消息对象）。

3.2.2 监控项描述符

采集器所输出的样本须包含监控项的元数据信息，包括监控项名称、摘要和标签集等，这些信息容纳在监控项描述符中，该描述符的结构体定义如代码清单 3-3 所示。每个采集器容纳一个或多个监控项描述符，这些描述符界定了采集器的采样范围。通常，采集器的采样仅限于描述符所定义的监控项。如果试图让采集器对采样范围之外的监控项进行采样，可能会被拒绝。

代码清单 3-3 监控项描述符结构体

```
type Desc struct {
    fqName string                        // 监控项名称
    help string                          // 摘要
    constLabelPairs []*dto.LabelPair     // 常量标签
    variableLabels []string              // 变量标签名称
    id uint64                  // 对所有常量标签的标签值进行组合哈希得到的组合哈希值
    dimHash uint64             // 所有标签名称的组合哈希值（可唯一标识一个标签空间）
    err error
}
```

描述符可以在 Exporter 范围内全局唯一地表示一个监控项。这意味着 Exporter 可以通过描述符来管理监控项列表，以避免重复。此外，采集器在输出样本时会将描述符作为输出的一部分，以便下游的汇集器在汇集数据时仍然能够利用描述符的信息，避免监控项重复出现。

监控项描述符主要记录了监控项的标签集信息。为了兼容所有类型的监控项（包括 Gauge、Counter、Histogram、Summary 和 Untyped），这些标签进一步分为两类：变量标签和常量标签。

变量标签指的是在采集器的采样范围内可能变化的标签值。举例来说，在下面的 node_udp_queues 监控项中，ip 和 queue 是变量标签。尽管这两个标签的名称在采样之前就确定了，但标签值在采样过程中才会显现。例如，如果在采样过程中发现只配置了 IPv4 而没有 IPv6，那么输出结果将仅包含 IPv4。由于这种事先不可知性，描述符在记录变量标签时只能保存标签名称，而无法保存标签值。因此，监控项描述符结构体中的 variableLabels 是一个字符串数组，其中保存了变量标签名称。按照上述标准，Histogram 监控项中的 le 标签以及 Summary 监控项中的 quantile 标签并不是变量标签。这是因为它们的名称和值都是事先确定的。在 Gauge、Counter 和 Untyped 监控项中可能存在变量标签，也可能不存在。

```
# HELP node_udp_queues Number of allocated memory in the kernel for UDP datagrams in bytes.
# TYPE node_udp_queues gauge
node_udp_queues{ip="v4",queue="rx"} 0
node_udp_queues{ip="v4",queue="tx"} 0
node_udp_queues{ip="v6",queue="rx"} 0
```

```
node_udp_queues{ip="v6",queue="tx"} 0
```

与变量标签相反，常量标签是那些标签名称和标签值均不变的标签，这些信息存储在 fqName 和 help 成员以及 constLabelPairs 数组元素中，其中 fqName 和 help 两者组合作为一对标签名称和标签值来处理。实际上这里的 help 成员所存储的字符串就是最终响应的监控数据中 HELP 行的摘要信息（如下）。如果将 help 和 fqName 视为静态标签的话，显然每个监控项都有常量标签。

```
# HELP <指标名称> <摘要>
# TYPE <指标名称> <类型名称>
<指标名称>{<标签名称>=<标签值>, ...} <样本值>
```

在处理大量指标时，每个 Exporter 都可能面临监控项重复的问题。为了有效解决这个问题，Prometheus 采用了一种特殊的方法：对所有标签名称进行排序（包括变量标签名称和常量标签名称），然后进行组合哈希，得到的哈希值存储在 dimHash 成员中，用于标识监控项所属的标签空间。这样一来，如果两个监控项的标签空间不同，那么它们就一定不同。但仅靠标签空间的哈希值是不够的，因为即使两个监控项属于同一标签空间，它们也可能不同。因此，监控项描述符还在另一个成员 id 中存储了所有常量标签的标签值的组合哈希值。当两个监控项属于同一标签空间时，可以通过该组合哈希值来判断它们是否为重复监控项。

值得说明的是，Prometheus 规定监控项描述符中的 fqName 应能够代表监控项所属的标签空间，即 fqName 与标签空间一一对应。如果两个监控项的 fqName 相同，那么它们就属于同一标签空间；反之，如果 fqName 不同，则意味着它们属于不同的标签空间。这种规定的好处是可以通过 fqName 很容易地判断两个监控项是否属于同一标签空间。

3.2.3 Gauge 样本状态结构体

3.2.1 节讲到的样本结构体只能用于存储采样的最终结果，一旦创建就不可修改。如果需要经过多个步骤的累加运算来获得最终结果，这种结构体显然不再适用。为了满足需要，客户端库为每种样本提供了一种支持修改操作的结构体——样本状态结构体。样本状态结构体实现了变更样本值的方法，这些方法的实现要解决的一个关键问题是并发的安全性问题，这一问题是由浮点数运算的非原子性导致的。由于 Go 语言提供了整数运算的原子操作，所以这一问题主要通过将浮点数类型转换为整数类型来解决。

代码清单 3-4 展示了 Gauge 样本状态结构体及其方法，其中表示样本值的字段是整数类型（uint64）而非浮点数类型。这样做的好处是能够以原子方式给样本赋值，只需要先将浮点数类型转换为整数类型，然后使用 StoreUint64() 函数完成赋值。当对样本值执行加减运算时，则需要先以原子方式进行读取，然后将整数类型转换为浮点数类型进行运算，最后以 CompareAndSwap 方式替换原始的整数。如果原始值在读取和替换的间隙被其他协程修改，则本次替换失败，需要再次尝试读取和替换，直到成功。此外，样本状态结构体均实现了 Write()方法，从而能够将自身转换为 ProtoBuf 消息对象，这一转换过程同样使用了原子读操作。总之，Gauge 样本状态结构体利用原子操作保证了并发的安全性。

代码清单 3-4   Gauge 样本状态结构体及其方法

```
type gauge struct {                     // sizeof(gauge{}) == 56
    valBits uint64                      // 以整数形式存储，实际上以浮点数形式执行运算
    selfCollector                       // 引入 self 字段以及 Describe()和 Collect()方法
    desc        *Desc                   // 监控项描述符（同时作为采集器描述符）
    labelPairs []*dto.LabelPair
}
func (g *gauge) Set(val float64) {
    atomic.StoreUint64(&g.valBits, math.Float64bits(val))   // 原子操作:赋值
}
func (g *gauge) Add(val float64) {
    for {
        oldBits := atomic.LoadUint64(&g.valBits)                     // 原子操作:读取原始值
        newBits := math.Float64bits(math.Float64frombits(oldBits) + val)
        if atomic.CompareAndSwapUint64(&g.valBits, oldBits, newBits) {
                                                                // 原子操作:替换
            return
        }
    }
}
func (g *gauge) Write(out *dto.Metric) error {
    val := math.Float64frombits(atomic.LoadUint64(&g.valBits))
                                // 原子读，然后转换为浮点数类型
    return populateMetric(GaugeValue, val, g.labelPairs, nil, out)
}
```

3.2.4　Counter 样本状态结构体

Counter 样本的样本值是单调递增的，不允许减小。代码清单 3-5 展示了 Counter 样本状态结构体及其方法，它与 Gauge 样本状态结构体的一个关键区别是样本值被拆分为浮点数分量和整数分量两个部分，最终的样本值实际上是两个分量的和。这种拆分的好处是同时支持浮点数运算和整数运算两种操作，即当执行整数运算时可以直接使用 AddUint64()原子操作，而不必像 Gauge 样本那样反复尝试 CompareAndSwap 操作。考虑到现实情况中 Counter 样本的大部分操作是整数递增，这种设计是很有价值的改进。为了保证单调递增，Counter 样本状态结构体不允许做减法（负数加法）。Counter 样本不同于 Gauge 样本的另一个地方是 Counter 样本允许附带一个典型范例（exemplar）。为了实现对 Counter 样本操作的原子性，exemplar 被定义为 atomic.Value 类型。

代码清单 3-5   Counter 样本状态结构体及其方法

```
type counter struct {
    valBits uint64              // 样本值的浮点数分量，以浮点数形式执行运算
    valInt  uint64              // 样本值的整数分量，以整数形式执行运算
    selfCollector               // 实现了 Collect()方法，能够将自身写入指定的 Metric 通道
```

```
    desc *Desc
    labelPairs []*dto.LabelPair
    exemplar    atomic.Value    // 实际类型为dto.Exemplar,即 exemplar 的 ProtoBuf 消息对象
    now func() time.Time        // time.Now()函数,用于为 exemplar 提供时间戳
}
...
func (c *counter) get() float64 {              // 合并分量,获取样本值
    fval := math.Float64frombits(atomic.LoadUint64(&c.valBits))
    ival := atomic.LoadUint64(&c.valInt)
    return fval + float64(ival)                // 浮点数分量 + 整数分量
}
```

3.2.5　Histogram 样本状态结构体

Histogram 样本用于对大量观测值的区间进行计数统计，区间的数量和边界由一系列上界值确定。图 3-4 展示了由 11 个上界值确定的 11 个区间，每个区间称为一个桶（bucket），桶的上界值自下而上递增，最大的上界值为 10。每个桶覆盖的区间范围由连续的两个上界值决定，例如桶 10 覆盖的区间范围为(5,10]。注意，图 3-4 中并没有编号为 11 的桶，即观测值 20 实际上不属于任何一个桶（但是这并不会导致统计错误，具体原因见下文）。

Histogram 样本状态结构体及其统计方法如代码清单 3-6 所示。各个桶的上界值存储在 upperBounds 成员中，这些值在创建 Histogram 样本时就固定下来了，也就是在真正开始统计之前就已经确定了桶的数量和区间。Histogram 样本通过为每个观测值调用 observe()方法来执行统计，每次统计都会更新 counts 成员，更新的具体内容包括观测值的累计值（sumBits 成员）、所有观测值的个数（count 成员）以及观测值对应的桶包含的观测值个数（buckets 成员）。可见，当某个观测值超出最大的上界值时，虽然它不会被记入 buckets 成员，但是会被记入 sumBits 成员和 count 成员。因此，图 3-4 中缺少的编号为 11 的桶实际上可以通过 sumBits 成员和 count 成员推算得出。

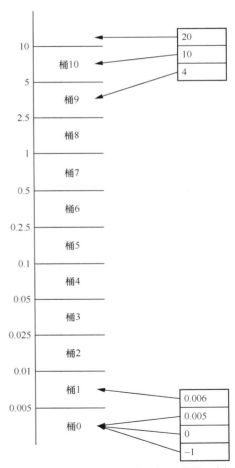

图 3-4　Histogram 样本的桶上界值示例

按照上述统计方式，Histogram 样本计算的时间复杂度与观测值的个数成正比，即 $O(n)$。

代码清单 3-6　Histogram 样本状态结构体及其统计方法

```
type histogram struct {
    countAndHotIdx uint64       // 观测值计数（即共有多少个观测值）
    selfCollector               // 实现了 Collect()方法，能够将自身写入指定的 Metric 通道
    desc       *Desc
    writeMtx sync.Mutex
    counts [2]*histogramCounts  // 两个元素，每次采集后进行切换
    upperBounds []float64       // 每个桶的上界值
    labelPairs  []*dto.LabelPair
    exemplars   []atomic.Value  // 每个桶对应的 exemplar
    now func() time.Time        // 用于生成每个 exemplar 的时间戳
}
type histogramCounts struct {
    sumBits uint64              // 合计值（用作浮点数）
    count   uint64              // 个数（用作整数）
    buckets []uint64            // 存储每个桶中包含的观测值的个数（每个元素用作整数）
}
func (h *histogram) observe(v float64, bucket int) {
                                // 统计观测值 v，计入编号为 bucket 的桶
    n := atomic.AddUint64(&h.countAndHotIdx, 1)
    hotCounts := h.counts[n>>63]
    if bucket < len(h.upperBounds) {
        atomic.AddUint64(&hotCounts.buckets[bucket], 1)
    }
    for {
        oldBits := atomic.LoadUint64(&hotCounts.sumBits)
        newBits := math.Float64bits(math.Float64frombits(oldBits) + v)
        if atomic.CompareAndSwapUint64(&hotCounts.sumBits, oldBits, newBits) {
            break
        }
    }
    atomic.AddUint64(&hotCounts.count, 1)
}
```

3.2.6　Summary 样本状态结构体

Summary 样本用于获取一系列数值的分位数以及个数和合计值。客户端库定义了两种结构来计算 Summary 样本，一种是简化结构（见代码清单 3-7），仅用于计算个数和合计值，不计算分位数；另一种是完整结构（见代码清单 3-8），用于计算个数、合计值和分位数。如果不需要获取分位数，就可以使用简化结构，该结构计算个数和合计值的过程与 Histogram 样本状态结构体类似，只是不需要处理 Histogram 样本状态结构体中的上界值和桶。Summary 简化结构计算的时间复杂度与数值个数成正比，即时间复杂度为 $O(n)$。

代码清单 3-7　Summary 样本状态结构体（简化结构）

```
type noObjectivesSummary struct {// 不计算分位数，仅统计个数和合计值
```

```
    countAndHotIdx uint64        // 完成统计的数值的个数（低 63 位）
    selfCollector                // 实现了 Collect() 方法，能够将自身写入指定的 Metric 通道
    desc      *Desc
    writeMtx sync.Mutex
    counts [2]*summaryCounts      // 统计结果（2 个元素）
    labelPairs []*dto.LabelPair
}
type summaryCounts struct {
    sumBits uint64               // 合计值
    count   uint64               // 个数
}
```

Summary 完整结构对分位数的运算采用了一种空间和时间消耗都较少的算法，采用这一算法的代价是计算结果为近似值，即存在一定的误差。类似于创建 Histogram 样本状态结构体时需要指定上界值，创建 Summary 完整结构时需要指定分位数及其近似系数（见代码清单 3-8 中的 objectives 成员），如果设置 5 个分位数及其近似系数，那么采样结束时就会生成 5 个值（如果加上个数和合计值则是 7 个值）。

代码清单 3-8　Summary 样本状态结构体（完整结构）

```
type summary struct {
    selfCollector                // 实现了 Collect() 方法，能够将自身写入指定的 Metric 通道
    bufMtx sync.Mutex
    mtx    sync.Mutex
    desc *Desc
    // 分位数及其近似系数，如 0.9:0.01 代表分位数为 0.9，并且其近似系数为 0.01，即近似值为 0.89～0.91
    objectives        map[float64]float64
    sortedObjectives []float64              // 按照分位数升序排列
    labelPairs []*dto.LabelPair
    sum float64                   // 合计值
    cnt uint64                    // 个数
    hotBuf, coldBuf []float64      // 统计值总是先添加到 hotBuf
    streams                       []*quantile.Stream    // 指向多个统计流
    streamDuration                time.Duration
    headStream                    *quantile.Stream      // 头部统计流
    headStreamIdx                 int
    headStreamExpTime, hotBufExpTime time.Time
}
```

3.3　汇集器

汇集器在采集器的下游工作，它使用 Metric 通道接收来自采集器的各种样本，样本的类型可以是不可更新的常量结构，也可以是可更新的状态结构。所有进入 Metric 通道的样本都具有转换为 ProtoBuf 消息对象的能力，汇集器利用这一能力将通道中的所有样本转换为 ProtoBuf 消息对象，然后对其按照一定的规则排序并将结果组合成一个大的

ProtoBuf 消息对象。本节讲解汇集器如何决定接收哪些采集器的样本，以及接收和处理样本的具体过程。

客户端库提供了两种基本的汇集器，即 Registry 和 GathererFunc（见图 3-3）。Registry 汇集器功能完善、应用灵活，在实际场景中大多使用 Registry 作为汇集器。Registry 汇集器的结构体定义如代码清单 3-9 所示，其中的成员主要用于保存采集器列表（collectorsByID 和 uncheckedCollectors）以及所有采集器的描述符（descIDs）。在执行汇集操作时，汇集器使用采集器列表来界定自己的工作范围，只使用列表内的采集器。

代码清单 3-9　Registry 汇集器的结构体定义

```
type Registry struct {
    mtx                    sync.RWMutex           // 读写锁，解决读写冲突
    collectorsByID         map[uint64]Collector   // 采集器字典，以采集器哈希值为主键
    descIDs                map[uint64]struct{}    // 采集器的描述符（用描述符 ID 表示）
    dimHashesByName        map[string]uint64      // 以 fqName 为键，以 dimHash 为值
    uncheckedCollectors    []Collector            // 不含任何样本描述符信息的采集器存
                                                  // 储在该成员中
    pedanticChecksEnabled bool                    // 注册时是否进行详细检查
}
```

新创建的 Registry 一般是空的，在开始汇集样本之前需要将采集器注册到 Registry 中，在此过程中需要解决的一个问题是如何避免重复，包括重复注册采集器或者重复使用监控项。重复注册采集器问题主要借助描述符 ID 来解决。每个采集器往往包含多个描述符 ID，为了唯一地标识一个采集器，汇集器会计算该采集器中所有描述符 ID 的组合值（位与运算），从而构成采集器哈希值（collectorsByID 成员）。在进行采集器注册时，汇集器会检查该采集器的哈希值是否已经存在，如果已存在则放弃注册。退一步讲，即使采集器没有重复注册，仍然可能出现监控项重复使用的情况，这种情况也是需要避免的，否则该汇集器的最终输出结果将会重复或者发生计算错误。类似地，重复使用监控项问题通过计算每个监控项的描述符 ID 来解决，每次注册时除了检查采集器哈希值是否重复，还会检查监控项描述符 id 清单和标签空间哈希值（分别位于 descIDs 成员和 dimHashesByName 成员中）是否已存在，如果已存在则报错并放弃注册。经过上述去重过程，采集器只要包含样本描述符信息就能够避免重复。然而，有些采集器没有任何样本描述符信息，无法执行去重操作，这些采集器将直接存储到 uncheckedCollectors 成员中，这些采集器以及其中的监控项均无法保证唯一性。虽然未经去重的采集器也会像其他采集器一样执行，但是这可能会导致不必要的资源消耗，因此在设计采集器时应尽量包含样本描述符信息，从而实现去重。

汇集器以并发方式为每个注册成功的采集器启动一个协程，包括已去重和未去重的采集器，两者的采样结果输出到两个不同的通道（见图 3-1）。由于采集器是并发执行的，所以样本进入通道的顺序无法保证。假设某个汇集器中注册有 3 个采集器（C1、C2、C3）且均经过去重，其中 C1 输出样本 S11、S12，C2 输出样本 S21、S22，C3 输出样本 S31、S32，

最终所有样本进入通道的顺序可能是 S31、S11、S12、S21、S32、S22。

一旦采集器协程启动，汇集器就开始持续地从 Metric 通道中读取样本进行处理，每个样本都被转换为 ProtoBuf 消息对象（见代码清单 3-10 中的 Metric 消息），具有相同名称的样本会组合成 MetricFamily 对象。如果所有样本具有 20 个不同的名称，那么就会生成 20 个 MetricFamily 对象。当所有采集器执行完毕后，Metric 通道将被关闭，意味着所有样本接收完毕，汇集器随后会对所有 MetricFamily 对象按照名称进行排序（升序）。至此，汇集器形成最终的输出结果，也就是一个有序的 MetricFamily 数组，这一结构在后续的环节会进一步处理。

代码清单 3-10　汇集器的汇集结果的消息结构

```
syntax = "proto2";
...
message MetricFamily {                        // 具有相同名称的样本组合成一个 MetricFamily 对象
  optional string     name    = 1;
  optional string     help    = 2;
  optional MetricType type    = 3;  // 样本类型
  repeated Metric     metric  = 4;  // 由样本转换而来,每个样本构成一个元素(即 Metric 类型)
}
message Metric {
  repeated LabelPair label       = 1;
  optional Gauge     gauge       = 2;
  optional Counter   counter     = 3;
  optional Summary   summary     = 4;
  optional Untyped   untyped     = 5;
  optional Histogram histogram   = 7;
  optional int64     timestamp_ms = 6;
}
```

3.4　编码器

汇集器形成的最终输出结果还需要经过编码才能够转换为 HTTP 响应消息并返回给请求方。客户端库设计了多种编码器（encoder），能够将 MetricFamily 数组转换为 5 种不同的目标格式，具体使用哪种编码器则主要根据请求头决定。

大多数 Exporter 以文本形式输出监控数据，这些文本需要符合特定的格式才能够被请求方理解。目前，Prometheus 服务器支持两种文本格式，一种是传统文本格式（Text），另一种是 OpenMetrics 格式，后者可以视为对前者的一种扩展。除此之外，如果 Exporter 需要使用其他协议与外部系统通信，客户端库提供了另外 3 种 ProtoBuf 编码格式，包括 ProtoDelim、ProtoText 和 ProtoCompact。当需要判定响应消息究竟采用哪种格式时，Exporter 根据 HTTP 请求头参数进行判定，判定规则如表 3-1 所示。

表 3-1 根据 HTTP 请求头参数判定响应消息格式

优先级	请求头参数				响应消息格式
	类型/子类型	原型	版本	编码	
1	application/vnd.google.protobuf	io.prometheus.client.MetricFamily	\<any\>	delimited	ProtoDelim
1	application/vnd.google.protobuf	io.prometheus.client.MetricFamily	\<any\>	text	ProtoText
1	application/vnd.google.protobuf	io.prometheus.client.MetricFamily	\<any\>	compact-text	ProtoCompact
2	text/plain	\<any\>	0.0.4	\<any\>	Text
2	text/plain	\<any\>	\<空\>	\<any\>	Text
3	application/openmetrics-text	\<any\>	0.0.1	\<any\>	OpenMetrics
3	application/openmetrics-text	\<any\>	\<空\>	\<any\>	OpenMetrics
4	其他				Text

　　上述所有响应消息都是未经压缩的，考虑到样本数据往往具有较多重复内容，如果能够在传输消息之前进行压缩，将能大幅减少对网络 I/O 资源的占用。这一压缩需求可以通过将 HTTP 请求头的编码（Accept-Encoding）参数设置为 gzip 来实现。

　　下面分析 OpenMetrics 编码过程。在将 MetricFamily 数组转换为 OpenMetrics 文本时，Gauge 样本和 Counter 样本总是编码为单一样本。而 Summary 样本则需要根据分位数展开并附加上 sum 和 count 样本，如果生成了 5 个分位数，那么经过编码以后将形成 7 行样本值。Histogram 样本需要根据桶的数量展开并附加上上界值为+Inf 的桶以及 sum 和 count 样本，如果桶的数量为 5，那么最终会形成 8 行样本值。由于汇集器已经对 MetricFamily 数组按照监控项名称进行了排序，所以当全部样本编码完毕后最终生成的 OpenMetrics 文本也是按照监控项名称排序的。

　　以 node exporter 为例，由于它没有启用 OpenMetrics 格式，所以请求方最多只能获取 4 种格式的响应消息（见代码清单 3-11）。可以观察到，在该例中响应消息空间占用最小的是 ProtoDelim 格式，最大的是 ProtoText 格式，Text 和 ProtoCompact 格式的空间占用大小居中（后者略大）。然而，一旦经过 gzip 压缩，响应消息的大小差别就不明显了。

代码清单 3-11 请求不同编码格式的样本消息

```
$ curl -H
'Accept:application/vnd.google.protobuf;proto=io.prometheus.client.MetricFamily;
encoding=delimited' http://127.0.0.1:9100/metrics  --output ne.protodelimited

$ curl -H
```

```
'Accept:application/vnd.google.protobuf;proto=io.prometheus.client.MetricFamily;
encoding=text' http://127.0.0.1:9100/metrics  --output ne.prototext

$ curl -H
  'Accept:application/vnd.google.protobuf;proto=io.prometheus.client.MetricFamily;
encoding=compact-text' http://127.0.0.1:9100/metrics  --output ne.protocompact

$ curl -H
  'Accept:text/plain' http://127.0.0.1:9100/metrics  --output ne.plaintext

$ ll
-rw-r--r--. 1 root     root      50009 Jul 19 06:58 ne.protodelimited
-rw-r--r--. 1 root     root      11783 Jul 19 07:16 ne.protodelim.gzip
-rw-r--r--. 1 root     root     109457 Jul 19 06:44 ne.prototext
-rw-r--r--. 1 root     root      10675 Jul 19 07:18 ne.prototext.gzip
-rw-r--r--. 1 root     root      83452 Jul 19 06:45 ne.protocompact
-rw-r--r--. 1 root     root      10233 Jul 19 07:18 ne.protocompact.gzip
-rw-r--r--. 1 root     root      80888 Jul 19 06:47 ne.plaintext
-rw-r--r--. 1 root     root      12581 Jul 19 07:18 ne.plaintext.gzip
```

3.5 推送模式

Exporter 可以设计为被动等待 HTTP 请求，也可以设计为主动将监控数据推送到 Pushgateway，即采用推送模式。客户端库定义了 Pusher 结构体来实现这一需求，其定义如代码清单 3-12 所示。该结构体包含汇集器，当需要推送数据时可以由汇集器完成采集、汇集和编码过程，整个过程与 3.3 节所述基本无区别。一旦完成编码，Pusher 就可以构建 HTTP 请求并以 POST 或者 PUT 方法将监控数据推送到 Pushgateway。

代码清单 3-12　Pusher 结构体定义

```
type Pusher struct {
    error error
    url, job string              // 用于生成请求 URL，如 http://<url>/metrics/job/test
    grouping map[string]string
    gatherers  prometheus.Gatherers      // 汇集器（包含一个 Registry 汇集器）
    registerer prometheus.Registerer     // Registry 汇集器（包含在 gatherers 成员中）
    client            HTTPDoer
    useBasicAuth      bool
    username, password string
    expfmt expfmt.Format                 // 编码格式，决定了使用何种编码器
}
```

## 第 4 章

监控目标的发现——Discovery

如果没有监控目标发现模块的自动发现功能，Prometheus 的监控目标清单只能机械地通过配置文件的 static_configs 参数导入，Prometheus 将无力应对动态变化的云环境。正是由于监控目标发现模块的自动发现功能的存在和良好实现，Prometheus 才能够从容应对动态变化的云环境。本章讲解 Discovery 任务如何利用 Go 协程和通道机制实现并发，以及如何适应云环境。Discovery 任务根据其作用的不同进一步分为采样目标服务发现任务和通知器服务发现任务，两者在总体工作机制方面并无太大区别，只是发现的目标用于不同目的。前者发现的目标用于进行监控数据的采集，后者发现的目标则用于警报消息的处理，本章主要讲解前者。

4.1 Discovery 管理器

对 Prometheus 服务来说，监控目标可能来自多个不同类型的系统或者集群，如物理机、虚拟机、容器或服务等，而且监控目标随时可能变化。要及时、准确、可靠地发现所有监控目标并不是一项简单的工作，Prometheus 设计了一个 Discovery 管理器结构体来组织这项工作，其定义如代码清单 4-1 所示。管理器结构体记录了已经发现的目标（targets 成员）以及所有的数据供应者（providers 成员）。

代码清单 4-1 Discovery 管理器结构体定义

```
type Manager struct {
    logger    log.Logger
    name      string
    httpOpts  []config.HTTPClientOption
```

```
    mtx        sync.RWMutex
    ctx        context.Context
    targets    map[poolKey]map[string]*targetgroup.Group // 临时存储已经发现的目标
    targetsMtx sync.Mutex          // 锁，用于协调对 targets 成员的读写
    providers []*Provider          // 所有注册成功的数据供应者
    syncCh chan map[string][]*targetgroup.Group          // 通道，用于对外输出目标数据
    updatert time.Duration         // sender 协程传输信息的间隔，默认为 5s
    triggerSend chan struct{}      // 信号通道，用于触发目标数据的输出过程
    lastProvider uint
}
type Provider struct {
    name       string
    d          Discoverer           // 探测器，用于执行目标探测，每个数据供应者只有 1 个探测器
    config interface{}              // 配置信息，探测器按照配置进行探测
    cancel context.CancelFunc
    done func()
    mu     sync.RWMutex
    subs map[string]struct{}        // 目标组名称
    newSubs map[string]struct{}
}
```

　　管理器获取目标数据的过程就是启动所有供应者，由供应者探测并获取目标数据，最后汇总到 targets 成员中。汇总的目标数据由另一个协程（sender）及时传输给下游模块使用。图 4-1 展示了 Discovery 管理器的总体工作架构，其中的探测器、updater 和 sender 均为独立协程。在这样的架构中，不同的供应者相互独立，不会互相干扰。所有供应者的 updater 协程将目标数据写入同一个结构，即 Manager.targets 成员，但是它们访问的是不同的元素，因此不会发生写冲突。sender 协程利用通道与下游模块通信，它只负责将目标数据写入通道，不需要考虑下游模块的状态。

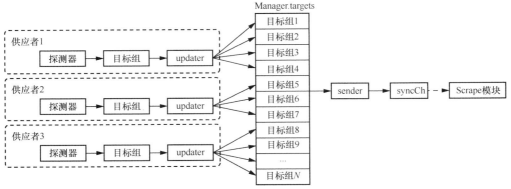

图 4-1　Discovery 管理器的总体工作架构

4.2　数据供应者

　　管理器在加载配置信息过程中启动所有供应者并将其记录在相应成员中。每个供应者

由探测器协程、updater 协程以及连接两者的通道组成。供应者的工作过程是首先利用探测器协程获取目标数据，然后将获取的目标数据写入 Manager.targets 成员。由于目标数据来源不同，可能来自 Kubernetes、AWS、HTTP 或 ZooKeeper 等，所以每一种来源都具有自己专用的探测器。当需要决定使用何种探测器时，管理器根据配置文件的解析内容来判断目标数据来源，进而决定使用何种探测器。这里的管理器仅使用了整个配置信息的一部分，详情可参见 2.2 节。

在配置文件中，scrape 目标发现配置和 notify 目标发现配置位于不同的区域，分别位于 scrape_configs 配置信息和 alertmanagers 配置信息中。虽然两者的格式是一样的，但是它们服务于不同的管理器，前者用于监控目标发现管理器，后者用于 alertmanager 服务发现管理器。本节仅分析 scrape_configs 配置信息。

scrape_configs 配置信息的逻辑结构如图 4-2 所示，它由一系列作业（job）构成，每个作业包含多个按照类别组织的供应者。Prometheus 要求每个作业名称（job_name）必须唯一，否则在加载配置文件时会失败并报错。由于作业名称可以自由编写，只要保证名称不重复即可，所以理论上用户可以设置无限数量的作业。然而，每个作业内部包含的目标发现动作是有限的，每一种目标数据来源对应一个动作。Prometheus 2.37 共支持 24 种来源，意味着每个作业内部最多包含 24 个动作。不过每个动作允许进一步配置多个供应者来供应数据，例如 Kubernetes 动作就可以包含多个供应者，分别用于探测和处理 pod 信息、ingress 信息等。

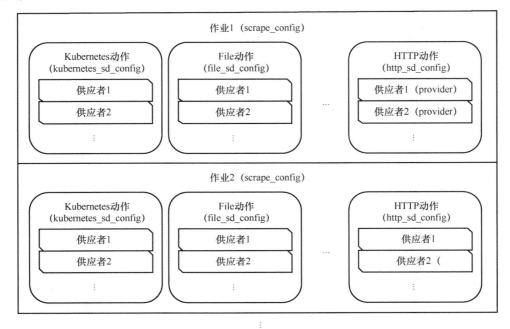

图 4-2　scrape_configs 配置信息逻辑结构

需要指出的是，Prometheus 允许某个供应者在多个作业中同时存在，即配置信息完全一致。在 4.4 节分析供应者的数据供应过程时可以发现，这种情况下多个供应者其实只需要提供一份数据，只不过数据随后会被复制、分发给多个作业使用。

总之，监控目标自动发现管理器在配置以及执行方面都是以供应者为基本单位进行组织的，供应者根据不同的目标来源分为不同的种类，而作业和动作不过是容纳多个供应者的容器。

alertmanagers 配置信息与 scrape_configs 配置信息基本一致，但不需要设置作业名称。可以说，alertmanagers 配置信息中的作业是没有名称的作业。当需要使用作业名称时，Prometheus 会使用一个临时名称。

4.3　目标数据的组织结构

起初 Prometheus 对监控目标一无所知，但是它会安排各个供应者主动探测并更新监控目标，以找到尽可能多的目标。本书称已找到的目标为已知目标（discovered target）。在目标探测结束时，Prometheus 只是知道了目标的存在，尚未向目标请求具体的监控数据。当 Prometheus 向已知目标请求具体监控数据时，我们称这些目标为遥测目标（telemetry target）。

在目标探测阶段，每个已知目标表现为一个符合特定要求的标签集，此处的特定要求是指至少具有__address__标签。对于缺少__address__标签的目标，Prometheus 无法知道向什么地址请求监控数据，因此该目标无法成为遥测目标，也就没必要作为已知目标。反之，任何标签集只要具有__address__标签就可以成为已知目标。

虽然在概念上每个已知目标是相互独立的，但是在实际情形中 Prometheus 每次探测不会只找到一个目标，而是会找到一批目标。由于每批目标往往具有某些相同的标签（这部分标签称为"共享标签集"），所以 Prometheus 定义了已知目标组（target group）结构体，将共享标签集和个性标签集分别存储在该结构体的两个成员中，节省了空间占用。该结构体的定义如代码清单 4-2 所示。

代码清单 4-2　目标组结构体定义

```
type Group struct {
    Targets []model.LabelSet    // 个性标签集，其中__address__标签可唯一标识每个目标
    Labels model.LabelSet       // 共享标签集
    Source string               // 目标组的来源
}
```

在目标组结构体的基础上，Prometheus 支持每次探测形成多个目标组，从而自然地形成了目标组的数组结构，即[]*Group。在通过文件、Kubernetes、OpenStack、HTTP 服务等探测器探测目标时，Prometheus 均以目标组数组形式组织已知目标。以基于文件的目标探

测为例，每个文件中可以包含多个目标组的数据，从而构成目标组数组，示例文件如代码清单 4-3 所示。

代码清单 4-3 名为 tfile_001.yml 的目标探测文件

```
[root@localhost prometheus]# cat tfile_001.yml
- targets:
  - 127.0.0.1:10050          // 存入目标组 1.Targets
  - 127.0.0.1               // 存入目标组 1.Targets
  labels:
    location: beijing        // 存入目标组 1.Labels

- targets:
  - 192.168.126.131:1119    // 存入目标组 2.Targets
  - 192.168.126.131:30066   // 存入目标组 2.Targets
  labels:
    location: shenzhen       // 存入目标组 2.Labels
```

以基于文件的目标探测为例，目标的所有信息最初存在于文件中，此时对 Prometheus 来说这些目标是未知的。Prometheus 启动供应者程序，由供应者程序负责从文件中获取这些目标，从而将未知目标转变为已知目标。每个供应者程序可以处理多个文件，其处理过程如图 4-3 所示。概括地说，文件目标供应者程序将文件中的目标数据组织为多个目标组数组，并依次将每个数组输出到 updates 通道中供下游程序使用。在进行通道传输时，实际上传输的是目标组数组的指针而非结构体本身，这进一步降低了通信成本。

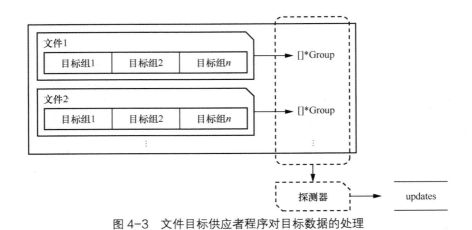

图 4-3 文件目标供应者程序对目标数据的处理

在处理其他类型的目标时，其数据组织结构与上述结构并无太大区别，4.4 节将详细讲解 Kubernetes 目标数据供应过程。

4.4 数据供应过程

数据供应过程由供应者负责，每个供应者负责一个来源，多个供应者并发工作同时处理多个来源的数据。虽然所有供应者最后将数据写入同一个结构，但是每个供应者在处理数据时不需要考虑其他供应者的状态。本节讲解单个供应者内部的数据供应过程。

4.4.1 目标探测与处理

updater 协程负责将数据更新到 targets 成员。targets 成员采用双层字典结构，外层的 poolKey 关键字代表供应者，内层的 string 关键字则为目标组的 Source 成员（在供应者内部是唯一的）。因此，在 targets 成员中，供应者标识和 Source 的组合可以唯一确定一个目标组。注意，探测器协程采集的原始数据为数组结构，这意味着对目标组的查找需要遍历所有元素，效率不高。但是当目标组存储到 Manager 结构体以后，如果继续采用切片类型就会产生问题。由于供应者需要周期性地更新目标组数据，所以 updater 协程每次收到一个目标组切片时，需要从 targets 成员中找到对应的目标组进行更新。这意味着 updater 协程需要频繁查找 targets 成员，为了满足查找效率的要求，targets 成员采用双层字典结构是必要的。updater 协程在更新目标组数据时进行全量更新，即替换原有数据。

updater 协程完成数据更新后立即通过 trigger 通道触发下游的 sender 协程，sender 协程将 targets 成员中的目标组发送到 syncCh 通道（该通道的数据将由下游的采样协程消费）。注意，syncCh 通道的数据类型与 targets 成员的数据类型不同，sender 协程在发送数据时将 targets 成员的双层字典结构转换为单层字典嵌套切片的结构。单层字典结构以作业名称为主键，意味着通过同一作业获取的所有目标组被展开为切片结构。

updates 通道为无缓冲通道，因此只有当下游的 updater 协程处理完当前目标组切片之后，上游的 searcher 协程才有机会向该通道写入下一批目标组。然而，由于存在多个 searcher-updater 协程对，这些协程对之间没有直接的依赖关系，所以 Prometheus 仍然可以在目标发现过程中实现并发。如果存在 100 个 searcher-updater 协程对，每对协程需要 500 ms 完成任务，并且任务的开始时间平均分布，那么意味着平均每 5 ms 就有一对协程需要进行数据输出。在这种情况下，只要下游 sender 协程的处理速度不超过 5 ms 一次，则数据流不会产生等待。

trigger 通道是长度为 1 的有缓冲通道，意味着最多有一个发送任务等待处理。此时，如果上游存在多个 updater 协程，意味着 sender 协程的处理速度要快得多。采用这种多数据流合一的架构虽然对 sender 协程的处理速度提出了更高的要求，但是也带来一种便利，即

sender 协程可以将多个供应者的数据合并处理，这种批量处理模式一定程度上提高了 sender 协程的数据处理效率。

syncCh 通道为无缓冲通道，意味着只有当下游协程空闲时，上游的 sender 协程才有机会将数据写入通道。在 discovery 实例运行期间，Manager 对象是唯一的，所以 syncCh 通道也是唯一的，所有发现的目标组将输出到唯一的通道中。

供应者作为数据流的动力源，其进行目标搜寻的过程并非一次性任务，随着时间的推移，目标可能会发生增减变化。目标搜寻过程需要及时反映这一变化情况，因此供应者需要持续、循环地进行搜寻，两次循环之间的时间间隔则根据配置决定。

除了目标会发生变动，配置文件也有可能修改。当与目标搜寻相关的配置修改以后，需要手动触发配置加载过程（例如，向 Prometheus 进程发送 SIGHUP 信号）。进行配置加载时，Prometheus 会更新 targets 成员以及所有 searcher 和 updater 协程。由于 sender 协程不受配置变更的影响，所以 sender 协程将保持不变。如果将日志级别设置为 debug，我们将能够观察到配置加载过程中启动供应者程序的日志。

4.4.2　Kubernetes 供应者

Prometheus 对 Kubernetes 目标的探测本质上是从 API Server 中获取数据（采用 REST 风格的 HTTP 消息进行通信）。该动作进一步支持 6 种目标的探测，即 node、pod、service、ingress、endpoints 和 endpointslice，具体由配置文件中的 role 参数指定，代码清单 4-4 为该动作的配置信息示例。除了可以通过 role 参数限定目标类型，还可以通过 selectors 参数进一步缩小探测范围。Kubernetes 供应者的总体工作机制为：Prometheus 创建一个 Kubernetes 客户端集合，各个供应者协程通过这些客户端建立 HTTP 连接并向 API Server 请求数据。

图 4-1 中的每个供应者都包含探测器和 updater 协程。对 Kubernetes 供应者来说，这种工作架构还需要进一步优化，因为需要实现名字空间（namespace）之间的隔离和独立性，我们不希望对某个名字空间的目标探测影响到对另一个名字空间的目标探测。解决方法是探测器协程进一步创建多个子探测器来共同完成工作，每个子探测器负责一个名字空间，它们各自独立地将探测结果输出到通道中。

代码清单 4-4　Kubernetes 自动发现配置信息示例

```
scrape_configs:
  - job_name: prometheus
    kubernetes_sd_configs:      # Kubernetes 动作，以下供应者为 Kubernetes 供应者
      - role: pod               # 供应者 1，负责 pod 目标
        selectors:              # 指定条件，缩小探测范围
          - role: "pod"
            label: "foo=bar"
            field: "metadata.status=Running"
      - role: service           # 供应者 2，负责 service 目标
        selectors:
```

```
        - role: "service"
          label: "foo in (bar,baz)"
          field: "metadata.status=Running"
      - ...
  - job_name: another_job
    kubernetes_sd_configs:
      ...
```

可见，就 Kubernetes 目标探测而言，每个供应者只负责一类目标的探测，并且在探测过程中根据名字空间的数量创建多个子探测器以实现并发操作。

现在分析供应者与 Kubernetes 之间的通信过程。供应者按照 SDConfig 结构体定义的参数来创建一个 Kubernetes 客户端集合（见代码清单 4-5），用于向 API Server 请求数据。由于每个供应者都有其对应的 SDConfig 对象，所以供应者不会共享客户端，而是各自拥有一套客户端。此外，Prometheus 定义了专门的 Discovery 结构体来管理供应者的工作过程，其定义如代码清单 4-5 所示，它包含供应者使用的一套客户端以及所有子探测器。供应者创建的客户端集合包含多达 46 个客户端，但是 Kubernetes 探测器主要使用的是其中 3 个，即 coreV1、discoveryV1 和 networkingV1。

代码清单 4-5　Kubernetes 客户端相关数据结构

```
// kubernetes.SDConfig, 每个 Kubernetes 供应者对应一个 SDConfig 对象
type SDConfig struct {
    APIServer           config.URL                  `yaml:"api_server,omitempty"`
    Role                Role                        `yaml:"role"`
    KubeConfig          string                      `yaml:"kubeconfig_file"`
    HTTPClientConfig    config.HTTPClientConfig      `yaml:",inline"`
    NamespaceDiscovery  NamespaceDiscovery          `yaml:"namespaces,omitempty"`
    Selectors           []SelectorConfig            `yaml:"selectors,omitempty"`
}
// 根据 SDConfig 对象创建对应的 Discovery 对象，每个供应者对应一个 Discovery 对象
type Discovery struct {
    sync.RWMutex
    client              kubernetes.Interface
// Kubernetes 提供的一套客户端，用于访问 Kubernetes 的各种 API
    role                Role                        // 该供应者负责的资源角色
    logger              log.Logger
    namespaceDiscovery  *NamespaceDiscovery         // 该供应者负责的名字空间
    discoverers         []discovery.Discoverer
// 子探测器列表，每个名字空间由一个子探测器负责
    selectors           roleSelector
}
func NewForConfig(c *rest.Config) (*Clientset, error) {   // 返回结果中包含 46 个客户端
    configShallowCopy := *c
    if configShallowCopy.UserAgent == "" {
        configShallowCopy.UserAgent = rest.DefaultKubernetesUserAgent()
    }
    httpClient, err := rest.HTTPClientFor(&configShallowCopy)
    if err != nil {
        return nil, err
    }
    return NewForConfigAndClient(&configShallowCopy, httpClient)
}
```

图 4-4 展示了 pod 供应者与 API Server 之间的通信过程。供应者内部的各个子探测器同时向 API Server 发送请求，在构造请求时指定名字空间等参数，从而并发地获取多个名字空间的目标数据。当 Kubernetes 集群规模较大并且名字空间较多时，探测器与 API Server 之间的通信相应地更加频繁，两者之间的 HTTP 通信采用 keep-alive 模式，避免了频繁建立和销毁连接的过程。

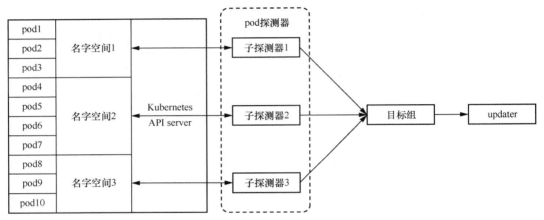

图 4-4   pod 供应者与 API Server 之间的通信过程

代码清单 4-6 展示了 Kubernetes 供应者使用的所有 6 种探测器结构体，每种探测器负责一类 Kubernetes 资源。探测器的每次探测都会输出一系列目标组，每个目标组可以由 Source 字段唯一标识，所有 6 种目标组标识的字符串格式如下。

- node 目标组标识为 node/<node_name>。
- pod 目标组标识为 pod/<namespace>/<pod_name>。
- service 目标组标识为 svc/<namespace>/<service_name>。
- ingress 目标组标识为 ingress/<namespace>/<ingreess_name>。
- endpoints 目标组标识为 endpoints/<namespace>/<endpoint_name>。
- endpointslice 目标组标识为 endpointslice/<namespace>/< endpointslice _name>。

可见，只有 node 目标组的标识不含名字空间，这是因为节点不属于任何名字空间。

代码清单 4-6   6 种探测器结构体

```
type Node struct {                    // node 探测器
    logger    log.Logger
    informer  cache.SharedInformer    // 用于启动 informer 协程
    store     cache.Store             // 所有节点信息
    queue     *workqueue.Type         // 待处理队列，元素类型为字符串（节点名称，可唯一标识
一个节点)
    }
```

```
type Pod struct {                                    // pod 探测器
    podInf           cache.SharedIndexInformer
    nodeInf          cache.SharedInformer
    withNodeMetadata bool
    store            cache.Store
    logger           log.Logger
    queue            *workqueue.Type      // 待处理队列，用于输出结果
}
type Service struct {                                // service 探测器
    logger   log.Logger
    informer cache.SharedInformer
    store    cache.Store
    queue    *workqueue.Type              // 待处理队列，用于输出结果
}
type Ingress struct {                                // ingress 探测器
    logger   log.Logger
    informer cache.SharedInformer
    store    cache.Store
    queue    *workqueue.Type              // 待处理队列，用于输出结果
}
type Endpoints struct {                              // endpoints 探测器
    logger log.Logger
    endpointsInf     cache.SharedIndexInformer
    serviceInf       cache.SharedInformer
    podInf           cache.SharedInformer
    nodeInf          cache.SharedInformer
    withNodeMetadata bool
    podStore         cache.Store
    endpointsStore   cache.Store
    serviceStore     cache.Store
    queue *workqueue.Type                 // 待处理队列，用于输出结果
}
type EndpointSlice struct {                          // endpointslice 探测器
    logger log.Logger
    endpointSliceInf cache.SharedIndexInformer
    serviceInf       cache.SharedInformer
    podInf           cache.SharedInformer
    nodeInf          cache.SharedInformer
    withNodeMetadata bool
    podStore          cache.Store
    endpointSliceStore cache.Store
    serviceStore      cache.Store
    queue *workqueue.Type                 // 待处理队列，用于输出结果
}
```

4.4.3　Consul 供应者

Consul 供应者使用的探测器同样以多协程方式并发工作，对探测过程的管理由代码清单 4-7 展示的 Consul 探测器结构体完成。探测器在执行探测时首先从 Consul 获取服务目录，然后为每个服务创建一个协程来获取该服务占用的所有节点目标。在输出探测结果时每个服务构成一个目标组，服务的名称作为目标组的唯一标识。Consul 探测器的数据探测和处

理流程如图 4-5 所示。

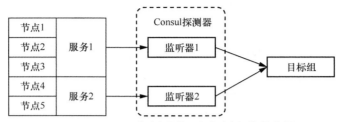

图 4-5　Consul 探测器的目标探测和处理流程

代码清单 4-7　Consul 探测器结构体定义

```
type Discovery struct {
    client              *consul.Client      // 客户端，用于访问 Consul
    clientDatacenter string                 // 当前探测的数据中心
    clientNamespace  string
    tagSeparator     string
    watchedServices  []string               // 指定要探测的服务，每个服务由一个协程执行探测
    watchedTags      []string
    watchedNodeMeta  map[string]string
    allowStale       bool
    refreshInterval  time.Duration
    finalizer        func()
    logger           log.Logger
}
```

4.4.4　PuppetDB 供应者

PuppetDB 探测器结构体定义如代码清单 4-8 所示。对 PuppetDB 目标进行探测时，探测器以 POST 方法向服务器发送 HTTP 请求，请求内容为 JSON 格式，其中包含探测目标的查询条件。探测器随后接收对方返回的资源消息，该消息同样为 JSON 格式，通过解析就可以获得所有目标。目标数据将被组织成目标组的形式，并使用 url 和 query 的组合作为目标组的标识字符串。由于每个 PuppetDB 供应者只有一个 url 和一个 query 参数，所以最终返回结果也只有一个目标组。

代码清单 4-8　PuppetDB 探测器结构体定义

```
type Discovery struct {
    *refresh.Discovery
    url               string        // HTTP 请求的地址
    query             string        // 查询语句字符串，来自配置文件，用作 POST 请求的数据
    port              int
    includeParameters bool
    client            *http.Client  // 访问 PuppetDB 使用的 HTTP 客户端
}
```

4.4.5 ZooKeeper 供应者

ZooKeeper 供应者可以处理 Nerve 和 Serverset 两种目标，但是两者使用相同的探测器结构体（见代码清单 4-9）。ZooKeeper 探测器可以探测多个路径节点的目标，它利用一个通道（代码清单 4-9 中的 updates 成员）汇总所有路径的变更事件并逐个处理。事件本身包含路径名称和 JSON 格式的目标数据，探测器通过解析 JSON 格式的目标数据获得目标，这一目标构成了目标组的唯一成员，而事件的路径名称将作为目标组的唯一标识。

代码清单 4-9 ZooKeeper 探测器结构体定义

```
type Discovery struct {
    conn *zk.Conn                    // ZooKeeper 连接，用于访问 zk 服务器
    sources map[string]*targetgroup.Group
    updates      chan treecache.ZookeeperTreeCacheEvent
                                     // 汇总所有路径的变更事件并逐个处理
    pathUpdates []chan treecache.ZookeeperTreeCacheEvent
                                     // 每个路径一个通道，用于接收事件
    treeCaches   []*treecache.ZookeeperTreeCache
    parse  func(data []byte, path string) (model.LabelSet, error)
    logger log.Logger
}
type ZookeeperTreeCacheEvent struct {    // 事件
    Path string               // 路径名称作为目标组的唯一标识
    Data *[]byte              // JSON 格式的目标数据，内容为目标数据
}
```

4.4.6 文件目标供应者

文件目标供应者的核心是文件目标探测器，其结构定义如代码清单 4-10 所示，其中包含探测器负责处理的文件路径。文件目标的发现通过监听文件的修改事件进行触发式响应，响应方式是读取文件内容，对其进行解析以获得目标组并输出到通道。对修改事件的监听通过 watcher 协程实现，该协程允许同时监听多个文件的修改。就 Linux 系统而言，监听过程通过 inotify 系统的 API 实现，具体使用的系统调用有 inotify_init()、inotify_add_watch()等。

代码清单 4-10 文件目标探测器结构体定义

```
type Discovery struct {
    paths        []string            // 文件路径列表
    watcher      *fsnotify.Watcher   // 事件监听处理器
    interval     time.Duration
    timestamps   map[string]float64
    lock         sync.RWMutex
    lastRefresh  map[string]int
    logger       log.Logger
}
```

　　首次启动时，文件目标探测器协程将解析监听的文件，并将解析结果输出到 updates 通道。在此之后，每当有新的事件到来，文件目标探测器将重新解析文件并将解析结果输出到 updates 通道。此时，如果配置信息发生了修改，则文件目标探测器协程负责更新监听列表，将不需要监听的文件从列表中删除，并添加新增的文件到列表中。

　　除了文件修改事件可以触发文件解析，当超过一定时长（配置文件设置的间隔）没有任何事件时，ticks 通道也可触发文件解析，目的是避免某次事件丢失引起的持久空循环。文件目标供应者的工作流程如图 4-6 所示。文件目标组的 Source 字段格式为<文件名>:<目标组序号>。

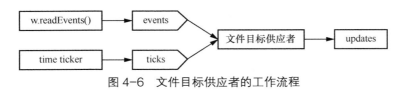

图 4-6　文件目标供应者的工作流程

4.4.7　HTTP 供应者

　　HTTP 供应者以 HTTP 探测器为核心，代码清单 4-11 展示了该探测器结构体定义，其中包含 HTTP 请求地址和客户端等。HTTP 探测器以 GET 方法向服务器发起请求，并从对方获得 JSON 格式的响应消息，消息内容为监控目标。探测器通过解析 JSON 格式的响应消息来构建最终的目标组，每个目标组以请求地址和目标组编号作为唯一标识。如果请求地址为<url>并且某个目标组位于响应消息的首个位置，那么该目标组的唯一标识为<url>:0。

代码清单 4-11　HTTP 探测器结构体定义

```
type Discovery struct {
    *refresh.Discovery
    url             string          // HTTP 请求地址，来自配置文件
    client          *http.Client    // 客户端
    refreshInterval time.Duration   // 刷新间隔
    tgLastLength    int
}
```

4.4.8　DNS 供应者

　　DNS 供应者需要完成的工作是将一系列域名转换为监控目标的 IP 地址，具体的工作过程如下。

　　（1）根据/etc/resolv.conf 文件中的信息确定 DNS 服务器。

　　（2）向 DNS 服务器发送查找请求：如果查找成功则将返回结果与配置文件中的 port

参数值组合在一起，构成最终的目标地址；如果某个域名对应多个 IP 地址，则最终将构成多个目标地址。

DNS 探测器结构体定义如代码清单 4-12 所示。

代码清单 4-12　DNS 探测器结构体定义

```
type Discovery struct {
    *refresh.Discovery
    names   []string           // 域名列表，来自配置文件
    port    int
    qtype   uint16             // 整数，根据域名类型转换而来，对应 SRV、A 或者 AAAA
    logger  log.Logger
    lookupFn func(name string, qtype uint16, logger log.Logger) (*dns.Msg, error)
}
```

每一个域名的查找过程都涉及网络 I/O，当需要解析多个域名时，为了减少等待时间，DNS 供应者为每个域名创建一个协程进行处理，以最大程度地利用并发。所有协程在完成自己的工作以后退出，当 DNS 供应者需要再次搜寻目标时会再次创建所需的协程。DNS 探测器在多个域名的情况下启动多个协程进行处理的工作架构如图 4-7 所示。

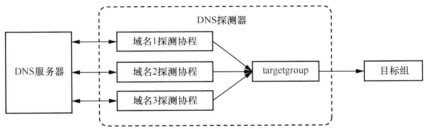

图 4-7　DNS 探测器在多个域名的情况下启动多个协程进行处理的工作架构

4.4.9　其他供应者

AWS 云平台目标的发现包括对 EC2 服务器实例以及更轻型化的 Lightsail 服务器实例的发现，两种服务器分别对应一种供应者，对应的供应者均是通过单次请求获取所有实例的列表，也就意味着供应者不会使用多个协程。Azure 云平台中的目标称为虚拟机。Azure 供应者也是使用单个协程获取目标数据，并将其转换为目标组进行输出。DigitalOcean 中的计算资源对象称为 Droplet。DigitalOcean 供应者的目标搜寻工作也是由单个协程完成的。

剩下的 GCE、Hetzner、Linode 和 Marathon 等云平台目标的发现过程与上述云平台目标的发现过程基本类似，都是通过向服务器发送请求来批量获取多个目标，然后将目标输出到通道，整个过程都在单个协程内完成，不需要创建多个协程。

第 5 章

监控数据的采集与加工

本章介绍 Prometheus 如何实现从大量监控目标中采集监控数据。监控数据采集工作由采样管理器（scrape manager）负责管理，其总体工作过程为：根据监控目标清单，以作业为单位为每个作业创建采样池，每个采样池可以为池中的监控目标启动采样协程（scrapeLoop）；采样协程可以周期性地向监控目标请求监控数据，并在收到监控数据后进行解析，再将解析后的样本值写入数据库；当配置文件修改后需要重新加载配置信息，采样管理器可以根据最新的配置信息调整采样池的行为。

5.1　采样管理器概述

采样管理器运行在单独的协程中，该协程在配置信息加载完毕后启动。采样管理器的总体工作过程如图 5-1 所示。图中的协程有 manager 协程、reloader 协程和为每个监控目标启动的采样协程。targetGroups 和 trigger 是两个通道，前者负责为 manager 协程提供监控目标清单（其数据来自目标发现管理器，参见第 4 章），后者负责通知 reloader 协程执行刷新操作，也就是检查并适当增减采样协程数量。采样池（scrapePool）是一个容器，用于追踪和管理采样协程，它以作业为单位构建，每个作业对应一个采样池。采样池还负责为采样协程提供数据库接口和 HTTP 客户端，每个采样池内部的所有采样协程共享同一个数据库接口和 HTTP 客户端。

为了有效地组织采样工作，Prometheus 定义了采样管理器结构体，如代码清单 5-1 所示。其中的 targetSets 成员用于存储监控目标数据，scrapeConfigs 成员用于存储配置信息，样本数据的加工则与 scrapePools 成员和 append 成员有关。

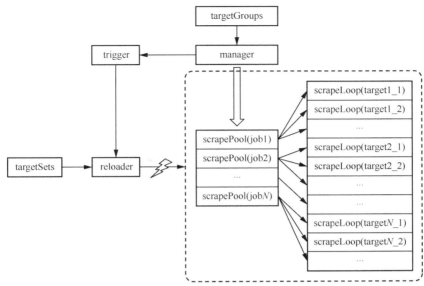

图 5-1　采样管理器的总体工作过程

代码清单 5-1　采样管理器结构体定义

```
type Manager struct {                              // 采样管理器结构体定义
    opts       *Options
    logger     log.Logger
    append     storage.Appendable             // 样本数据通过该接口写入数据库
    graceShut  chan struct{}                  // 用于触发协程的退出
    jitterSeed uint64                         // 用于均衡时间维度压力
    mtxScrape  sync.Mutex                     // 读写下面 3 个成员时需要加锁
    scrapeConfigs map[string]*config.ScrapeConfig  // 存储最新加载的 scrape 配置信息
    scrapePools   map[string]*scrapePool
                                              // 用于存储监控数据采集状态信息,内含活动目标
    targetSets    map[string][]*targetgroup.Group  // 监控目标清单,以 job 为键
    triggerReload chan struct{}               // 用于触发监控目标数据刷新
}
```

采样管理器对监控目标数据的加工过程主要包括以下 3 个步骤。

（1）经由通道从自动发现协程获取原始监控目标，并存入 targetSets 成员。

（2）检查监控目标所属的每个作业，如果 scrapePools 中没有该作业，说明为该作业尚未建立采样池，此时如果 scrapeConfigs 中存在该作业的配置信息，则为该作业创建一个采样池；如果不存在该作业的配置信息则说明配置信息有误，将报错并略过该作业。采样池实例由 scrapePool 结构体定义，如代码清单 5-2 所示。

（3）向每个采样池同步监控目标数据，从而可以为每个目标创建采样协程。采样管理器可能需要管理大量的采样池，为了提高数据同步效率，采样管理器为每个采样池创建一个同步协程，从而能够并发地执行同步工作。在此过程中，如果监控目标发生变化，将为新增的监控目标创建采样协程，并为消失的监控目标终止采样协程，最终使得活动目标与采样协程一一对应。

代码清单 5-2　scrapePool 结构体

```
type scrapePool struct {
    appendable storage.Appendable      // 数据库接口，用于存储采样结果
    logger       log.Logger
    cancel       context.CancelFunc
    mtx     sync.Mutex
    config *config.ScrapeConfig
    client *http.Client                // 向目标请求数据时使用的 HTTP 客户端
    loops  map[uint64]loop             // 当前已启动的采样协程
    targetMtx sync.Mutex               // 互斥访问监控目标数据
    activeTargets  map[uint64]*Target // 成功启动采样循环的目标（已开始采样），主键为目标指纹
    droppedTargets []*Target
    newLoop func(scrapeLoopOptions) loop      // 一个函数，用于生成采样循环
}
```

对于任一监控目标，一旦其采样协程创建完毕，就开启了对样本数据的加工过程。样本数据的加工以 scrapeLoop 结构体为核心（见代码清单 5-3），每个监控目标都对应一个 scrapLoop 结构体对象。采样协程对样本数据的加工过程如下。

（1）向监控目标发送 HTTP 请求，并将获取的样本数据存入缓冲区（buffers 成员）。

（2）解析样本数据文本，生成样本值并写入数据库。

（3）形成报告，将报告内容写入数据库。

（4）等待下次采样，从步骤（1）开始循环。

（5）当监控目标消失时，采样协程被终止，结束循环。

代码清单 5-3　scrapeLoop 结构体

```
type scrapeLoop struct {
    scraper          scraper      // 接口，由 targetScraper 结构体实现
    l                log.Logger
    cache            *scrapeCache // 存储最后一次采样的样本数据（用于判断监控项是否发生中断）
    lastScrapeSize   int
    buffers          *pool.Pool    // 缓冲区，用于暂存本数据
    jitterSeed       uint64
    honorTimestamps bool
    forcedErr        error
    forcedErrMtx     sync.Mutex
    sampleLimit      int
    labelLimits      *labelLimits // 用于限定每个监控项的标签数量、标签名称长度和标签值长度
    interval         time.Duration
    timeout          time.Duration
    appender         func(ctx context.Context) storage.Appender
    sampleMutator        labelsMutator
                                // 该成员是一个函数，用于判断某个监控项是否属于"静音"范围
    reportSampleMutator labelsMutator
    parentCtx context.Context
    ctx        context.Context
    cancel     func()           // 调用 ctx 上下文的 cancel() 函数，用于终止采样协程
    stopped    chan struct{}    // 用于传输信号，表明采样循环已终止，触发收尾工作
    disabledEndOfRunStalenessMarkers bool
```

```
    reportExtraMetrics bool
}
```

　　采样管理器还负责加载和刷新配置信息。配置信息的变化会引起监控目标的变化，当某个作业从配置文件中删除或者其参数值发生变化时，需要对该作业下已经发现的监控目标停止监控或者变更采样参数。配置信息的加工过程须能够处理这种变化，采样管理器对配置信息的加工过程为：逐个检查当前已有的采样池，与新加载的配置信息进行比对，如果某个采样池的作业配置信息不存在，说明该采样池已不需要，则终止该采样池；如果作业配置信息存在但是有变化，则按照新的配置更新采样池，具体操作为创建新的 HTTP 客户端、终止旧的采样协程、创建并运行新的采样协程、关闭旧的 HTTP 客户端。

5.2　监控目标数据加工过程

　　监控目标数据来自自动发现协程，其本身并非采集的样本，但是它决定了从哪些目标采集样本，这些数据可以视为控制数据。自动发现协程输出的监控目标数据是以作业名称为键的字典，这种结构很自然地促进了作业维度的并发实现，采样管理器也确实是使用这种结构的管理器。具体地说，采样管理器为每个作业创建一个采样池，采样池在各自的协程中处理指定作业中的所有监控目标，作业数越多并发量也就越大。

5.2.1　目标数据加载协程

　　负责处理目标数据的协程称为目标数据加载（reloader）协程，该协程由采样管理器协程创建，它与采样管理器协程之间利用 triggerReload 通道（见代码清单 5-1）进行通信与协调，该通道的长度为 1。当需要 reloader 协程工作时，采样管理器通过 triggerReload 通道向其发送信号，reloader 协程则每隔 5 s 检查一次通道，如果有信号存在就立刻开始工作。因此，采样管理器控制着 reloader 协程的工作次数，而 reloader 协程自己控制着工作频率，两者各取所需。

　　目标数据存储在采样管理器的 targetSets 成员中，采样管理器协程在给 reloader 协程发送信号之前已经完成了对该成员的更新，而 reloader 协程每次工作时将直接读取该成员。采样管理器协程与 reloader 协程之间对目标数据的读写冲突通过采样管理器的互斥锁（mtxScrape 成员）解决，两者在读写过程中均须持有该锁，并在读写结束后释放它。由于 reloader 协程两次工作之间存在 5s 的间隔，所以在此期间采样管理器协程完全有机会再次获得锁并更新监控目标数据。在这种情况下，等到 reloader 协程开始工作时监控目标已经发生了两次更新。然而，这两次更新并不会导致发送两次信号，因为 triggerReload 通道的长度为 1，在 reloader 协程将信号消费掉之前采样管理器会放弃发送信号。这一机制依赖于 default 分支的存在，如代码清单 5-4 所示。此外，由于互斥锁的存在，在 reloader 协程工作期间采样管理器无法获得锁，所以不可能更新监控数据。

代码清单 5-4　采样管理器向 reloader 协程发送信号时的 default 分支

```
select {
case ts := <-tsets:                              // 当 tsets 通道有数据时
    m.updateTsets(ts)                            // 更新监控目标数据
    select {
    case m.triggerReload <- struct{}{}:          // 向 reloader 协程发送信号
    default:                                     // 通道阻塞时放弃发送信号
    }
case <-m.graceShut:
    return nil
}
```

reloader 协程需要完成很多工作，它通过启动多个协程实现了以作业为单位的并发操作。具体而言，它为每个作业创建一个采样池（scrapePool 实例），并为每个采样池启动一个协程来处理数据。由于监控目标数据正好是以作业名称为键的字典，所以这种基于作业维度的并发实现起来非常便捷。如代码清单 5-2 所示，采样池使用的数据主要是配置信息、监控目标数据、HTTP 客户端和数据库接口。在作业维度上，配置信息和监控目标数据都是相互隔离、彼此独立的，而 HTTP 客户端的创建也保证了各作业之间不会共用资源。这种数据和资源层面的独立性为并发操作提供了保障，各采样池协程之间不会出现冲突，不会产生协调方面的成本。

reloader 协程的职责是保证每个作业都有一个采样池，如果在刷新目标数据的过程中发现某个作业缺少采样池，则尝试为它创建一个（前提是该作业的配置信息是存在的）。需要注意的是，虽然 reloader 协程与配置信息刷新过程（见 5.1 节）一样可能引起采样池的增减变化，但是两者处理的数据是不同的，reloader 协程处理的是目标数据，而配置信息刷新过程处理的是配置信息。

5.2.2　采样池的目标数据同步

reloader 协程创建的每个采样池都记录在采样管理器的 scrapePools 字段中，它以作业名称为键，保证了为每个作业最多创建一个采样池。reloader 协程第一次加载目标数据时，需要为遇到的每个作业创建一个采样池。新创建的采样池是空的，不含任何监控目标（不过 HTTP 客户端已经存在），此时 reloader 协程要做的是将目标数据同步到该采样池中。当第二次加载目标数据时，如果发现某个作业的采样池已经存在，就不需要再创建采样池，直接进行目标数据同步即可。目标数据同步是以采样池为单位进行的，各个采样池之间相互独立，并发地进行同步。reloader 协程在同步目标数据时使用 Target 结构体来描述各个目标，该结构体定义如代码清单 5-5 所示。

代码清单 5-5　目标数据同步协程使用的 Target 结构体

```
type Target struct {
    discoveredLabels labels.Labels          // 自动发现协程获取的监控目标标签
    labels labels.Labels                    // 数据同步协程调整之后的标签（含自动发现的标签）
    params url.Values                       // 配置信息中的 params 参数
    mtx                 sync.RWMutex
                        // 用于协调对 metadata、health、labels 等成员的读写访问
    lastError           error
    lastScrape          time.Time
    lastScrapeDuration  time.Duration
    health              TargetHealth
    metadata            MetricMetadataStore   // 元数据，采样协程处理样本数据时使用
}
```

需要指出的是，从自动发现协程接收的目标数据不能直接给采样池使用，因为这些目标数据的标签还没有经过重新打标。当采样池执行数据同步时，一方面需要为每个目标数据调整标签，另一方面需要为每个目标数据创建采样协程，如果某个目标数据的标签调整失败则将其记录到错误日志中（内容为 Creating target failed），整个同步过程如图 5-2 表示。如果某个作业的目标数据量很大，其目标数据同步过程无疑会花费较长的时间，此时如果采用串行方式无疑会影响其他作业的数据同步。考虑到采样池之间的数据独立性，各采样池的数据同步以并发方式进行，故总体的目标数据同步时间取决于花费时间最长的那个采样池。一旦采样池的目标数据同步完成，相应的协程也就终止了，但是该过程中创建的采样协程将继续存在。

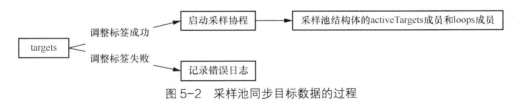

图 5-2　采样池同步目标数据的过程

目标数据同步的第一步是使用 relabel 规则调整监控目标的标签，包括补充新标签以及修改现有标签（此处为监控目标标签，而非时间序列样本标签）。任何监控目标，无论曾经是否同步过都需要经历调整标签这一步。因此，即使本次同步的监控目标与上次同步时完全一致也需要调整标签。调整标签时需要为每个监控目标新建标签集并经过 relabel 规则的调整。这一过程（主要是字符串构建和查找匹配）既需要空间又需要时间，当监控目标数量很大时，调整标签过程会花费一定时间。补充的新标签来自配置信息中的 6 个参数，即 job_name、scrape_interval、scrape_timeout、metrics_path、scheme 和 params。

relabel 规则对标签的调整是在补充新标签之后进行的，所以新标签也可以纳入其调整范围。relabel 规则支持 7 种方式，即 Keep、Drop、Replace、HashMod、LabelDrop、LabelKeep 和 LabelMap，其中前 4 种针对标签值，后 3 种针对标签名称。基于标签值的调整需要限定范围（source_labels 参数），基于标签名称的调整则针对所有标签。除了 HashMod，其他方

式均需要进行至少一次正则匹配。Go 语言实现的正则表达式匹配算法可以在任何情形下保持线性的时间复杂度。

- Keep，当标签值不符合指定规则时对应的监控目标的标签将被忽略（监控目标放入 droppedTargets），否则保持原样。
- Drop，当标签值符合指定规则时对应的监控目标的标签将被忽略（监控目标放入 droppedTargets），否则保持原样。
- Replace，当标签值匹配成功时，将指定标签的值修改为指定内容。
- HashMod，不进行字符串匹配，直接计算标签值的哈希余数，将该值设置为指定标签的值。
- LabelDrop，检查所有标签，如果标签名称符合指定规则则删除该标签，如果最后不剩任何标签则对应的监控目标将被放入 droppedTargets。
- LabelKeep，检查所有标签，如果标签名称不符合指定规则则删除该标签，如果最后不剩任何标签则对应的监控目标将被放入 droppedTargets。
- LabelMap，检查所有标签，如果标签名称符合指定规则则将该标签名称替换为指定的字符串。

经过标签的调整之后，原始的监控目标数据往往会扩增一些标签，同时监控目标被分为两类，即需要执行采样的目标（以下称"活动目标"）和放入 droppedTargets 的目标（不需要采样）。下一步要做的是为活动目标创建采样协程并启动采样协程。为了避免浪费资源，如果某个目标在上次同步时已经创建了采样协程，则本次不需要重复创建，Prometheus 通过计算并比较监控目标的哈希值来判断该目标是否已经存在。

在调整标签的过程中可能出现的错误类型有 9 种，具体如下。

- 缺少地址标签值。
- 协议标签无效（非 HTTP/HTTPS）。
- 目标地址错误（地址字符串包含斜线符号，由 CheckTargetAddress()方法返回）。
- 采样间隔无效。
- 采样间隔为 0。
- 采样超时时间无效。
- 采样超时时间为 0。
- 采样超时时间超过采样间隔。
- 某个标签值无效。

可见，在数据同步过程中需要对采样池内的监控目标数据进行读写，如果某个采样池在进行数据同步时又需要进行采样池配置信息加载就可能发生数据访问冲突。因此，无论是在数据同步时还是在加载采样池配置信息过程中都需要持有 targetMtx 锁（见代码清单 5-2）。实际上，当某个作业消失，需要终止采样池及其 loop 协程时，也涉及对监控目标的修改，同样需要持有 targetMtx 锁。

5.2.3 采样协程的创建

既然采样协程的任务是对监控目标进行采样，那么就需要准备一些必备的参数和资源，包括用于 HTTP 通信的客户端、采样超时时间、采样间隔、采样结果的最大长度、单次采样的样本数量限额、样本标签 relabel 配置，以及用于控制采样协程的上下文（父级和子级）、用于暂存采样结果的缓冲池、用于输出样本值的数据库接口等。其中，HTTP 客户端、父级上下文和缓冲池在创建采样池时就已经存在，这些资源在同一采样池内由所有监控目标共享。父级上下文绑定到每个采样协程，从而父级可以通过该上下文停止所有采样协程。缓冲池虽然由所有采样协程共享，但是每个采样协程只使用其中的一个区域，所以各采样协程对缓冲池的访问不会发生冲突。数据库接口则由 storage.Appender 定义，采样协程主要使用该接口的 append() 方法将样本值添加到数据库中。除此之外的其他参数均来自采样池加载的配置信息（config 字段，加载过程见 5.4 节）。类似于采样池之间的相互独立，各个采样协程之间也是独立的，彼此没有共享数据。

一旦采样协程创建完毕，对目标数据的加工就结束了，至此目标数据完成了它的使命。可见，目标数据最终留在了 Prometheus 运行时内部，并没有持久化地输出到任何数据库或者文件中。虽然用户可以通过 Web 页面查询监控目标数据，但是这些数据均来自内存而非数据库。

综合考虑数据同步以及采样协程的创建过程，可见创建采样协程是一个复杂的过程。相对而言，其终止过程要简单得多，只需要调用上下文的 cancel() 函数就可以快速终止采样协程。

5.2.4 采样时间偏置

采样时间偏置与采样管理器结构体中的 jitterSeed 字段（时钟抖动量）以及监控目标的哈希值相关。时钟抖动量为 64 位无符号整数，该值根据服务器主机名称和 Prometheus 服务外部标签（external_labels）组成的字符串进行哈希计算得到。也就是说，同一主机上如果有两个 Prometheus 服务并且配置相同的外部标签，那么两者生成的时钟抖动量一定是相同的。外部标签可以视为对 Prometheus 服务的一种身份描述，不同的 Prometheus 服务应设置不同的外部标签。在进行采样时，Prometheus 服务需要与外部服务进行交互，此时可以用外部标签表明自己的身份。

假设 Prometheus 服务的采样时间戳按照 interval 对齐，也就是保证每次采样的时间戳都是 interval 的整数倍，此时如果没有时间偏置机制，则所有具有相同采样间隔的监控目标将在同一时间点同时采样，这造成的结果就是在时间维度上负载（压力）被集中到一个时间点上。Prometheus 服务需要一种机制在时间维度上将压力分散开，也就是将单个时间点的压力尽可能平均地分散到 interval 区间内。实现这一目标的方法之一是利用监控目标的哈希值，可以认为每个监控目标的哈希值是随机整数，如果用该哈希值对 interval 取余，就可以使用该余数来对采样时间进行偏置，从而达到分散压力的目的。这种方法在仅有一个 Prometheus 服务的情况下是可行的，但是如果同时存在多个 Prometheus 服务，这种方法就会产生另一个问题。假设两个 Prometheus 服务以相同采样间隔对同一个监控目标采样，由于监控目标相同，所以该监控目标在两个 Prometheus 服务中的时间偏置量也相同，最终的结果就是两个服务总是同时对该监控目标进行采样。从监控目标的角度看，这可能会造成一定的压力，并导致同步与协调方面的问题。因此，Prometheus 服务在进行时间偏置量计算时并非单纯依赖监控目标的哈希值，而是将哈希值与时钟抖动量结合（位与运算，见代码清单 5-6），这样就可以避免同时对监控目标进行采样。当然，如果两个 Prometheus 服务使用相同的时钟抖动量，那么这和不使用时钟抖动量效果是一样的。

代码清单 5-6   时间偏置量的计算

```
func (t *Target) offset(interval time.Duration, jitterSeed uint64) time.Duration {
    now := time.Now().UnixNano()
    var (
        base   = int64(interval) - now%int64(interval)
        offset = (t.hash() ^ jitterSeed) % uint64(interval)
                                            // 哈希值与 jitterSeed 结合后取余
        next   = base + int64(offset)
    )
    if next > int64(interval) {
        next -= int64(interval)
    }
    return time.Duration(next)
}
```

基于上述规则，无论各个作业的采样间隔是否相同，采样操作在时间维度上的总体分布密度都是均衡的。假设有两个作业，其中一个包含 100 个监控目标且采样间隔为 10 s，另一个包含 500 个监控目标且采样间隔为 25 s，那么前者的密度为每秒 10 个目标，后者的密度为每秒 20 个目标，两者合计的密度为每秒 30 个目标。即使将每个目标的样本数量考虑进来，仍然可以实现时间维度上的均衡。假设前者每个目标每次返回 60 个样本，后者每个目标每次返回 80 个样本，则可以合理地期望任意一秒返回 2,200（10×60 + 20×80）个样本。

任意一个采样协程只需要计算一次时间偏置量（计算首次采样的时间点），一旦计算完毕，此后的每次采样只需要知道采样间隔 interval 就可以。

5.3   监控数据加工过程

每个采样协程负责一个目标的采样工作，由于各采样协程之间相互独立，所以本书只分析单个采样协程的监控数据加工过程。虽然采样协程数量过大可能会影响协程调度效率，但是每个协程的工作过程不会受影响。监控数据的加工过程分为 HTTP 请求阶段、解析阶段（包括词法分析和句法分析）、写入数据库阶段和生成报告阶段。

5.3.1 HTTP 请求与响应消息

从某个监控目标采集监控数据就是向监控目标发送 HTTP 请求并获取响应消息的过程。如果使用 HTTPS，则在发送 HTTP 请求之前建立加密通道。Prometheus 构建的 HTTP 请求很短，从而可以更快地传输到监控目标，请求示例如代码清单 5-7 所示。对于不同的监控目标，除了代码清单 5-7 中第 1 行的 URL、HTTP 版本号以及第 2 行的 Host 参数，还有第 6 行的 Timeout 值可能不同，其他 HTTP 请求头参数（Accept、Accept-Encoding 和 User-Agent）都是相同的。

代码清单 5-7 执行采样时的 HTTP 请求示例

```
GET /metrics?svc=test&comments=hello HTTP/1.1
Host: 127.0.0.1:9099
Accept: application/openmetrics-text;version=1.0.0,application/openmetrics-text;v
ersion=0.0.1;q=0.75,text/plain;version=0.0.4;q=0.5,*/*;q=0.1
Accept-Encoding: gzip
User-Agent: Prometheus/0.13.0
X-Prometheus-Scrape-Timeout-Seconds: 3.14
```

请求地址 URL 由 4 部分构成，即协议名称、主机、路径和请求参数。这些部分均来自监控目标的标签值而非配置信息，因为在数据同步过程中进行标签调整时可能会修改相关信息，使用配置信息可能不符合期望。

Accept 请求头向监控目标表明 Prometheus 能够接收 4 种类型的信息，即 openmetrics-text 1.0.0、openmetrics-text 0.0.1、plain text 和其他类型，其权重分别为 1.0、0.75、0.5 和 0.1。可见 Prometheus 最偏爱 openmetrics-text 类型，其次是 plain text 类型，但是并没有拒绝接收其他类型（第 3 章讲到 Exporter 允许输出 ProtoBuf 格式）。plain text 格式中的 version 参数代表 Prometheus 监控数据语法的版本号，自 2014 年以来一直为 0.0.4 版本。至于在这种请求的情况下 Exporter 将以何种格式来响应，参见 3.4 节。Accept-Encoding 请求头表明 Prometheus 倾向于接收 gzip 压缩格式的内容。在这种情况下，Exporter 一般会压缩响应消息，除非 Exporter 本身不支持压缩。User-Agent 请求头向服务器表明客户端使用的 Prometheus 版本号，服务器可以根据该版本号进行不同的处理。该请求头自 Prometheus 1.6.0 版本开始使用。X-Prometheus-Scrape-Timeout-Seconds 请求头用于向服务器表明采样超时时间（浮点数，单位为 s），最小值为 0.001 s。

上述请求消息在每个采样协程中只需要构建一次，一旦构建成功就会保存在采样协程中，以后的每次采样可以直接拿来使用。

接收到响应消息以后，Prometheus 通过 Content-Encoding 头决定是否进行 gzip 解压，而 Content-Type 头则直接作为返回结果供后续过程使用。无论是否需要解压，最终的消息内容都将存入监控目标专用的缓冲区（见代码清单 5-3 的 buffers 成员），后续过程将对它进行解析。对于同一监控目标的多次采样，响应消息的大小一般不会有太大变化，其大小往往在很小的范围内浮动。因此，Prometheus 每次为响应消息分配缓冲区时总是基于上一个响应消息的大小来分配。

同一采样池内所有采样协程共用一个缓冲池（其定义见代码清单 5-8），该缓冲池中包含 8 个桶，每个桶可存储一系列缓冲区对象（[]byte 类型）以供重复利用，从而避免反复分配资源。每个桶中的对象大小如表 5-1 所示，当向缓冲池申请一个大小为 4,000 字节的切片时，它将从 2 号桶中获得一个可容纳 9,000 字节的切片，如果 2 号桶为空则临时创建一个 9,000 字节的切片。切片在使用完毕后总是放回到对应的桶中。这种设计方案的最终效果就是，如果桶足够大（其中的对象数量足够多），那么每次申请总能直接获得一个现成的切片对象，从而无须创建。如果最初的桶是空的，那么随着请求频率的提高，桶中的对象越来越多，最终将能够直接满足每次请求。如果某个桶每秒收到 100 个请求，每个请求占用对象 0.2 s，那么只要桶中有 20 个对象就能够恰好满足需求。需要注意的是，由于没有桶可以容纳超过 2,187,000 字节的对象，超过此大小的对象将无法利用缓冲池提供的便利，所以只能每次临时创建。

表 5-1   缓冲池中的桶及其对象大小

桶号	对象大小/字节
0	1,000
1	3,000
2	9,000
3	27,000
4	81,000
5	243,000
6	729,000
7	2,187,000

代码清单 5-8   采样循环使用的缓冲池结构

```
type Pool struct {
    buckets []sync.Pool      // 8 个元素，与 sizes 长度一致
    sizes   []int            // 8 个元素，以 3 倍级数从 1,000 到 2,187,000（3⁷×1,000）
    make func(int) interface{} // 用于当请求对象的大小超过 2,187,000 字节时创建一个临时对象
}
```

存储在缓冲池中的内容是监控目标返回的原始消息内容，除进行 gzip 解压之外没有做任何处理。这些内容此时还只是文本流格式，需要进一步解析之后才能写入数据库，并且只有当本次内容写入数据库之后才会进行下一次采样。

5.3.2   响应消息的解析

Prometheus 支持对两种消息格式的解析，即文本格式（也称为 Prometheus 传统格式）和 OpenMetrics 格式（自 Prometheus 2.5 开始支持）。OpenMetrics 格式可以视为对 Prometheus 传统格式的升级和优化。对两种消息格式的鉴别通过响应消息的 Content-Type 头实现。两

种消息格式的解析器均使用 Golex 工具自动生成需要的代码。Golex 使用严格定义的词法规则作为输入,无论是 Prometheus 传统格式还是 OpenMetrics 格式,两者都有各自的词法规则。在实现词法分析的基础上,两种消息格式均以行为单位进一步实现了句法分析,这些行包括注释行、TYPE 行、HELP 行、样本行等。句法分析输出的结果就是需要存储到数据库的样本数据。

1. 词法分析器生成

Golex 根据词法规则说明书生成一个有限自动机来实现词法分析功能。在 Golex 的帮助下,软件开发人员可以不必花费大量精力从头编写 Go 代码来实现自己的词法分析器,而只需要描述出自己的词法规则,Golex 将据此自动生成一个词法分析器(有限自动机)。相对于编写大量 Go 代码,写一份词法规则要简单得多。并且人工编写大量 Go 代码很容易出现错误,而在使用 Golex 的情况下只要保证词法规则准确无误就能够保证生成的词法分析器正确无误。

要利用 Golex 提供的便利,就需要提供它能够理解的词法规则说明书。要生成有限自动机,必不可少的信息是状态列表以及状态转换规则。相应地,词法规则说明书最重要的内容也是这些信息。由于有限自动机根据字符输入决定状态的转换,所以还需要规定字符的输入方式。词法规则说明书中的%yyc 和%yyn 指令分别规定了用于存储输入字符的变量名称以及获取下一个字符的语句。为了方便控制对原始字符串的扫描,Prometheus 传统格式以及 OpenMetrics 格式均定义了各自的结构体来存储原始字符串以及与字符扫描有关的控制信息,上述的%yyn 指令就使用了该结构体实现的 next()函数。结构体定义如代码清单 5-9 所示,可见两者的成员数量和类型完全一致,各成员的含义也相同。

代码清单 5-9　用于控制原始字符串扫描的结构体定义

```
type promlexer struct {
    b     []byte           // 要扫描的原始字符串
    i     int              // 当前正在扫描的字符所在位置(索引号)
    start int              // 当前正在识别的记号的起始位置(索引号)
    err   error            // 错误信息
    state int              // 有限自动机的当前状态
}
type openMetricsLexer struct {
    b     []byte           // 要扫描的原始字符串
    i     int              // 当前正在扫描的字符所在位置(索引号)
    start int              // 当前正在识别的记号的起始位置(索引号)
    err   error            // 错误信息
    state int              // 有限自动机的当前状态
}
```

假设有一个名为 prom.l 的词法规则说明书,我们可以使用下面的 golex 命令生成对应的词法分析器代码,如果不指定-o 参数,则默认输出的代码文件名为 lex.yy.go。

```
$ ./golex -o=prom.l.go prom.l
```

Golex 生成的代码中最重要的部分是记号识别函数，就 Prometheus 而言该函数名为 Lex，它的作用是扫描字符串以生成下一个记号。记号识别是词法分析以及句法分析的基础，其所有操作均基于记号。

Golex 遵循的词法规则编写格式与 FLEX 的词法规则编写格式基本相同。每一项词法规则由匹配模式（包括状态值与正则表达式）和对应的操作构成，其含义是在某状态下当有限自动机扫描出指定模式的字符串时就执行对应的操作，这些操作可以是状态的切换，可以是返回识别的记号，也可以是两者的组合。在每条词法规则的前缀位置使用一对角括号标识的名称来表示指定的**启动条件**（start condition）。如果前缀中没有指定启动条件，则表示该词法规则适用于 sInit 状态。启动条件提供了一种动态激活词法规则的机制，只有当词法分析器处于特定条件时，该条件对应的词法规则才会激活，否则这些词法规则处于关闭状态。

2. Prometheus 传统格式的词法规则说明书

Prometheus 传统格式的词法规则说明书中最重要的定义和规则部分如代码清单 5-10 所示。可见，其中定义了 7 种独占状态，如果加上 sInit 状态则该说明书共设计了 8 种状态。在规则部分定义了 19 项规则，其中 13 项只在特定状态下触发，5 项在 sInit 状态下触发，1 项在任何状态下触发。每项规则的匹配模式和操作都很简单，最复杂的匹配模式是 sLValue 状态下对标签值的匹配，可以看出标签值要求以双引号标识，其内部的字符不允许出现双引号（除非对双引号进行转义）。除了 HELP 行和 TYPE 行的起始位置，其他匹配模式对应的操作都包含 return 语句，用于返回记号。也就是说，在识别出一个记号之前词法分析器不会返回。注意，有些规则没有 return 语句，意味着该规则的执行无法生成记号。

代码清单 5-10 Prometheus 传统格式的词法规则说明书部分内容——定义和规则部分

```
D       [0-9]                   // D 代表数字
L       [a-zA-Z_]               // L 代表英文字母或者下画线，标签名称的起始字符
M       [a-zA-Z_:]              // M 代表英文字母、下画线或者冒号，指标名称的起始字符
C       [^\n]                   // C 代表任意字符（除了换行符）
%x sComment sMeta1 sMeta2 sLabels sLValue sValue sTimestamp
                                // 定义了 7 种独占状态
%yyc c
%yyn c = l.next()
%yyt l.state                    // 状态变量

%%
\0                              return tEOF                     // sInit 状态下
\n                              l.state = sInit; return tLinebreak // sInit 状态下
<*>[ \t]+                       return tWhitespace             // 任何状态下
#[ \t]+                         l.state = sComment             // sInit 状态下
#                               return l.consumeComment()      // sInit 状态下
<sComment>HELP[\t ]+            l.state = sMeta1; return tHelp
<sComment>TYPE[\t ]+            l.state = sMeta1; return tType
<sMeta1>{M}({M}|{D})*           l.state = sMeta2; return tMName
<sMeta2>{C}*                    l.state = sInit; return tText  // sMeta2 状态将识别到行尾
```

```
{M}({M}|{D})*              l.state = sValue; return tMName    // sInit 状态下
<sValue>\{                 l.state = sLabels; return tBraceOpen
<sLabels>{L}({L}|{D})*     return tLName
<sLabels>\}                l.state = sValue; return tBraceClose
<sLabels>=                 l.state = sLValue; return tEqual
<sLabels>,                 return tComma
<sLValue>\"(\\.|[^\\"])*\" l.state = sLabels; return tLValue    // 匹配标签值
<sValue>[^{ \t\n]+         l.state = sTimestamp; return tValue    // 匹配样本值
<sTimestamp>{D}+           return tTimestamp
<sTimestamp>\n             l.state = sInit; return tLinebreak // 时间戳后的换行符
%%
```

下面对 19 项规则进行逐一分析。

规则 1：在行首遇到 NULL（\0），说明到达文件末尾，此时返回 tEOF 记号，无须切换状态。

规则 2：在行首遇到换行符（\n），说明遇到空行，此时返回 tLinebreak 记号，并将状态置为 sInit。

规则 3：在任何状态下遇到连续空格/制表符，说明试图识别的记号在这些空格/制表符之后，而这些空格/制表符需要忽略，此时返回 tWhitespace 记号，状态保持不变，以继续识别后面的记号。如果这些空格/制表符出现在行首，那么状态将保持为 sInit 状态，继续适用 sInit 规则。

规则 4：在行首遇到#号连带空格/制表符，说明后面将会是 HELP 或者 TYPE 注释，而当前的#号以及连带的空格/制表符可以忽略，不需要生成记号，此时只需要将状态切换为 sComment 状态。

规则 5：同样是在行首，当不满足规则 4 的条件时，如果行首为#号连带其他字符（非空白符），说明其后的一整行都是普通注释，所以需要一直扫描到本行结束（换行符之后），然后生成 tComment 记号（注意与 sComment 状态区分）。由于此时发生换行再次进入行首，所以将状态切换为 sInit 状态。

规则 6：在 sComment 状态下，如果扫描到 HELP 字符串连带空格/制表符，说明在该字符串之后将会是元数据 1，此时需要将状态切换为 sMeta1 状态，并生成 tHelp 记号（表明识别到了 HELP 字符串）。

规则 7：在 sComment 状态下，如果扫描到 TYPE 字符串连带空格/制表符，说明在该字符串之后将会是元数据 2，此时需要将状态切换为 sMeta1 状态，并生成 tType 记号（表明识别到了 TYPE 字符串）。

规则 8：在 sMeta1 状态下，如果扫描到合法的指标名称，说明这是一个指标名称记号，并且该记号之后应存在另一个记号（允许为空），此时将状态切换为 sMeta2 状态，并生成 tMName 记号。

规则 9：在 sMeta2 状态下，Golex 生成解析消息文本的状态机，该状态机将扫描本行所有的剩余字符（包括空格），并将这些字符识别为 tText 记号，由于在该记号后发生了换行，所以状态将切换为 sInit 状态。

规则 10：在行首如果扫描到英文字母、冒号或者下画线，说明此行是样本行，词法分析器将识别出样本的指标名称并返回 tMName 记号，状态则切换为 sValue 状态。可以注意到，规则 8 也会生成 tMName 记号，所以在这两种规则下都可以识别指标名称。

规则 11：在 sValue 状态下，如果扫描到左花括号，说明后面将是标签集，此时将生成 tBraceOpen 记号，并将状态切换为 sLabels 状态。

规则 12：在 sLabels 状态下可能遇到 4 种情况，即扫描到标签名称、右花括号、等号或者逗号。本规则用于处理第一种情况，即扫描到以英文字母或者下画线开头的字符串（一个有效的标签名称），此时将生成 tLName 记号，但是状态仍然保持为 sLables 状态，以便继续识别剩余的记号，在此状态下可以根据扫描的字符识别多种记号。

规则 13：在 sLabels 状态下，如果扫描到右花括号，说明标签集结束了，其后紧跟着的应该是样本值，所以此时生成 tBraceClose 记号，并将状态切换为 sValue 状态。

规则 14：在 sLabels 状态下，如果扫描到等号，说明其后紧跟着的应该是标签值，所以此时生成 tEqual 记号，并将状态切换为 sLValue 状态。

规则 15：在 sLabels 状态下，如果扫描到逗号，说明其后紧跟着的应该是标签名称或者花括号，这些仍然可以在 sLabels 状态下识别，所以此时生成 tComma 记号，状态保持不变。

规则 16：sLValue 状态用于识别标签值（双引号标识的字符串），匹配到完整的标签值后将返回 tLValue 记号，并将状态切换回 sLabels 状态（因为标签值后可以是标签名称、逗号、花括号，这些都可以在 sLabels 状态下识别）。

规则 17：该规则与规则 11 的状态相同，即 sValue 状态。在该状态下如果不适用规则 11 时，说明该指标没有标签，此时应该直接识别样本值，即任意不含空白符、不含花括号的字符串。识别成功后将生成 tValue 记号，并将状态切换为 sTimestamp 状态，以备识别后续的时间戳。

规则 18：该规则在 sTimestamp 状态下启动，用于识别时间戳。时间戳由一连串的数字组成，识别成功以后将生成 tTimestamp 记号，状态不变。

规则 19：在 sTimestamp 状态下，如果不存在时间戳或者时间戳已经识别完毕，此时应该有一个换行符，识别到换行符以后将状态切换回 sInit 状态，并生成 tLinebreak 记号。

需要指出的是，当同一状态下存在多个规则时，状态机将从上到下尝试匹配模式，前面的规则总是优先获得机会。假设将上述规则 3 向上调整为规则 1，那么任何状态下都会先匹配空格或制表符，并将其识别为独立的记号，只有当起始字符非空时才有机会匹配其他规则。

总的来说，Prometheus 设计词法规则时不需要考虑整个字符流的所有内容，只需要考虑每一行可能存在的情况，从而降低设计难度。

上述所有 19 项词法规则中使用的记号有 17 种，下文所讲的 OpenMetrics 格式则在此基础上增加了另外 3 种记号，从而构成了 20 种记号，如代码清单 5-11 所示。

代码清单 5-11　记号清单

```
tInvalid        // 表明无法识别为任何其他记号
tEOF            // 表明扫描到字符流结尾
tLinebreak      // 换行符
tWhitespace     // 连续空格或者制表符
tHelp           // 注释中的行首 HELP 字符串
tType           // 注释中的行首 TYPE 字符串
tUnit           // 注释中的 UNIT 字符串，仅用于 OpenMetrics 格式
tEOFWord        // 最后一行注释中的 EOF 字符串，仅用于 OpenMetrics 格式
tText           // 注释行指标名称之后的结尾字符串
tComment        // 行首的#号加空格，表示注释行的开头（在 OpenMetrics 格式中表示典型范例
                // （exemplar）的开头）
tBlank          // 未使用
tMName          // 指标名称，可以位于注释中的 HELP 字符串、TYPE 字符串或 UNIT 字符串之后，也可
                // 以位于样本行的行首
tBraceOpen      // 样本行指标名称之后紧跟的花括号
tBraceClose     // 结束花括号，可以表示指标标签结束，也可以表示 exemplar 的标签结束
tLName          // 标签名称，可以是指标的标签名称，也可以是 exemplar 的标签名称
tLValue         // 标签值
tComma          // 逗号，用于分割标签对
tEqual          // 等号，用于分割标签名称和标签值，在 sLabels 状态下启动
tTimestamp      // 时间戳，样本时间或者 exemplar 的时间
tValue          // 样本值
```

3. OpenMetrics 格式的词法规则说明书

在两种格式同时有效的情况下，Prometheus 服务器需要通过响应消息的 Content-Type 头决定采用哪种解析器，如代码清单 5-12 所示。如果 Content-Type 头显式指定为 application/openmetrics-text 则采用 OpenMetrics 格式解析器，其他情况下采用 Prometheus 传统格式解析器。

代码清单 5-12　由 Content-Type 头决定采用哪种解析器

```
func New(b []byte, contentType string) (Parser, error) {
    if contentType == "" {
        return NewPromParser(b), nil           // 使用 Prometheus 传统格式解析器
    }

    mediaType, _, err := mime.ParseMediaType(contentType)
    if err == nil && mediaType == "application/openmetrics-text" {
        return NewOpenMetricsParser(b), nil     // 使用 OpenMetrics 格式解析器
    }
    return NewPromParser(b), err      // 使用 Prometheus 传统格式解析器
}
```

OpenMetrics 格式的词法规则说明书部分内容如代码清单 5-13 所示，将之与 Prometheus 传统格式的词法规则说明书进行比较会发现两者的区别在于 3 个方面：第一，由于 OpenMetrics 增加了对 exemplar 的支持，所以相应增加了 3 个状态 sExemplar、sEvalue 和 sETimestamp，用于识别与 exemplar 相关的记号；第二，OpenMetrics 匹配模式中有空格但没有制表符，即不再支持制表符；第三，OpenMetrics 格式的词法规则的数量为 26 个，比

Prometheus 传统格式的词法规则多 7 个。

代码清单 5-13　OpenMetrics 格式的词法规则说明书部分内容——定义和规则部分

```
D        [0-9]              // D 代表数字
L        [a-zA-Z_]          // L 代表英文字母或者下画线，可匹配标签名称起始字符
M        [a-zA-Z_:]         // M 代表英文字母、下画线或者冒号，可匹配指标名称起始字符
C        [^\n]              // C 代表任何字符（除了换行符）
S        [ ]                // S 代表空格
%x sComment sMeta1 sMeta2 sLabels sLValue sValue sTimestamp sExemplar sEValue sET
imestamp
%yyc c
%yyn c = l.next()
%yyt l.state

%%
#{S}                              l.state = sComment                  // sInit 状态下
<sComment>HELP{S}                 l.state = sMeta1; return tHelp
<sComment>TYPE{S}                 l.state = sMeta1; return tType
<sComment>UNIT{S}                 l.state = sMeta1; return tUnit
<sComment>"EOF"\n?                 l.state = sInit; return tEOFWord
<sMeta1>{M}({M}|{D})*             l.state = sMeta2; return tMName
<sMeta2>{S}{C}*\n                 l.state = sInit; return tText
{M}({M}|{D})*                     l.state = sValue; return tMName    // sInit 状态下
<sValue>\{                        l.state = sLabels; return tBraceOpen
<sLabels>{L}({L}|{D})*           return tLName
<sLabels>\}                       l.state = sValue; return tBraceClose
     <sLabels>=                   l.state = sLValue; return tEqual
<sLabels>,                        return tComma
<sLValue>\"(\\.|[^\\"\n])*\"     l.state = sLabels; return tLValue
<sValue>{S}[^ \n]+                l.state = sTimestamp; return tValue
<sTimestamp>{S}[^ \n]+           return tTimestamp
<sTimestamp>\n                    l.state = sInit; return tLinebreak
<sTimestamp>{S}#{S}\{            l.state = sExemplar; return tComment
<sExemplar>{L}({L}|{D})*        return tLName
<sExemplar>\}                     l.state = sEValue; return tBraceClose
<sExemplar>=                      l.state = sEValue; return tEqual
<sEValue>\"(\\.|[^\\"\n])*\"     l.state = sExemplar; return tLValue
<sExemplar>,                      return tComma
<sEValue>{S}[^ \n]+               l.state = sETimestamp; return tValue
<sETimestamp>{S}[^ \n]+          return tTimestamp
<sETimestamp>\n                   l.state = sInit; return tLinebreak
%%
```

　　OpenMetrcis 不再识别连续的空格和制表符，而是将单个空格包含在记号内，所以如果在记号的开头存在多个连续空格，将会导致无法识别记号。这种设计方案使得监控数据更加紧凑，同时对数据格式提出了更高的要求。此外，OpenMetrics 要求以 # EOF 作为最后一行来结束整个字符流。最大的不同是 OpenMetrics 增加了对 exemplar 的支持，在 sTimestamp 状态下如果扫描到" # {"（4 个字符）就会进入 sExemplar 状态。

　　图 5-3 展示了 OpenMetrics 状态转换，其中的 INITIAL 启动条件并不仅限于分析文本的起始位置，实际上在分析任意一行的开头时都需要切换到该条件。按照 OpenMetrics 规

范，每一行文本要么是以#开头要么不是。与之对应地，在分析每行的第一个字符之后状态转换序列分为两个方向，即以#开头的注释序列和以指标名称字符开头的样本序列。

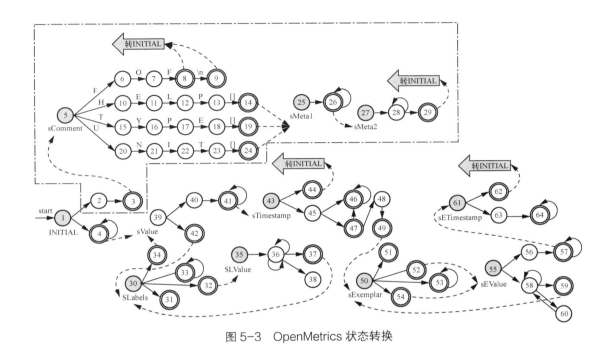

图 5-3　OpenMetrics 状态转换

4. 句法分析

词法分析器只是输出了一系列记号及其对应的值，但是各个监控样本数据并非由单个记号表示，而是由多个连续的记号按照规定的顺序组合表示。句法分析过程将这些连续的记号进一步识别为具有完整意义的句子。Prometheus 传统格式以及 OpenMetrics 格式均将每一个非空的行识别为一个或者两个句子（exemplar 也是一个句子）。

按照 Prometheus 传统格式的句法规则，一行字符串一定属于以下 6 种模式中的一种，其中 5 种可被识别为句子，能够识别出的句子所对应的类型名称如代码清单 5-14 所示。

（1）空行，该行由换行符或者连续的空格/制表符构成，所有空行都将被忽略（继续解析下一行）。

（2）TYPE 行，即 EntryType 类型，该行以#<space>TYPE<space>开头。

（3）HELP 行，即 EntryHelp 类型，该行以#<space>HELP<space>开头。

（4）样本行，即 EntrySeries 类型，以英文字母、冒号或者下画线开头的行。

（5）普通注释行，即 EntryComment 类型，该行以#开头，但是#后面不能是空白符。

（6）无效行，即 EntryInvalid 类型，当解析结束或者解析某行过程中发生错误（不符合语法规则）时当前行就会被识别为无效行，一旦出现无效行，整个句法分析过程就会终止。

代码清单 5-14   句子类型

```
const (
    EntryInvalid Entry = -1
    EntryType    Entry = 0        // TYPE 句子
    EntryHelp    Entry = 1        // HELP 句子
    EntrySeries  Entry = 2        // 样本句子
    EntryComment Entry = 3        // 注释句子（仅用于 Prometheus 传统格式，OpenMetrics
                                  // 格式中不允许使用）
    EntryUnit    Entry = 4        // UNIT 句子（仅用于 OpenMetrics 格式）
)
```

分析 OpenMetrics 格式的句法规则会发现，它与传统格式的句法规则的区别在于 3 个方面：第一，增加了 UNIT 句子；第二，由于在词法分析阶段就不再识别普通注释行，所以句法分析时也就不再识别注释句子；第三，样本句子包含 exemplar 成分。因此，OpenMetrics 句法分析能够识别的句子类型有 6 种，即 EntryInvalid、EntryType、EntryHelp、EntrySeries、EntryComment 和 EntryUnit。

OpenMetrics 格式的句法规则识别出的句子成分存储在代码清单 5-15 展示的结构体中，该结构体是用于句法分析的核心结构，其中含有一个词法分析的结构体（即 openMetricsLexer）。在进行句法分析时，句法分析器不断调用词法分析器以获取所需的一系列记号，当获取的记号足够构成一个句子时，该句子的成分将出现在 OpenMetricsParser 的对应成员中，以供后续操作使用。观察该结构体的各成员定义会发现它只能容纳一个句子的成分，当分析下一个句子时这些内容将被新的成分覆盖。例如，成功分析了一个样本句子后，series 成员的值可能变为 go_gc_duration_seconds{quantile="0.75"}。

代码清单 5-15   句法分析器结构体

```
type OpenMetricsParser struct {
    l            *openMetricsLexer
    series       []byte            // 由指标名称及其标签集构成的字符串
    text         []byte            // TYPE、HELP 和 UNIT 行中位于指标名称之后的成分
    mtype        MetricType        // 指标类型，根据 TYPE 行内容决定，OpenMetrics 共支持 8 种指标类型
    val          float64           // 当前行的样本值
    ts           int64             // 样本时间戳
    hasTS        bool
    start        int               // 句子的起始位置（即该行起始字符在整个文本流中的索引号）
    offsets      []int             // 偏移量表，记录一行句子的标签成分（标签名称和标签值）的起止点
    eOffsets     []int             // exemplar 标签集（包括各个标签名称和标签值）的起止点
    exemplar     []byte            // 识别到的 exemplar 标签集（字符串）
    exemplarVal  float64           // 识别到的 exemplar 样本值（浮点数）
    exemplarTs   int64             // exemplar 时间戳（以 ms 为单位的整数）
    hasExemplarTs bool
}
```

5.3.3 写入数据库

句法分析能够识别出多种句子，但是只有其中的样本句子需要写入数据库，除此之外的其他类型的句子中，注释句子将被忽略，TYPE、HELP 和 UNIT 句子则主要用于表示样本的类型和单位等元信息，这些句子的成分将用于更新采样协程的元数据缓存。

样本句子写入数据库时必不可少的三要素是标签集、时间戳和值，另外一个可选参数是监控项 ID，该 ID 实际上是一种缓存数据，它由本地 TSDB 生成以后返回给采样管理器，目的是提高数据库的工作效率。

在写入数据库之前需要先将 series 字符串转换为标签集，这一过程由句法分析器的 Metric()方法实现，经过这一转换，series 字符串中的监控项名称被转换为__name__标签的值，其他标签名称和值保持不变，字符串中的花括号、等号、逗号、双引号和转义符号也在解析过程中被正确处置。对于任意监控目标，其采样循环每次采集的监控指标往往是相同的，为了避免重复转换，每个采样循环会维持一个缓存用于存储每个 series 字符串所对应的标签集，这样当下次处理同一个 series 字符串时就可以直接从缓存中获取对应的标签集。同时，缓存中也保留了每个 series 字符串对应的哈希值和参考 ID，这些信息有助于加速写入数据库过程。

如果某个监控项在缓存中不存在，说明这是首次采集到该监控项，至少上次没有采集到该监控项。对于这种监控项，采样管理器首先判断其是否属于"静音"范围，如果判断的结果是该监控项需要忽略（静音），则将该监控项放入 droppedSeries 字段（见代码清单 5-16）。如果判断结果表明该监控项不可以忽略，则继续检查其标签是否合法，并将该监控项句子写入数据库。在写入数据库过程中，如果 ref 值为空，则为该监控项生成一个 ref 值。如果写入数据库成功，说明该监控项是有效的，可能下次还会出现，因此将该 ref 值写入缓存。

时间戳和值的处理也是需要关注的一个方面，两者分别来自句法分析器结构体的 ts 成员和 val 成员（如果是 exemplar 则来自 exemplarTs 成员和 exemplarVal 成员），由于每次识别出新样本句子时就会将上一个样本句子的 ts 成员和 val 成员覆盖，所以只有将当前样本句子写入数据库完毕后才会进行下一个样本句子的识别。

代码清单 5-16　采样缓存

```
type scrapeCache struct {
    iter uint64
    successfulCount int
    series map[string]*cacheEntry  // 缓存，字典结构，以样本字符串（含指标名称和标签）为键
    droppedSeries map[string]*uint64
    seriesCur  map[uint64]labels.Labels   // 本次采样的标签集字典
    seriesPrev map[uint64]labels.Labels   // 上次采样的标签集字典，用于判断过期失效
    metaMtx   sync.Mutex
```

```
    metadata map[string]*metaEntry
}

type cacheEntry struct {
    ref        storage.SeriesRef              // 参考 ID
    lastIter uint64
    hash       uint64                         // 标签集 lset 的哈希值
    lset       labels.Labels                  // 标签集
}
```

在写入数据库时需要特殊处理的一种情况是监控项的过期失效（staleness）。如果某个监控项在上次采样时存在，而在本次采样时消失，则认为该监控项过期失效。如果某次采样时没有返回任何监控数据，则认为上次成功采样的所有监控项均过期失效。虽然对过期失效的监控项采样实际上没有采集到值，但是 Prometheus 会为它写入一个特殊的标记值[①]（StaleNaN uint64 = 0x7ff0000000000002），目的是当进行监控数据查询时能够准确地判断某个监控项是否有效。只有在过期失效的监控项首次消失时才会为它写入该标记值，如果此后该监控项一直没有再出现，则后续不会写入任何值。当过期失效的监控项再次出现时，对该监控项像普通的监控项一样进行处理。

要实现对过期失效的监控项的识别就需要记录本次采样以及上次采样返回的监控项标签集字典（见代码清单 5-16 中的 seriesCur 成员和 seriesPrev 成员），对两者进行比对就可以识别出过期失效的监控项。这种比对工作在每次将样本句子写入数据库完毕之后进行，也就是说在将某次样本句子写入数据库时，过期失效对应的标记值总是最后写入。

5.3.4　生成报告

将监控数据写入数据库以后，Prometheus 还会为本次采样过程生成报告。报告负责汇总本次采样相关的 8 种统计数据（见表 5-2），每种统计数据都构成一个监控项并且跟其他监控项一样需要写入数据库，这相当于在原有样本数据的基础上增加了 8 个监控指标。表 5-2 中的监控项生成和写入数据库的顺序由表中的序号表示。

表 5-2　报告内容

序号	监控项名称	监控值含义
1	up	是否成功地从监控目标采集到监控数据并成功写入缓冲区，1 代表成功，0 代表失败
2	scrape_duration_seconds	从开始准备本轮采样到生成报告为止消耗的时间（单位为 s，用小数表示，精确到 ms）
3	scrape_samples_scraped	本轮采样的样本数量（每个样本行计一个，不含 TYPE 行、HELP 行、UNIT 行和注释行）

① 按照 64 位浮点数表示法，最多可以有 $2^{52}-1$（即 4,503,599,627,370,495）种方法来表示 NaN，Prometheus 选择其中一种作为过期失效标记。

序号	监控项名称	监控值含义
4	scrape_samples_post_metric_relabeling	本轮采样应该写入数据库的样本数量（去掉了那些删除的样本以及不合法的样本）
5	scrape_series_added	本轮采样新增的监控项数量，相当于在缓存中新增的监控项数量
6	scrape_timeout_seconds	采样超时时间，即配置文件中的 scrape_timeout 参数
7	scrape_sample_limit	样本数量限额，由配置文件参数（sample_limit）赋值，如果未赋值则默认为 0
8	scrape_body_size_bytes	采样返回的消息体长度，即缓冲区中存储的字节数（解压后）

5.4　配置信息加载过程

本章前述内容基于配置信息不变的假设，即并没有考虑配置信息变化的情况。而在实际应用中，当配置信息发生变化时，用户可以向 Prometheus 进程发送信号从而触发配置信息加载。当然，这里所说的配置信息仅仅是与监控数据采集相关的配置信息，而非整个配置文件的信息。

如 5.2.4 节所述，时间偏置量的计算依赖于外部标签的配置，所以当加载配置信息时，如果外部标签有变化就需要重新计算时间偏置量。这也说明采样管理器不仅需要使用采样配置信息（scrape_configs），也需要使用全局配置信息。

现在考虑配置信息加载的影响范围，一般来说，配置信息中的每个作业对应一个采样池，如果配置信息中新增加了一个作业，那么是否应该为该作业创建新的采样池？由于采样池是为监控目标服务的，而配置信息的添加并不必然意味着监控目标的增加，所以单纯在配置信息中添加一个作业并不会导致采样池的增加。只有当该作业成功发现新的监控目标以后才会进一步通过监控目标的加载过程实现采样池的创建。

因此，配置信息加载只会影响当前已有的采样池。如果某个当前已有的采样池在配置信息中被删除（作业被删除或者重命名），那么 Prometheus 会认为该采样池不再需要，也就是要终止该采样池（无论其中是否有活动的监控目标）。按照这一规则，重命名一个作业将会导致该作业的采样池被终止，并重新发现该作业的监控目标。

如果某个作业的名称没有变，但是其中的参数发生了变化，那么就会由对应的采样池重新加载该作业的配置信息。当进行此类加载操作时，采样池使用的资源可能全部销毁重建，也有可能重用以前的部分资源，具体情况取决于哪些配置参数发生了变化。无论变化的是什么配置参数，有两个操作是必须完成的，即重建采样池的 HTTP 客户端（旧的客户端将会关闭），以及用新的采样协程代替旧的采样协程（停止旧协程，启动新协程）。当发生变化的是特定的某些配置参数时，新的采样协程允许重用旧协程的缓存（cache 成员，见代码清单 5-3），具体的配置参数有 scrape_interval、scrape_timeout、sample_limit、label_limit、label_name_length_limit、lavel_value_length_limit 和 HTTP 客户端相关配置参数（basic_auth、authorization、oauth2、tls_config、proxy_url 和 follow_redirects）。因为缓存中存储的是样本的基本信息，而这些信息不会受上述配置参数变化的影响，所以即使 loop 协程重建，仍然可以使用旧的缓存。尽可能重用缓存是有价值的，因为重建缓存意味着需要为每个监控项创建标签集、哈希值、参考 ID 等，还要重新判断哪些监控项需要删除（droppedSeries 字段）。

　　总之，重新加载配置信息以当前采样池为工作对象，涉及 HTTP 客户端重建、采样协程重建以及缓存的重用。

5.5　采集过程自身监控指标

　　监控数据采集工作无论从规模还是从流程来讲都是比较复杂的，所以对整个工作过程进行细致的监控很有必要。Prometheus 设置了 20 个指标来监控数据采集过程，这些指标作为常规的监控数据对外暴露。

- targetIntervalLength，SummaryVec 类型，该指标用于统计具有相同采样间隔的监控目标，以及在采样过程中的实际采样间隔（两次采样的开始时间之差）分布情况。如果多个作业具有相同的采样间隔，这些作业的采样将会一起统计。当系统负载高时，该指标值的分布将向右偏移。

- targetReloadIntervalLength，SummaryVec 类型，该指标用于统计采样池配置信息加载过程实际消耗的时间的分布情况，这一指标主要用于衡量每个采样池进行 loop 协程替换所消耗的时间。

- targetScrapePools，Counter 类型，表示试图创建采样池实例的次数（未必每次都能成功），虽然每个作业对应一个采样池，但是该指标值可能超过作业总数，因为如果创建采样池失败，下次可能重新尝试创建。

- targetScrapePoolsFailed，Counter 类型，表示有多少个采样池因为无法成功创建 HTTP 客户端而创建失败，该指标可用于衡量网络资源的负载。

- targetScrapePoolReloads，Counter 类型，表示所有采样池重新加载配置信息的次数，每调用一次 reload() 方法该指标值都会加 1，该指标值基本上等于采样池数量和配置变更次数的乘积。

- targetScrapePoolReloadsFailed，Counter 类型，表示采样池在加载配置信息时失败的次数，此处的失败是指需要的 HTTP 客户端创建失败，当网络资源紧张时该指标值可能会增加。
- targetSyncIntervalLength，SummaryVec 类型，表示采样池数据同步所消耗的时间的分布，以采样池（作业）为单位进行统计。采样池数据同步所做的工作主要是重新打标和启动采样协程，对于任一采样池，如果其监控目标数量较大或者监控目标变化频繁，该指标值就会偏大。
- targetScrapePoolSyncsCounter，CounterVec 类型，表示每个采样池进行数据同步的次数，该指标值的增长速度取决于上游的自动发现协程更新监控目标数据的频率。
- targetScrapeExceededBodySizeLimit，Counter 类型，表示所有样本数据消息中超过大小限制的数量，如果样本数据消息是压缩格式，则解压之后再判断是否超过大小限制。该指标可以侧面反映有多少样本数据被放弃。
- targetScrapeSampleLimit，Counter 类型，如果某次采样的返回结果包含的样本数超过限额，则该指标值加 1。该指标可以侧面反映有多少样本数据被放弃。
- targetScrapeSampleDuplicate，Counter 类型，在将样本写入数据库时发现某个样本值重复（同一时间戳有两个值），则该指标值加 1。该指标一定程度上反映了数据质量水平。
- targetScrapeSampleOutOfOrder，Counter 类型，在将样本写入数据库，某个指标出现乱序问题时，该指标值加 1。该指标一定程度上反映了数据质量水平，以及时间戳是否正确。
- targetScrapeSampleOutOfBounds，Counter 类型，在试图将样本值写入数据库，某个样本发生溢出错误（ErrOutOfBounds）时，该指标值加 1，该指标反映了时间戳异常的次数。
- targetScrapePoolExceededTargetLimit，Counter 类型，在加载配置信息或者同步监控目标时，如果某个采样池的活动目标数超过了限额，则该指标值加 1，该指标可以衡量有多少个采样池的规模过大。
- targetScrapePoolTargetLimit，GaugeVector 类型，每个采样池中允许的最大目标数量，该指标值由配置参数 target_limit 确定，超出该限额的监控目标将被忽略。该指标值会影响 targetScrapePoolExceededTargetLimit 指标。
- targetScrapePoolTargetsAdded，GaugeVector 类型，在每个采样池中当前存在多少个活动目标，该指标反映了各个采样池的规模。
- targetScrapeCacheFlushForced，Counter 类型，对采样循环中的缓存进行强制刷新的次数。强制刷新与正常刷新不同，每次成功采样之后都会触发正常刷新，目的是清理缓存中不需要的监控项，而强制刷新是在采样失败并且缓存中的监控项数量过多时进行的。该指标一定程度上反映了监控项的稳定程度。

- targetScrapeExemplarOutOfOrder，Counter 类型，类似于 targetScrapeSampleOutOfOrder，不过该指标针对 exemplar，而非 sample。
- targetScrapePoolExceededLabelLimits，Counter 类型，在将样本写入数据库时，如果发现某个样本的标签个数超过限额，则该指标值加 1，这将导致停止向数据库写入本次采样结果。
- targetSyncFailed，CounterVec 类型，表示在进行监控目标数据同步时有多少个目标同步失败，以采样池（作业）为单位进行统计。

除了采样过程需要监控，采样管理器也需要进行监控，为此设置了以下两个指标。

- target_metadata_cache_entries，以采样池为单位，统计各采样池中所有监控目标共使用了多少个元数据，只考虑活动目标。
- target_metadata_cache_bytes，以采样池为单位，统计各采样池中所有监控目标共使用了多少字节来存储元数据，只考虑活动目标。字节数包含监控项的 HELP 字符串、UNIT 字符串和 TYPE 字符串的字节数。因此，如果某个目标集的 HELP 字符串比较长，该指标值就可能会比较大。

## 第 6 章

监控数据的存储与读写——TSDB

TSDB 的主要作用是存储监控数据以及提供数据查询服务。本章按照数据的处理过程来讲解 TSDB 的各个功能模块，包括用于接收数据的头部块、头部块到主体块的转换、主体块的压缩、WAL 文件与快照文件、事务及其隔离性等。本章中所称的块（包括头部块和主体块）指 block，子块则指 chunk。

6.1 头部块

头部块（head block）的主要职责是向数据库中写数据，准确地说是追加数据（因为不支持修改和删除）。本节通过逐步分析数据的追加过程来讲解头部块的工作机制。数据的追加主要由头部追加器（headAppender）这一数据结构实现，主要由预写日志（write ahead log，WAL）和子块文件 chunks 构成，WAL 文件用于实现数据库事务的原子性以及在系统崩溃情况下的持久性（durability），子块文件则用于存储写入成功的数据。

6.1.1 头部追加器

头部追加器是样本进入 TSDB 的第一站，它能够处理任何样本，如果样本的监控项不在头部追加器中，则创建新的监控项。头部追加器中存储的样本将很快被写入 WAL 文件，这一操作由采样协程（scrapeLoop）触发，即采样协程负责将样本写入 WAL 文件。

头部追加器的结构体定义如代码清单 6-1 所示，其中包含头部追加器绑定的头部块（head 成员），每个 TSDB 只有一个头部块，每个头部追加器绑定的都是同一个头部块。头部追加器结构体还包含 4 个数组成员，用于存储将要写入数据库的监控项、样本点、典型案例（exemplar），以及用于接收这些数据的监控项缓存。另外，TSDB 支持事务隔离（支持的事务隔离级别是 read committed），而每个头部追加器都代表独立的追加事务，并具有唯一的事务 ID（由 appendID 成员表示）。以 scrape 协程的数据追加过程为例，它每次从一个目标获取样本数据以后都会创建新的头部追加器来处理这些数据，在头部追加器创建之初就会赋予其一个新的事务 ID。TSDB 的事务机制一定程度上保证了某次采样的数据要么全部写入数据库要么全部不写入数据库（原子性）。事务机制的详细内容参见 6.4 节。

代码清单 6-1　头部追加器的结构体定义

```
type headAppender struct {
    head         *Head                      // 头部块
    minValidTime int64                      // 头部追加器允许接收的样本的最小时间戳
    mint, maxt   int64                      // 当前已接收样本的时间戳范围
    series       []record.RefSeries         // 头部追加器负责处理的监控项
    samples      []record.RefSample         // 新进入数据库的样本，各元素的监控项对应样本点
    exemplars    []exemplarWithSeriesRef    // 新进入数据库的 exemplar
    sampleSeries []*memSeries               //监控项缓存，与 samples 元素一一对应
    appendID, cleanupAppendIDsBelow uint64      // 头部追加器的事务 ID，以及可以关闭的事
                                               //务 ID 值上限

    closed                          bool
}
```

头部追加器在将数据写入数据库之前需要知道有哪些数据正在等待写入。这些数据主要包含 3 方面的信息：监控项的标签集、样本和 exemplar。其中，样本和 exemplar 通过 ID 值来引用监控项。头部追加器没有直接将样本和 exemplar 写入数据库，减少了采样协程的等待时间。头部追加器中存储的标签集、样本和 exemplar 数据结构体定义如代码清单 6-2 所示。对采样协程使用的头部追加器来说，每个标签集只包含一个样本。多个标签集的样本的时间戳相同，但它们的监控项 ID 不同。因此，头部追加器处理的数据是某个时间点的断面数据，该断面数据包含多个监控项。由于每个监控项使用不同的子块来存储样本，这意味着头部追加器需要将数据写入多个子块中。

代码清单 6-2　头部追加器中的数据结构体定义

```
type RefSeries struct {
    Ref    chunks.HeadSeriesRef      // 内存中的监控项 ID，无符号整数
    Labels labels.Labels             // 标签集
}
type RefSample struct {
    Ref chunks.HeadSeriesRef         // 内存中的监控项 ID，无符号整数
    T   int64                        // 时间戳
    V   float64                      // 样本值
}
type RefExemplar struct {
    Ref    chunks.HeadSeriesRef      // 内存中的监控项 ID，无符号整数
    T      int64                     // 时间戳
    V      float64                   // 值
    Labels labels.Labels             // 标签集
}
```

由于数据的写入过程总是先写入内存，等积累到一定量时再批量写入硬盘，所以在数据真正落盘之前一旦发生系统崩溃就可能导致内存中的数据丢失。为了避免这种情况，TSDB 采用了 WAL 技术，头部追加器接收新数据以后总是先将其写入硬盘中的 WAL 文件。WAL 文件中的数据不能作为最终的存储数据，因为其数据格式虽然有利于快速保存数据，但是不利于数据查询和压缩。WAL 文件以记录的形式来存储数据，每个记录能够存储标签集、样本或者 exemplar 三者之一，但是不会同时包含多种数据。头部追加器的数据输入和输出过程如图 6-1 所示。其输入过程称为追加，输出过程称为提交，提交过程包含两个步骤，即先写入 WAL 文件，再写入头部子块（hesd Chunk），如果写入 WAL 文件失败，头部追加器就会放弃写入头部子块。

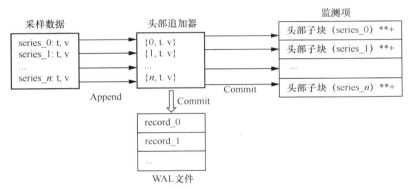

图 6-1　头部追加器的数据输入和输出过程

6.1.2　追加样本

就 TSDB 而言，至少有 2 种渠道可以向头部追加器输入数据：采样协程和远程写（Web API）。在接收数据阶段，两者的主要区别在于采样协程输入的数据是单个时间点的样本，而远程写输入的数据可以是批量数据，其中可能包含多个时间点的样本。

相对于只包含时间戳和样本值的样本数据，标签集数据要大得多。如果头部追加器所接收的每个样本都需要存储一个标签集的话，其成本是非常高的。考虑到采样目标的监控项往往保持不变，TSDB 使用缓存机制和自增 ID 来避免不必要的重复，即为每个标签集生成一个 ID，并使用缓存来存储标签集及其 ID。采样协程使用监控项 ID 来追加样本（如果这是一个新的监控项则用 0 表示），如果头部追加器发现该 ID 在缓存中不存在，说明该 ID 对应的是一个新的监控项，随后创建一个监控项并赋予其 ID，该 ID 将返回给采样协程，从而使其可以在下次追加样本时继续使用该 ID。也就是说，无论该标签集是否存在于缓存中，采样协程都可以在任何时候使用 0 值来追加样本。而 TSDB 可以根据情况决定是创建新的标签集还是使用已有的标签集。

虽然采样协程和远程写总是可以使用 0 值 ID 来追加样本，但是这无疑会增加 TSDB 的压力，因为 TSDB 需要通过标签集来搜索缓存，相对于使用 ID 搜索，使用标签集搜索的过程需要更多运算。标签集需要先进行哈希运算，然后根据哈希值来查找对应的字典结构。

在追加过程中，虽然样本值尚未真正写入头部子块，但是需要确保样本的元数据在头部块的内存结构中是存在的。因此，需要检查该样本的元数据是否存在，如果不存在则创建，创建的内容包括 series 成员和 postings 成员。

每个样本都隐含着元数据，也就是标签集及其监控项 ID。监控项 ID 仅存在于头部块中，头部块一旦转换为主体块，监控项 ID 将不再需要，转换过程中将丢弃该信息。

6.1.3 写入 WAL 文件

WAL 以记录（record）为单位存储数据，它只是将每个记录看作字节序列，而不关心其内容是什么。因此，当读取 WAL 记录时需要读取器自己根据内容来判断如何处理记录内容。实际上，WAL 文件可以存储 4 种记录，即 series、samples、tombstones 和 exemplars，每种记录的编码格式如图 6-2 所示。由于 tombstones 记录仅用于删除数据，而头部追加器不会删除数据，所以头部追加器写入 WAL 文件的记录只有 series、samples 和 exemplars 这 3 种，这些记录的内容分别来自头部追加器结构体的 series、samples 和 exemplars 成员。

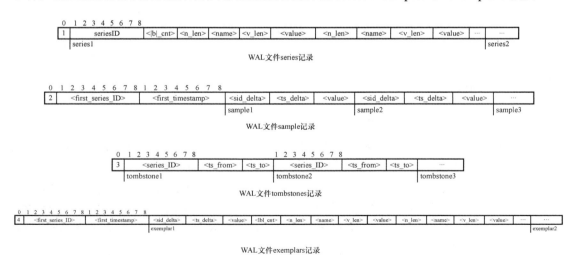

图 6-2 WAL 文件中的 4 种记录编码格式

TSDB 没有限制单个 WAL 记录的长度，记录中包含的元素数量越多其长度越大。然而 WAL 文件以页的形式存储数据，每个页的大小为固定的 32 KB。一条记录可能超过单个页的容量从而需要跨多个页，也可能不会超过单个页的容量，甚至单个页可能容纳多条记录。

由于 WAL 文件需要连续存储多个不同类型的记录并且记录的长度不固定，所以 WAL 文件需要提供一种拆分机制以保证当记录发生跨页存储时能够追踪其完整内容，并且在读取时能够将内容还原为完整的记录。这种拆分机制主要通过由类型和数据长度构成的元数据实现，具体定义如图 6-3 所示，其中类型字段的低 3 位代表该记录是否进行了拆分，以及如果进行了拆分，该数据是第一部分、中间部分还是最后部分。类型字段的第 4 位表示数据内容是否进行了 snappy 压缩。剩余的高 4 位空闲，没有使用。除了类型字段，元数据还包含数据长度（2 字节）和 CRC32 校验和（4 字节），所以元数据的总长度为 7 字节，元数据之后紧跟着的是数据内容，这意味着每个页最多能够容纳的数据量是 32,761 字节。

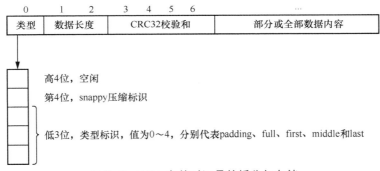

图 6-3　WAL 文件对记录的拆分与存储

在将数据写入 WAL 文件时，头部追加器以记录为单位将数据落盘，即一条记录落盘成功后才会写入下一条记录。对头部追加器而言，每次写入 WAL 文件的记录不超过 3 条，series、samples 和 exemplars 各一条。以 samples 记录为例，假设某个头部追加器每次处理 400 个样本并且每个样本占用 6 字节，那么生成的 samples 记录在 WAL 文件中的长度为 2,424 字节（含 7 字节的拆分机制元数据和 17 字节的 sample 记录元数据，同时假设不发生跨页存储且不进行 snappy 压缩）。

在系统启动时，TSDB 通过加载 WAL 文件来恢复监控项缓存（监控项 ID 与标签集的对应关系），所以只有当头部块转换为主体块以后才能够删除 WAL 文件。如果过早删除 WAL 文件，可能导致头部块的持久化子块中的样本无法找到对应的标签集。

如果头部追加器写入 WAL 文件失败，那么对该批监控数据来说这是致命的，将导致 TSDB 放弃在此之后的所有步骤，结果就是这批数据不会进入数据库。然而这种失败不会导致数据库服务崩溃，只是会记录在自身监控项 prometheus_tsdb_wal_writes_failed _total 中。

6.1.4　写入头部子块

头部子块是内存中的一个区域，用于存储指定监控项的样本数据。每个监控项都需要具有头部子块才能够存储样本数据。头部子块的结构体定义如代码清单 6-3 所示，其中实际存储数据的是一个字节序列。

代码清单 6-3　头部子块的结构体定义

```
type XORChunk struct {          // 为 bstream 提供容量压缩功能，避免占用过多空间
    b bstream
}
type bstream struct {           // 位流
    stream []byte               // 字节序列
    count  uint8
}
```

头部子块的字节序列没有长度限制，但是其使用 16 位无符号整数表示样本数量，意味着最多表示 65,535 个样本，一旦样本数量超过该值将重新开启一段字节序列（见图 6-4）。如果按照最坏情况下每个样本占用 18 字节（时间戳占用 10 字节，样本值占用 8 字节）计算，位流的最大长度为 65,535×18+2（约 1.12 MB）。然而，在实际情况中附加器会限制每个头部子块的样本数量不超过 240 个，所以实际的位流长度不超过 4,322 字节。

2B	1B	1B	…	2B	1B	1B	1B	…
样本数量	10101010	10101010	…	样本数量	10101010	10101010	101…	…
65,535				0				

图 6-4　头部子块的位流编码格式

头部子块的样本数量以及样本的时间跨度应该受到严格限制，为了避免头部子块膨胀，头部追加器从时间戳和样本数量两个维度来控制样本数量。在提交过程中，一个监控项的头部子块在最开始的时候并不知道自己应该在何时停止接纳样本。只有当样本的数量达到 30 个时，它才会开始计算自己允许的样本截止时间，计算方法为当前 30 个样本的时间跨度乘 4。假设在 t 时刻样本数量达到 30 个，此时样本的时间跨度为 r，那么头部子块允许接收的样本时间戳将不得超过 $t+4r$。如果该监控项的样本持续以相同的频率到达，最终头部子块将容纳 120 个样本。如果样本采集频率不断增加，则头部子块最终容纳的样本数量也将随之增大。然而，头部子块容量过大也是有害的，会影响压缩和解压效率，所以系统会控制样本数量不超过 240 个。因此，一般情况下单个头部子块的样本数量为 120～240。

需要指出的是，头部子块的样本按照时间戳递增的顺序写入，如果某个样本的时间戳小于或者等于前一个样本的时间戳，那么该样本将写入失败。虽然这种失败不会导致数据

库崩溃，但是会记录在 Prometheus 的内置监控项 prometheus_tsdb_out_of_order_samples_total 或者 prometheus_tsdb_out_of_bound_samples_total 中。

6.1.5 头部子块的持久化

头部子块只存在于内存中，一旦系统崩溃就会丢失，虽然通过 WAL 重放可以恢复其内容，但是毕竟 WAL 重放也是有成本开销的，所以需要定期将头部子块持久化地存储到硬盘中。持久化的过程就是以内存映射方式向文件写入数据的过程，这一过程需要映射器（mapper）的参与。

映射器可以将指定目录映射到内存，并通过映射内存执行文件读写，对文件的写入可通过作业队列实现串行化。写文件时使用 bufio，首先将数据写入缓存（数据的存储容量最小 64 KB，最大 8 MB），积累一定数量或者经过一定时间以后再将数据批量写入文件。

头部块的持久化子块的编码格式如图 6-5 所示，可见持久化子块就是在头部子块两端加上前缀和后缀，前缀包含监控项 ID、时间戳（最小和最大）、编码格式和数据长度，后缀则为 CRC32 校验和（校验内容包含前缀）。因此，根据头部子块的长度可以计算出持久化之后的数据长度，这一长度就是头部块的子块文件的大小。每个子块文件可以连续地存储多个持久化子块，但是单个子块文件的大小不允许超过 128 MB，所以在写文件之前需要计算文件的大小，以免违反文件的大小限制。

	8B	8B	8B	1B	1B~8B	…	4B
持久化子块	监控项ID	最小时间戳	最大时间戳	编码格式	数据长度	头部子块	CRC32校验和
				1（EncXOR）0（EncNone）			

	4B	1B	…	…			
持久化文件0	0×0130BC91	1	持久化子块1	持久化子块2	…		

	4B	1B	…	…			
持久化文件1	0×0130BC91	1	持久化子块1	持久化子块2	…		

	4B	1B	…	…			
持久化文件n	0×0130BC91	1	持久化子块1	持久化子块2	…		

图 6-5　头部块的持久化子块的编码格式

持久化过程的吞吐量取决于有多少监控项的头部子块需要持久化，这一过程比较重要的操作是计算 CRC32 检验和以及将数据写入文件，所以它既需要 CPU 资源也需要 I/O 资源。如果考虑头部子块的成熟时间，由于很多监控项具有相同的采集频率，即使采样时间进行了随机偏置，但是具有相同采样间隔的大量监控项仍然可能在一个采样周期内先后成熟，从而形成一个波峰。假设有 10,000 个监控项，它们的采样间隔均为 15 s，这意味着头部子块每 30 min（15 s ×120）就会成熟一次。所有 10,000 个监控项每隔 30 min 就会形成一个持久化高峰。

6.2　压缩器

压缩器（compactor）负责将头部块转换为主体块以及对主体块进行压缩。这里的压缩是指将多个主体块的数据合并到单个主体块中，使得单个主体块容纳的数据具有更大的时间跨度，这一压缩过程并没有对数据编码格式进行任何修改，只是索引文件数量减少导致总体的空间占用相应减少。压缩分为多个级别，级别越高对数据进行合并的时间跨度越大。因此，当数据量不是很大时压缩器执行较低级别的压缩，随着数据量的增加，压缩器开始执行更高级别的压缩。压缩器每隔一定时间执行一次压缩操作，每次压缩操作都会从小到大逐级尝试每个级别的压缩，其中 1 级压缩实际上是将头部块转换为主体块（见 6.2.1 节），2 级及以上的压缩规则参见 6.2.2 节。

6.2.1　将头部块转换为主体块的 1 级压缩

新的监控数据总是写入头部块，随着时间的流逝，头部块的数据量逐渐增加，持久化子块文件也越来越多。头部块使用的监控项元数据位于内存中，不会进行持久化，如果不断地有新的监控项进入系统，那么内存消耗将持续增长，最终导致内存耗尽。头部块需要保持对所有子块文件的内存映射，这无疑也会加剧内存消耗。此外，当需要从头部块中查询监控数据时，系统不得不遍历所有的子块文件，这在子块文件规模很大时将导致查询性能急剧下降。为了解决上述问题，系统每隔一段时间就将头部块转换为主体块，这样做可以降低元数据和内存映射占用的内存量，并且通过减少数据规模可以避免查询性能的下降。

从头部块到主体块的转换过程由压缩器负责完成。压缩器根据时间因素来判定头部块是否可以转换为主体块，具体规则如代码清单 6-4 所示，即当头部块的时间跨度超过主体块标准时长（默认为 2 小时）的 1.5 倍时就可以进行转换。转换过程大体上是以监控项为单位读取头部块数据，然后以监控项 ID 递增的顺序将读取的数据写入新建的主体块。注意，读取数据时只读取指定时间范围内的数据，以保证主体块的时间跨度符合标准。头部块一旦成功转换为主体块，相应时间范围的数据就可以从 WAL 文件中删除。如果在删除过程中需要拆分某个 WAL 文件，则创建检查点文件从而只保留必要的数据。检查点文件将 WAL 文件的数据进行筛选、过滤，去掉某个时间点之前的数据以及监控项已失效的数据，将剩余的合格数据写入新的文件。这相当于对 WAL 文件数据进行清洗，目的是与 Head 结构体中的数据保持一致。检查点文件在每次进行 1 级压缩时创建。

代码清单 6-4　判断头部块是否可转换为主体块的规则

```
func (h *Head) compactable() bool {
    return h.MaxTime()-h.MinTime() > h.chunkRange.Load()/2*3    // chunkRange 默认值为 2 h
}
```

压缩器的基本工作机制如图 6-6 所示，首先由读取器从一个或者多个来源块读取子块/索引/tombstone 数据，然后对数据进行合并并剔除不需要的数据（即 tombstone 标记的数据），最后剩下的只有子块和索引数据，这些数据随后由子块/索引写入器负责写入到单一的目标块。在将头部块转换为主体块的 1 级压缩中，压缩器的来源块只有一个，6.2.2 节将要讲到的更高级别的压缩则具有多个来源块。对于每次压缩，不管来源块有多少个，目标块都只有一个。

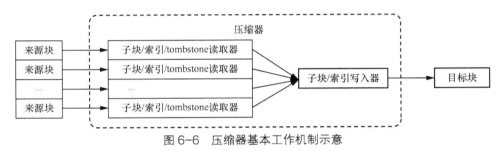

图 6-6　压缩器基本工作机制示意

下面分析一下压缩器需要读取的数据在头部块中的分布情况。在头部块中，子块数据可以分为两类：一类是已经完成持久化的成熟数据；另一类则是尚未持久化的年轻数据。完成持久化的成熟数据存储在子块文件中，通过内存映射访问；尚未持久化的年轻数据则存储在内存中，也就是存储在 Head 结构体的 series 成员中（见代码清单 6-5）。头部块没有索引文件，所有的索引数据都存储在内存中，准确地说是存储在 Head 结构体的 series 成员和 postings 成员中。其中，series 成员保存了所有监控项的标签集和 ID 以及尚未持久化的子块，postings 成员则保存了所有标签名称和值以及按照升序排列的监控项 ID 列表（见图6-7）。tombstones 数据记录了需要清理的数据信息，包括监控项 ID 和待清理数据的时间范围，这类数据同样位于内存中，存储在 Head 结构体的 tombstones 成员中。面对上述数据分布情况，内存中的数据显然可以通过 Head 结构体直接访问，问题是如何访问持久化子块数据。持久化子块数据位于 chunks_head 目录下的各个文件中，对这些文件的访问（包括读和写）以内存映射的方式进行，系统在 Head 结构体中定义了一个映射器成员（chunkDiskMapper）以实现所有持久化子块文件的读写。

代码清单 6-5　头部块在内存中的数据结构表示

```
type Head struct {
```

```
chunkRange                 atomic.Int64
numSeries                  atomic.Uint64
minTime, maxTime           atomic.Int64     // 当前存储数据的最小和最大时间戳
minValidTime               atomic.Int64     // 允许写入的数据的最小时间戳,用于避免块交叠
lastWALTruncationTime      atomic.Int64
lastMemoryTruncationTime   atomic.Int64
lastSeriesID               atomic.Uint64    // 用于为新的监控项生成 ID
metrics                    *headMetrics
opts                       *HeadOptions
wal                        *wal.WAL         // 预写日志,用于实现原子性和持久性
exemplarMetrics            *ExemplarMetrics
exemplars                  ExemplarStorage  // exemplar 数据
logger                     log.Logger
appendPool                 sync.Pool
exemplarsPool              sync.Pool
seriesPool                 sync.Pool
bytesPool                  sync.Pool
memChunkPool               sync.Pool
series   *stripeSeries     // 监控项集合,包含每个监控项的标签集和 ID,以及尚未持久化的子块
                           // 信息列表
deletedMtx sync.Mutex
deleted      map[chunks.HeadSeriesRef]int   // 已整体回收的监控项
postings *index.MemPostings                 // 标签索引
tombstones *tombstones.MemTombstones        // 待删除数据的时间范围
iso *isolation                              // 为头部块的所有操作提供事务隔离
cardinalityMutex        sync.Mutex
cardinalityCache        *index.PostingsStats
lastPostingsStatsCall time.Duration
chunkDiskMapper *chunks.ChunkDiskMapper      // 映射器,用于读写持久化子块文件
chunkSnapshotMtx sync.Mutex
closedMtx sync.Mutex
closed      bool
stats *HeadStats
reg     prometheus.Registerer
memTruncationInProcess atomic.Bool
}
```

标签名称	标签值	监控项ID列表（升序）
...	...	{01.2.3......784}
branch	HEAD	{65,471}
...	...	...
code	200	{339,359,510,770}
	...	...
...	...	...
instance	localhost:9090	{1.2.3...406}
	localhost:9091	{407,408, 409,...,784}
job	prometheus	{1,2, 3,...,784}
...	...	...

图 6-7　postings 双层嵌套字典结构示意

压缩器通过映射器来读取持久化子块文件的一段数据,其具体位置由一个坐标值决定。在头部块的持久化子块文件中,各个持久化子块的位置和顺序取决于它们的成熟时间,同一个监控项的多个持久化子块很可能并不相邻。然而在转换过程中压缩器需要连续地读取同一监控项的所有持久化子块,如果通过遍历方式来读取显然效率太低。因此,Head 结构体记录了每个监控项的所有持久化子块的位置坐标,由一个 64 位整数表示,其中高 32 位表示持久化子块文件序号,低 32 位表示持久化子块在文件中的位置偏移量。这样一来,压缩器可以通过位置坐标直接定位到持久化子块的首字节,从而提高读取效率。如果为图 6-5中的各个持久化子块标记监控项 ID 以及持久化子块长度,其结果可能如图 6-8 所示。

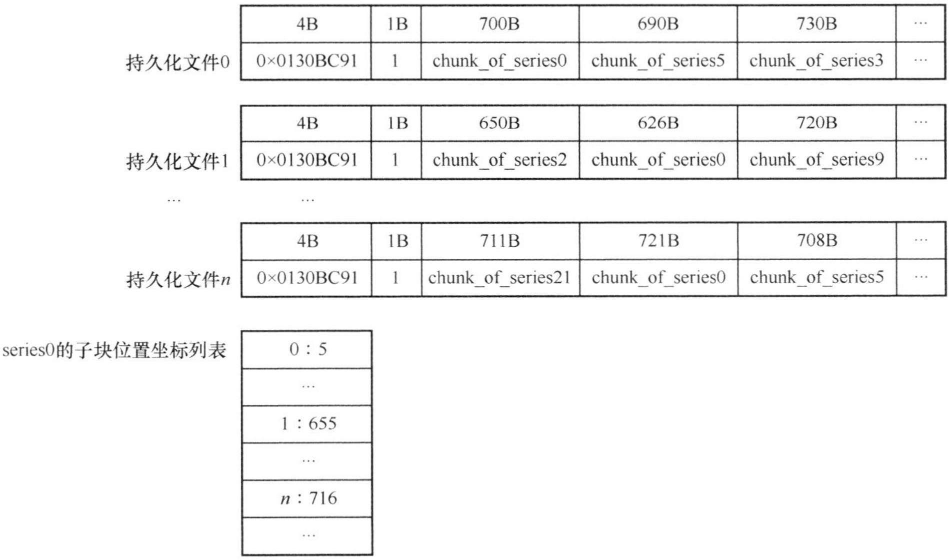

图 6-8 不同监控项子块在持久化文件中的分布情况

下面分析压缩器是如何将数据写入主体块的。主体块的数据写入在逻辑上是有先后顺序的,必须在写入子块数据后写入索引数据。在写入索引数据时,必须在写入监控项索引(一级索引)后写入标签索引(二级索引)。之所以有上述顺序要求是因为,只有写入子块数据以后才能确定每个子块的位置,只有确定子块位置以后才能生成一级索引(监控项索引,用于根据标签集查找对应的所有子块),只有在一级索引生成以后才能够基于一级索引生成二级索引(用于根据标签条件查找对应的标签集)。此外,所有标签的名称和值都是用符号表编号来表示的,而不是存储的字符串本身。因此,在执行上述步骤之前还需要完成符号表的写入。实际上符号表是最先写入主体块的数据,之后才会按照监控项 ID 递增的顺序写入子块数据。综上,主体块数据的写入顺序依次为(假设只有两个监控项):符号表→监控项 0 的主体块→监控项 0 的一级索引→监控项 1 的主体块→监控项 1 的一级索引→所有监控项的二级索引。

　　头部块中往往包含大量子块，系统使用子块 ID 来唯一地标识每个子块。头部块的子块 ID 是由监控项 ID 和子块编号组成的 64 位整数，其中高 40 位为监控项 ID，低 24 位为子块编号。也就是说，每个监控项最多能够表示 16,777,216 个子块，如果每个子块包含 120 个样本，则合计样本数略多于 20 亿个。同样地，在主体块中也包含大量子块，也需要有一种方式来唯一地标识每个子块。主体块中的子块 ID 也用 64 位整数表示，不同的是它由文件序号和文件内位置偏移量组成，其中高 32 位表示文件序号，低 32 位表示文件内位置偏移量。可见，主体块的子块 ID 实际上是子块首字节所在的存储位置。在实际操作中，压缩器总是在写入子块数据的过程中生成子块 ID，生成的子块 ID 随后被写入索引文件，从而可以根据索引快速定位子块。注意，主体块的子块 ID 不包含任何监控项信息，这是因为在主体块中不需要根据子块查找监控项信息，真正需要的是根据监控项信息查找子块，这一查询需求通过在索引文件中创建监控项与子块 ID 之间的对应关系来实现。

　　头部块数据一旦转移到主体块中就不能再使用监控项 ID，因为监控项 ID 是一个临时的编号，仅适用于头部块。随着时间的推移，同一监控项在头部块中可能被赋予不同的 ID，如果在主体块中继续使用该 ID 就可能导致同一监控项出现多个 ID 的情况，这显然是不可接受的。

　　由于主体块的数据以监控项为单位写入，所以同一监控项的子块总是前后相邻，也就意味着该监控项相邻子块 ID（即存储位置）的增量就是子块的长度。实际上，在监控项的一级索引中就是使用相邻子块 ID 的增量来表示每个子块位置的，如图 6-9 所示。

子块文件0	子块0_5	子块0_725	子块0_1307	...	子块0_1323009
子块文件1	子块1_5	子块1_686	子块1_1271	...	子块1_2323860
...	...	...	...	...	...
子块文件n	子块n_5	子块n_523	子块n_1300	...	子块n_1551679

(a) 子块文件结构

								子块ID			子块ID增量	
series1	标签数量	标签名（索引）	标签值（索引）	...	子块数量	起点时间戳	时间长度	0_5	起点时间偏移量	时间长度	720	...
series1	标签数量	标签名（索引）	标签值（索引）	...	子块数量	起点时间戳	时间长度	0_2880	起点时间偏移量	时间长度	718	...
...												
seriesN	标签数量	标签名（索引）	标签值（索引）	...	子块数量	起点时间戳	时间长度	n_1540012	起点时间偏移量	时间长度	700	...

(b) 索引文件中的 series 索引结构

图 6-9　主体块中的子块文件与索引文件的逻辑关系

6.2.2　主体块的逐级压缩

　　压缩器设置了 10 个压缩级别，每个级别合并数据的时间长度如表 6-1 所示。在头部块转换为主体块的过程中，压缩器按照 1 级压缩的时间长度来生成主体块，意味着每个新的主体块都已经完成了 1 级压缩。相较于未经压缩的主体块，压缩之后的主体块减少了索引文件的数量，平均每个索引文件可以覆盖更大时间跨度的样本数据。假设每个主体块涵盖

2 h 的样本数据，在未经压缩的情况下，查询 6 h 的样本数据需要查找 3～4 个主体块，其中每个主体块的索引文件都要访问一次。如果进行了一定级别的压缩，使得每个主体块涵盖 6 h 的样本数据，那么同样的查询请求只需要访问 1～2 个主体块就可以完成。

表 6-1　压缩级别及其合并数据的时间长度

压缩级别	时间长度/h	压缩级别	时间长度/h
1	2	6	486
2	6	7	1,458
3	18	8	4,374
4	54	9	13,122
5	162	10	39,366

在执行压缩之前，压缩器需要判断是否存在符合某级压缩标准的主体块。所谓的压缩标准是指主体块的时间区间和主体块数量符合要求。压缩器以压缩时间长度为单位将时间轴划分为连续的多个区间，例如 2 级压缩将时间轴划分为以 6 h 为单位并且按照 6 h 对齐的多个区间。并且，只有当某个区间内的主体块数量不少于 2 个时才会对该区间的主体块执行压缩（压缩 1 个主体块显然没有意义）。另外，为了方便主体块与头部块之间的衔接，紧邻头部块的主体块不计入压缩范围。

在具体实施压缩时，压缩器首先检查是否有符合 2 级压缩标准的主体块，如果有则执行压缩。无论是否进行了 2 级压缩，压缩器都会继续检查是否存在符合 3 级压缩标准的主体块，如果有则执行压缩，以此类推直到 10 级压缩标准。图 6-10 展示了随着时间的推移，压缩器对主体块进行 2 级和 3 级压缩的过程（假设其中的 t 时刻按照 18 h 对齐[①]）。

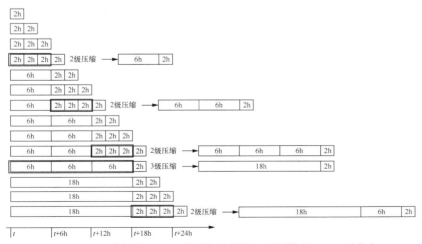

图 6-10　主体块的逐级压缩过程（假设 t 时刻按照 18 h 对齐）

---

① 同时意味着按照 6 h 对齐，如果不能保证主体块的时间对齐性，则可能在头部块之前保留更多的 1 级主体块。

与 1 级压缩不同的是，2 级及以上级别的压缩需要面对多个来源块（见图 6-6）。多个来源块带来的问题是同一监控项的子块数据将分布在多个块中，而写入目标块时需要将这些分散的子块放置到前后相邻的位置。

6.3   WAL 文件与快照文件

WAL 文件的作用主要是存储系统崩溃时丢失的数据，该文件中的大部分数据由头部追加器在接收数据之后写入（见 6.1.3 节），少量数据（tombstone 数据）在调用 Web API 的 Delete 接口时写入。6.2.1 节曾提到，成功转换为主体块的数据将从 WAL 文件中删除，所以 WAL 文件中保留的是尚未进行 1 级压缩的数据。快照文件的作用则是在终止 TSDB 服务之前保存程序的内存状态，以便在重新启动服务时快速恢复程序的内存状态，该文件的内容来自 Head 结构体的 series 成员、exemplars 成员和 tombstones 成员。虽然两者的数据来源不同，但是在 TSDB 启动过程中快照文件具有替代 WAL 文件的作用。

6.3.1   WAL 文件的加载

当 TSDB 重启时，系统需要将内存恢复到中断前的状态，也就是恢复 Head 结构体中的 series 成员（包含监控项 ID、标签集、头部子块等）、exemplars 成员和 tombstones 成员。在没有启用快照文件（--enable-feature=memory-snapshot-on-shutdown）的情况下，TSDB 通过加载头部块中的子块文件和 WAL 文件来恢复内存状态，其中子块文件的作用是为 series 成员中的每个监控项提供子块位置坐标，WAL 文件则用于为 series 成员提供监控项 ID、标签集，以及 exemplars 成员和 tombstones 成员的信息。因此，子块文件和 WAL 文件是结合使用的，在加载 WAL 文件时也需要访问子块文件。

WAL 文件没有像持久化文件那样设置 4 字节的文件头（见图 6-5），所以无法通过文件的前几字节来判断文件的类型，系统将所有位于 WAL 目录中的文件（包括检查点文件）都视为 WAL 文件。WAL 文件以页为单位存储数据，每页的大小固定为 32 KB，每个文件中的页数不超过 4,096 个，也就是每个文件的大小都是 32 KB 的整数倍，并且最大为 128 MB。尽管如此，并不是每个 WAL 文件的大小都能够达到 128 MB，如果发生了系统重启或者在达到 128 MB 之前进行了 1 级压缩（头部块转换为主体块）就会导致 WAL 文件的大小小于 128MB 这种情况的发生。

如 6.1.3 节所述，WAL 文件中的数据以记录形式存在，包括 series、samples、tombstones 和 exemplars 这 4 种记录。为了提高加载速度，TSDB 以多协程分工协作的形式加载 WAL 文件，其中一个协程负责读取和解析 WAL 文件并将解析结果写入 2 个通道（名为

exemplarsInput 和 decoded，分别处理 exemplar 数据和其他数据），另一个协程以及主协程则分别从上述两个通道中读取解析结果并将其写入 Head 结构体的对应字段。

6.3.2　快照文件的生成与加载

快照文件与 WAL 文件一样采用分页存储方式（每页 32 KB），并且采用相同的方式对记录进行拆分（见图 6-3），只不过两者存储的记录采用不同的编码格式。快照文件只有 3 种记录，即 series、tombstones 和 exemplars，每种记录的编码格式如图 6-11 所示。对比图 6-2 中的 WAL 文件记录编码格式可以看出，快照文件的 series 记录的编码格式与 WAL 文件的 series 记录的编码格式不同，快照文件的 series 记录包含头部子块数据以及样本缓存数据，而 WAL 文件的 series 记录中不含这些数据。另外，tombstones 记录的编码格式也略有不同，快照文件的 tombstones 记录中增加了一个标志字节，exemplars 记录的编码格式则完全相同。

图 6-11　快照文件的记录的编码格式

如果在启动参数中启用了快照文件，那么 TSDB 退出时将会生成快照文件，并将其存储在 chunk_snapshot 目录下。在生成快照文件时，其数据来源主要是 Head 结构体中的 series、tombstones 和 exemplars 这 3 个成员，每个成员的内容经过编码后生成对应类型的记录，具体的对应关系如图 6-12 所示。因此，快照文件的大小取决于 Head 结构体这 3 个成员的数据量，一般来说，监控项的数量越多，这 3 个成员的数据量也越大。为了标识生成快照文件的时间，TSDB 使用最后一个 WAL 文件的编号和偏移量作为快照时间标记（用作快照文件目录名称，例如 chunk_snapshot.000170.0000032768）。尽管快照文件中的内容来自内存中的 Head 结构体，而与 WAL 文件内容无关，但是 Head 结构体与 WAL 文件是联动的，使用 WAL 文件偏移量依然能够准确地表示 Head 结构体的状态变化进度。

跟 WAL 文件一样，快照文件也没有设置文件头，文件内容从第 1 字节开始就是记录。代码清单 6-6 对某个快照文件进行了解码分析，其中首字节的 09（0b1001）表示这是经过 snappy 压缩的一条完整记录，其后的 011d（即十进制数 285）表示记录长度为 285 字节，954e7c7b 表示 CRC32 校验和。从第 8 字节开始的 285 字节就是 snappy 压缩的记录，解压之后的长度为 316 字节，其内容为一条完整的 series 记录（监控项 ID 为 1，包含 4 个标签，头部子块中有 77 个样本）。

图 6-12 快照文件的生成过程

代码清单 6-6 快照文件解码

```
[root@localhost chunk_snapshot.000170.0000032768]# hexdump 00000000 -C
00000000  09 01 1d 95 4e 7c 7b bc  02 04 01 00 09 01 f0 d7  |....N|{.........|
00000010  01 04 08 5f 5f 6e 61 6d  65 5f 5f 16 67 6f 5f 67  |...__name__.go_g|
00000020  63 5f 64 75 72 61 74 69  6f 6e 5f 73 65 63 6f 6e  |c_duration_secon|
...
00000110  d8 36 10 00 04 aa 3c 3a  10 00 20 a0 7f f0 00 00  |.6....<:.. .....|
00000120  00 00 00 02 09 01 1f 1f  24 74 ca c6 02 04 01 00  |........$t......|
00000130  09 01 f0 69 02 04 08 5f  5f 6e 61 6d 65 5f 5f 16  |...i...__name__.|
00000140  67 6f 5f 67 63 5f 64 75  72 61 74 69 6f 6e 5f 73  |go_gc_duration_s|
...
```

以下为解压后的第 1 条记录，其中部分整数为变长整数编码（varint）

```
[root@localhost]# hexdump -C decoded
00000000  01 00 00 00 00 00 00 00  01 04 08 5f 5f 6e 61 6d  |...........__nam|
          (1) (1)                  (4)(8)
00000010  65 5f 5f 16 67 6f 5f 67  63 5f 64 75 72 61 74 69  |e__.go_gc_durati|
00000020  6f 6e 5f 73 65 63 6f 6e  64 73 08 69 6e 73 74 61  |on_seconds.insta|
00000030  6e 63 65 0e 6c 6f 63 61  6c 68 6f 73 74 3a 39 30  |nce.localhost:90|
00000040  39 30 03 6a 6f 62 0a 70  72 6f 6d 65 74 68 65 75  |90.job.prometheu|
00000050  73 08 71 75 61 6e 74 69  6c 65 01 30 00 00 00 00  |s.quantile.0....|
00000060  00 6d 6d 00 01 00 00 01  88 52 9b 8c 90 00 00 01  |.m.......R......|
             (7200000) (1)          (1685013105808)
00000070  88 52 9b aa a0 01 84 01  00 4d a0 b2 dc a9 8a 62  |.R.......M.....b|
          (1685013113504)(1) (132)   (77)
00000080  3f 07 da c5 bc 6a dd 77  60 40 02 af ff 90 00 21  |?....j.w`@.....!|
00000090  87 f8 1e fb 58 b7 8d 5b  ae b0 00 d4 0f 7d ac 5b  |....X..[.....}.[|
000000a0  c6 ad d7 5b ff 44 00 30  80 01 5f ff af ff d0 00  |...[.D.0.._.....|
000000b0  28 00 15 ff f2 00 04 00  00 10 00 2b ff e4 00 08  |(..........+....|
000000c0  00 80 01 5f ff 20 00 42  81 ef b5 8b 78 d5 ba eb  |..._. .B....x...|
000000d0  00 df 40 f7 da c5 bc 6a  dd 75 bf 8e 5f fd a0 02  |..@....j.u.._...|
000000e0  00 00 00 40 00 af ff 90  00 20 20 00 57 ff c8  |...@.....  .W...|
000000f0  00 10 00 0a 07 be d6 2d  e3 56 eb a8 00 00 01 88  |.......-.V......|
00000100  52 9b a9 74 3f 07 da c5  bc 6a dd 77 00 00 01 88  |R..t?....j.w....|
          (1685013113204) (0.000045)
```

```
00000110   52 9b a9 d8  3f 07 da c5   bc 6a dd 77  00 00 01 88    |R...?....j.w....|
          (1685013113307) (0.000045)
00000120   52 9b aa 3c  3f 07 da c5   bc 6a dd 77  00 00 01 88    |R..<?....j.w....|
00000130   52 9b aa a0  7f f0 00 00   00 00 00 02                 |R...........|
          (1685013113504) (NaN)
```

如果 TSDB 成功地生成了快照文件，那么它再次启动时就可以通过加载快照文件来恢复 Head 结构体。快照文件的加载过程如图 6-13 所示，其中 series 记录的编码格式决定了各条记录之间相互独立，并且 Head 结构体中的 series 成员结构也是以监控项为单位分别存储的，因此 series 记录能够以通道和多协程方式并发加载。而 tombstones 记录和 exemplars 记录由于数据量较少，并且加载目的地的结构无法并发写，所以这两种记录以串行方式加载。

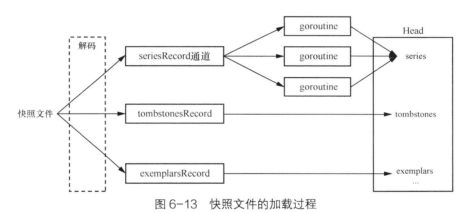

图 6-13　快照文件的加载过程

6.4　事务及其隔离性

TSDB 需要处理采样管理器、规则管理器、远程写、Web API 等多个来源的读写请求（查询数据、追加数据和删除数据），其中每个来源都可能发起多个请求。跟大多数数据库一样，TSDB 将这些请求组织为各自独立的事务，并保证任意两个事务不会相互干扰，从而实现了事务的隔离性。TSDB 为每个事务分配一个唯一的 ID，并基于这些 ID 来管理事务。由于只有头部块的事务需要隔离（因为头部块涉及读和写两种操作，而主体块只涉及读），所以 TSDB 只在头部块的 Head 结构体中设置了用于实现事务隔离的 isolation 结构体。isolation 结构体中起主要作用的是 2 个链表：追加事务链表和读操作状态链表。

头部追加器的一次追加操作构成一个追加事务，每个追加事务允许包含多个监控项的样本（见图 6-1）。TSDB 为每个追加事务分配一个全局唯一的 ID，即 appendID。appendID 数据类型为 64 位无符号整数并且从 1 开始递增，假设有 100 万个监控目标，并且每个目标每 1 ms 执行一次追加操作，那么需要约 584 年才会发生数据溢出。追加事务生成之后须首先加入追加事务链表，当事务执行完毕后则需要从链表中删除，因此所有位于链表中的事务都是正在执行的事务（开放事务）。追加事务链表是一个双向链表结构，图 6-14 展示了其结构以及添加和删除事务的过程。虽然链表是一种有序结构，但是追加事务链表只能表示事务的开始顺序，各个事务提交修改（追加）的时间并不一定遵守这一顺序。尽管每个事务由单一协程执行从而能够保证事务内部各个监控项的提交顺序，但是这种有序性仍然无法保证并发的多个事务的提交顺序。假设有两个正在执行的事务 101 和 102，其中事务 101 包含监控项 A 和 B 的样本并保证先提交 A 后提交 B，事务 102 包含监控项 A 和 C 的样本并保证先提交 A 后提交 C，那么最终提交追加的顺序将有 6 种排列，其中有 3 种是 101 先结束，另外 3 种是 102 先结束。无论最终的提交顺序是怎样的，对一个查询操作来说重要的是在开始读取数据的时刻有哪些事务尚未结束，只要是未结束的事务都应该排除在查询结果之外。

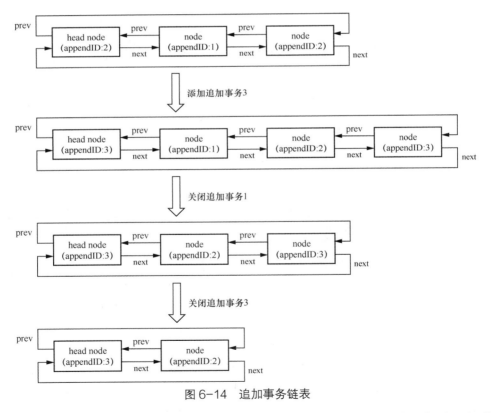

图 6-14　追加事务链表

TSDB 实现的隔离级别是 read committed，这一级别要求所有查询结果都是已经成功提交的，这种隔离只在头部块中实现，主体块不会追加数据从而不需要隔离。为了实现这一要求，TSDB 查询引擎在开始执行头部块查询操作时需要记录当前有哪些事务尚未完成，从而在读取数据时将这些事务以及这些事务之后追加的数据排除掉。在读数据时，查询引擎根据查询操作的时间范围来判断是否需要读取头部块。一旦判定需要读取头部块，查询引擎就为该查询操作记录当前的事务状态，也就是每个开放事务的 ID（这些 ID 可能是不连续的）。

无论是头部块还是主体块，在查询数据时都需要先从索引数据中获取 postings 列表，基于该 postings 列表就能够进一步知道从哪些子块中查询样本数据。在读取索引数据时不会进行事务隔离，即使在这一阶段多获取了一些 postings 列表也不会影响最终的结果，因为在后面的读取样本数据阶段会通过事务隔离过滤掉未提交的数据。对头部块来说，它的数据读取全都通过 headChunkReader（头部子块读取器）进行，其结构体定义如代码清单 6-7 所示，其中的 isoState 成员即查询引擎记录的当前开放事务状态。在读取子块数据时，查询引擎根据事务状态计算出子块中有多少个样本是可以读取的（也就是在查询开始时已经成功提交的），在这些样本之后提交的样本将被忽略。最后一个可读取样本称为截止样本。

代码清单 6-7　头部子块读取器的结构体定义

```
type headChunkReader struct {
    head        *Head
    mint, maxt int64
    isoState   *isolationState        // 开放事务状态（含开放事务 ID 列表）
}
```

上述功能的实现还依赖一个前提，也就是需要知道子块中的每个样本是由哪个事务提交的。头部块中的每个监控项都会维护一个循环数组来记录这些信息，数组的结构体定义如代码清单 6-8 所示，这一数组按照样本提交顺序记录了最后 N 个事务 ID，每个事务 ID 对应 1 个样本。在判定截止样本时，查询引擎逐个搜索该循环数组，如果发现某个事务 ID 在事务状态中存在，则该事务 ID 对应的事务提交的样本的前一个就是截止样本。如图 6-15 所示，事务 129 提交的样本的前一个样本（s4）就是截止样本，s4 及其之前的样本可以被读取，s5 及其以后的样本都将被忽略。

代码清单 6-8　向子块提交样本的事务数组的结构体定义

```
type txRing struct {
    txIDs       []uint64       // 循环数组的数据（每个元素为一个事务 ID）
    txIDFirst int              // 循环数组的首元素位置
    txIDCount int              // 循环数组的长度
}
```

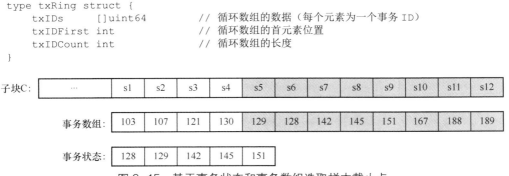

图 6-15　基于事务状态和事务数组选取样本截止点

## 第 7 章

监控数据的查询语言——PromQL

PromQL 是用户以及外部系统访问 Prometheus 数据库的主要渠道，它基于 Prometheus 数据模型设计。本章讲解 PromQL 查询语句字符串如何经过 Prometheus 的各种处理最终得到想要的查询结果，主要包括 PromQL 解析器、PromQL 语法树的结构以及 PromQL 语法树的执行 3 个方面的内容。

7.1 PromQL 解析器

在访问数据库之前，系统需要知道要访问哪些监控项的哪些时间范围的数据，并且从数据库获得数据只是查询语句所做工作的第一步，在此之后还需要对获得的数据进行进一步的加工。获得一个查询语句字符串之后，系统如何确定该字符串请求的服务并按照要求操作呢？查询语句的处理过程如图 7-1 所示，依次为解析字符串得到抽象语法树、绑定数据库和查询引擎并构造完整的查询结构、执行操作并返回结果。

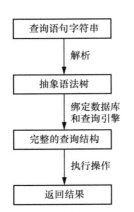

图 7-1　查询语句的处理过程

第一步的解析过程不需要数据库和查询引擎的参与，整个解析过程完全依赖于严格定义的语法规则，不管在后面的过程中使用哪个数据库以及使用什么样的查询引擎，生成的语法树都是一样的。第三步的执行过程需要数据库和查询引擎的参与，但是不需要解析器的参与，因为第一步的解析结果已经包含所有需要的信息。

字符串的解析工作由解析器完成，本节讲解解析器如何解析字符串并构造抽象语法树（abstract syntax tree，AST）。

7.1.1 解析器的工作过程

解析器由词法分析器和句法分析器构成，两者互相配合，从头到尾顺序地解析字符串。词法分析器在扫描字符串的过程中一旦识别出合法的记号就立即处理，然后继续扫描下一个记号。PromQL 解析器能够从查询语句字符串中识别出 60 种记号（见表 7-1）。如果将所有识别出的记号依次排列，原始的字符串就转换成了记号序列。句法分析器基于上述记号序列进行表达式（Expr）的识别，识别出的多个表达式逐层相互包含，从而构成一棵语法树。一旦语法树生成，解析器的工作就完成了，之后就可以根据语法树进行数据查询和加工。任何 PromQL 查询语句在执行之前都需要经过解析，当查询请求很频繁并且查询语句字符串较长时，解析工作会增加负载。为了解决这个问题，Prometheus 在一些方面进行了优化和设计，以应对可能的高负载情况。

表 7-1 词法分析阶段解析的记号

序号	记号	编码	含义	序号	记号	编码	含义
1	EQL	57346	符号=	13	**NUMBER**	57359	数字
2	BLANK	57347	符号_	14	RIGHT_BRACE	57360	符号}
3	COLON	57348	符号:	15	RIGHT_BRACKET	57361	符号]
4	COMMA	57349	符号,	16	RIGHT_PAREN	57362	符号)
5	COMMENT	57350	以#开头的注释行	17	SPACE	57364	符号<空白符>
6	**DURATION**	57351	时间长度	18	**STRING**	57365	引号标识的字符串
7	EOF	57352	符号 EOF	19	TIMES	57366	符号×
8	**IDENTIFIER**	57354	字母数字下画线序列	20	ADD	57368	符号+
9	LEFT_BRACE	57355	符号{	21	DIV	57369	符号/
10	LEFT_BRACKET	57356	符号[	22	EQLC	57370	符号==
11	LEFT_PAREN	57357	符号(	23	EQL_REGEX	57371	符号=~
12	**METRIC_IDENTIFIER**	57358	字母数字下画线冒号序列	24	GTE	57372	符号>=

续表

序号	记号	编码	含义	序号	记号	编码	含义
25	GTR	57373	符号>	43	GROUP	57393	关键字 group
26	LSS	57376	符号<	44	MAX	57394	关键字 max
27	LTE	57377	符号<=	45	MIN	57395	关键字 min
28	MOD	57379	符号%	46	QUANTILE	57396	关键字 quantile
29	MUL	57380	符号*	47	STDDEV	57397	关键字 stddev
30	NEQ	57381	符号!=	48	STDVAR	57398	关键字 stdvar
31	NEQ_REGEX	57382	符号!~	49	SUM	57399	关键字 sum
32	POW	57383	符号^	50	TOPK	57400	关键字 topk
33	SUB	57384	符号-	51	BOOL	57403	关键字 bool
34	AT	57385	符号@	52	BY	57404	关键字 by
35	LAND	57374	关键字 and	53	GROUP_LEFT	57405	关键字 group_left
36	LOR	57375	关键字 or	54	GROUP_RIGHT	57406	关键字 group_right
37	LUNLESS	57378	关键字 unless	55	IGNORING	57407	关键字 ignoring
38	ATAN2	57386	关键字 atan2	56	OFFSET	57408	关键字 offset
39	AVG	57389	关键字 avg	57	ON	57409	关键字 on
40	BOTTOMK	57390	关键字 bottomk	58	WITHOUT	57410	关键字 without
41	COUNT	57391	关键字 count	59	START	57413	关键字 start
42	COUNT_VALUES	57392	关键字 count_values	60	END	57414	关键字 end

　　解析器结构体定义如代码清单 7-1 所示，该结构体中既有词法分析器又有句法分析器，所以它既能够启动一次解析，也能够作为词法分析器参与解析过程。

代码清单 7-1　解析器结构体定义

```
type parser struct {              // 该结构同时实现了词法分析和句法分析功能
    lex Lexer                     // 词法分析器
    inject      ItemType          // 注入的记号，用于设置解析器的工作模式
    injecting bool                // 是否正在注入记号
    lastClosing Pos
    yyParser yyParserImpl         // 句法分析器
    generatedParserResult interface{}  // 最终结果（抽象语法树，如果解析成功的话）
    parseErrors            ParseErrors  // 错误信息
}
```

7.1.2 句法分析

由于词法分析总是由句法分析过程拉动，在必要的时候扫描下一个记号，所以下面先讲解句法分析过程。

PromQL 查询语言的句法规范使用 YACC 文件进行描述，并使用如下 goyacc 命令生成句法分析器代码。完整的句法规范参见源码中的 promql/parser/generated_parser.y 文件。由于句法分析器依赖于词法分析器提供的记号序列，所以在进行句法分析之前需要以参数形式将词法分析器传递给句法分析器。

```
$ goyacc -o promql/parser/generated_parser.y.go promql/parser/generated_parser.y
```

句法分析器的工作过程以栈为核心，基于 PromQL 句法规范通过不断执行入栈、出栈、归约以及每个环节的动作，将识别出的记号序列转换为语法树。在此过程中除了记号和语法树节点会作为栈元素，句法分析过程中使用的中间对象也会执行出、入栈操作。具体到 PromQL，句法分析过程中的出、入栈会涉及 12 种类型的数据，这些类型组合在一起构成了一个结构体，如代码清单 7-2 所示。

代码清单 7-2　解析栈的元素定义

```
type yySymType struct {          // 句法分析器栈元素类型
    yys       int                // 整数
    node      Node               // 节点，主要是语法树节点以及生成式的左侧符号
    item      Item               // 记号，由词法分析器扫描识别
    matchers  []*labels.Matcher  // 标签匹配器数组，仅用于向量选择器
    matcher   *labels.Matcher    // 标签匹配器，仅用于向量选择器
    label     labels.Label       // 单个标签
    labels    labels.Labels      // 标签集
    strings   []string           // 字符串数组，用于 by、without、on、ignoring 等从句
    series    []SequenceValue    // 序列值，仅用于单元测试
    uint      uint64             // 无符号整数，十进制形式
    float     float64            // 浮点数
    duration  time.Duration      // 时间长度
}
```

由句法规范的 start 部分（见代码清单 7-3）可知，位于栈的顶层的一个合法的句式可以是监控项、表达式或者向量选择器。但是解析器在进行解析之前无法判断查询语句字符串是三者中的哪一个，要启动对其中一种句式的解析就需要在开始解析之前插入对应的记号（例如 START_EXPRESSION），也就是说把字符串解析成什么样的句式是在开始解析之前就已经设定好的。事实上，解析器为上述 3 种句式分别定义了一个函数，监控项的解析函数为 ParseMetric()，表达式的解析函数为 ParseExpr()，向量选择器的解析函数为 ParseMetricSelector()，这 3 个函数在开始解析之前都会在记号序列的开头插入对应的开始记号。对监控项的解析主要在单元测试中进行；对表达式的解析用得最多，主要出现在规则管理器以及 Web 服务的查询语句字符串处理部分，在这两处进行解析之前就已经把目标

字符串认定为表达式；对向量选择器的解析主要在 Web 服务中进行。由于向量选择器可以视为表达式的一个特例，所以本章主要讲解对表达式的解析。

代码清单 7-3　PromQL 句法规范节选

```
...
%%
start            :
                    START_METRIC metric       // 监控项
                         { yylex.(*parser).generatedParserResult = $2 }
                 | START_EXPRESSION EOF
                         { yylex.(*parser).addParseErrf(PositionRange{}, "no expre
ssion ...")}
                 | START_EXPRESSION expr       // 表达式
                         { yylex.(*parser).generatedParserResult = $2 }
                 | START_METRIC_SELECTOR vector_selector       // 向量选择器
                         { yylex.(*parser).generatedParserResult = $2 }
                 | start EOF
                 | error
                         { yylex.(*parser).unexpected("","") }
                 ;
...
```

代码清单 7-4 展示了一个中间对象（标签匹配器）的生成式，假设当前解析器栈为空，依次读取 IDENTIFIER、STRING 和 EQL 这 3 个记号，那么这 3 个记号将依次入栈，并在第 3 个记号入栈后执行创建标签匹配器这一动作，执行完毕后将 3 个记号出栈，再将标签匹配器入栈。

代码清单 7-4　标签匹配器的生成式

```
label_matcher    : IDENTIFIER match_op STRING
                         { $$ = yylex.(*parser).newLabelMatcher($1, $2, $3);  }
// 创建标签匹配器
                 | ...
                 ;
match_op         : EQL | NEQ | EQL_REGEX | NEQ_REGEX ;
```

7.1.3　词法分析

词法分析器负责记号的识别并将识别结果传递给句法分析器使用。按照 PromQL 语法规范，在进行词法分析时主要考虑字符序列的形式，不需要考虑其位置与含义。因此，词法分析器成功识别出的记号在进入句法分析阶段以后可能因为不符合句法的要求而被拒绝。如下语句中的 tipk 和 rated 在词法分析阶段可以被成功识别为 IDENTIFIER 记号，但后续的句法分析阶段会检查这两个函数名是否合法，并因为其不合法而被拒绝。

```
tipk(3, sum by (app, proc) (rated(instance_cpu_time_ns[5m])))
```

词法分析器识别的记号如表 7-1 所示，在 60 个记号中有 28 个符号以及 26 个关键字，

只有当识别对象与目标字符完全一致时，这些记号才能识别成功（不区分大小写），这意味着识别对象的长度是固定的。剩下的 6 个记号要求识别对象符合特定的规则，但是没有限制其长度。

7.2　PromQL 语法树的结构

查询语句字符串经过解析器解析后转换成一棵抽象语法树，其树形结构不仅能够将句子的各个成分分解开来，而且能够表示各个成分之间的依赖关系。

7.2.1　语法树的节点类型

解析器生成的抽象语法树中的节点类型并不唯一，而是有 13 种，如表 7-2 所示。语法树的根节点要求必须是语句节点（EvalStmt），叶节点只能是向量选择器（VectorSelector）、数字文本（NumberLiteral）或者字符串文本（StringLiteral），其他类型的节点只能作为中间节点。由表 7-2 可知，所有 13 种类型中只有 3 种类型允许出现多个子节点，其他节点只允许 1 个或者 0 个子节点，由此能够预想到语法树大概率是一棵有深度但缺乏宽度的树。在语法树的执行阶段，每种节点可以返回指定类型的数据，但是其运算过程都依赖于子节点的数据，所以最终每个节点从根本上都依赖叶节点的数据。部分节点规定的返回结果类型如代码清单 7-5 所示。

表 7-2　语法树中的节点类型

序号	缩写	类型名称	子节点类型	返回结果类型	说明
1	**Stt**	EvalStmt	Expr [1]	由子节点决定	语句节点，仅用作根节点
2	**Exs**	Expressions	Expr, Expr, ...	多个数据集	数组，由多个子节点组成，主要用于表示 Call 节点和 Agg 节点的参数列表
3	**Agg**	AggregateExpr	[Expr],Expr	向量	聚合表达式，左子节点为可选项，右子节点为向量
4	**Bin**	BinaryExpr	Expr, Expr	标量或向量	二元表达式，有且只有 2 个子节点
5	**Cal**	Call	Exs	标量或向量， 由函数名决定	函数调用表达式，子节点为长度为 0~5 的表达式数组（Exs 类型）
6	**Sub**	SubqueryExpr	Expr	矩阵	子查询表达式，子节点为向量，有且只有一个

---

① Expr 为抽象接口类型，代表本表中的任意一种节点类型。

续表

序号	缩写	类型名称	子节点类型	返回结果类型	说明
7	**Prn**	ParenExpr	Expr	由子节点决定	被圆括号标识的单个表达式
8	**Una**	UnaryExpr	Expr	标量或向量	一元操作表达式,只有正号(+)和负号(−)两种操作符
9	**Mat**	MatrixSelector	Expr	矩阵	矩阵选择器,子节点唯一且须为向量选择器
10	**Vec**	VectorSelector	—	向量	向量选择器,仅用作叶节点
11	**Num**	NumberLiteral	—	标量(浮点数)	数字文本(浮点数),仅用作叶节点
12	**Str**	StringLiteral	—	字符串	字符串文本,仅用作叶节点
13	**Stp**	StepInvariantExpr	Expr	由子节点决定	步调恒定表达式,一种辅助表示,表示子节点的返回结果除时间戳外每一行都相同

代码清单 7-5 节点规定的返回结果类型

```
func (e *AggregateExpr) Type() ValueType      { return ValueTypeVector }
func (e *Call) Type() ValueType               { return e.Func.ReturnType }
func (e *MatrixSelector) Type() ValueType      { return ValueTypeMatrix }
func (e *SubqueryExpr) Type() ValueType        { return ValueTypeMatrix }
func (e *NumberLiteral) Type() ValueType       { return ValueTypeScalar }
func (e *ParenExpr) Type() ValueType           { return e.Expr.Type() }
func (e *StringLiteral) Type() ValueType        { return ValueTypeString }
func (e *UnaryExpr) Type() ValueType           { return e.Expr.Type() }
func (e *VectorSelector) Type() ValueType       { return ValueTypeVector }
func (e *BinaryExpr) Type() ValueType {
    if e.LHS.Type() == ValueTypeScalar && e.RHS.Type() == ValueTypeScalar {
        return ValueTypeScalar
    }
    return ValueTypeVector
}
func (e *StepInvariantExpr) Type() ValueType { return e.Expr.Type() }
```

按照 Prometheus 的数据模型,每一项数据都包含两个维度,即空间维度和时间维度。空间维度是指数据属于哪个或者哪些监控项,时间维度则是指数据所在的时间点或者时间范围。如果一组数据在时间维度上只有一个点,意味着它只能在空间维度上扩展,这样的一组数据称为空间向量或者向量。在时间维度上具有一定高度的一组数据可以在空间和时间两个维度上扩展,这样的一组数据称为时空矩阵或者矩阵。两者在坐标轴中的示意如图 7-2 所示。至于表 7-2 中的数字文本和字符串文本,其返回结果类型分别为标量和字符串,它们并非通过数据库查询得到而是来自查询语句本身,不具有时间和空间的意义,只是参与了向量和矩阵的运算。

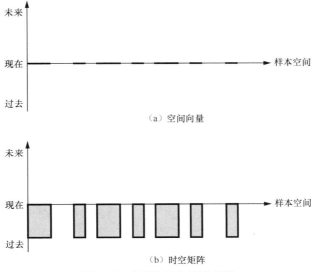

（a）空间向量

（b）时空矩阵

图 7-2　空间向量和时空矩阵

在所有 13 种节点中，只有函数调用表达式能够将数据的维数降低，将矩阵降维为向量，其他类型的节点只能保持维数不变或者增加维数（将向量组装为矩阵）。

图 7-3 展示了某个 topk 查询语句的抽象语法树，该语法树有 2 个叶节点和 5 个中间节点，每个节点只包含一部分信息，要获取全部信息就必须综合利用所有节点。

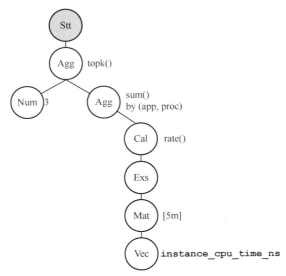

```
topk (3, sum by (app,proc)(rate(instance_cpu_time_ns [ 5m] ) ) )
```

图 7-3　某个 topk 查询语句的抽象语法树

解析器输出的语法树完全来自查询语句字符串，所以不可能包含实际执行时间方面的信息，而该信息在语法树执行过程中必不可少。因此，由解析器生成的语法树在执行之前都会添加一个语句节点（EvalStmt）作为根节点，实际执行时间方面的信息就放在该节点中。因此，语法树最终的效果就是根节点总是语句节点，并且该节点有且只有一个子节点。

7.2.2 向量选择器

向量选择器的结构体定义如代码清单 7-6 所示，其中包含 9 个成员，但是在解析阶段只使用 Name、LabelMatchers 和 PosRange 这 3 个成员，其中 Name 成员代表节点查询的监控项名称，LabelMatchers 为数组类型，可存储多个标签匹配器，用于确定监控项范围，PosRange 代表向量选择器在整个查询语句字符串中的索引号。在句法分析阶段，如果监控项名称不为空，句法分析器会将监控项名称转换为标签匹配器（__name__ 标签），这样LabelMatchers 成员就包含 Name 成员的信息。执行向量选择器时实际上是通过标签匹配器确定监控项范围。另外，从代码清单 7-6 下半部的语法生成式可知，向量选择器可以由监控项名称单独构成，也可以由标签匹配器单独构成，还可以由两者组合构成。

代码清单 7-6 向量选择器的结构体定义

```
type VectorSelector struct {
    Name string                       // 监控项名称
    OriginalOffset time.Duration // offset 修饰符设定的时间偏移量
    Offset         time.Duration   // 查询数据的时间戳在整个语法树中的总体偏移量
    Timestamp      *int64          // 指针类型，指向@修饰符设定的基准时间
    StartOrEnd     ItemType        // 表明@修饰符指定为 START 或者 END，与 Timestamp 成员互斥
    LabelMatchers  []*labels.Matcher      // 标签匹配器
    UnexpandedSeriesSet storage.SeriesSet  // 具有迭代器的序列集，用于存储初始查询结果
    Series              []storage.Series   // 序列切片，每个切片中的样本点可以迭代
    PosRange PositionRange                 // 向量选择器在整个查询语句字符串中的索引号
}
// 向量选择器的语法生成式
vector_selector: metric_identifier label_matchers   {...}//监控项名称和标签匹配器组合
              | metric_identifier    {...}//监控项名称
              | label_matchers      {...}   //标签匹配器
              ;
```

如果没有时间信息，向量选择器就无法查询数据，提供时间信息就是 offset 修饰符和@修饰符发挥作用之处。@修饰符提供的时间信息存储在 Timestamp 和 StarOrEnd 两个成员中，offset 修饰符提供的时间信息存储在 OriginalOffset 成员中，两者可以同时使用并且不区分先后顺序，修饰符总是紧跟在被修饰对象之后。除了向量选择器，offset 和@修饰符还可以为矩阵选择器（Matrix Selector）和子查询表达式提供时间信息，在所有节点中只有这3 种节点能够存储时间信息。在解析阶段，offset 和@修饰符不会导致新节点的生成，只是在被修饰节点上添加时间偏移量和时间戳。在没有任何修饰符的情况下，向量选择器的时间信息是缺失的，其 Timestamp、StartOrEnd 和 OriginalOffset 成员均为空。图 7-4 展示了

两个分别被@和 offset 修饰的向量选择器节点构成的语法树。

图 7-4　分别被@和 offset 修饰的向量选择器节点构成的语法树

剩下的 3 个成员（Offset、UnexpandedSeriesSet 和 series）只在语法树的执行阶段使用。在语法树的所有节点中，只有向量选择器有能力存储原始的监控项信息（使用UnexpandedSeriesSet 和 series 成员），其他节点使用的数据从根源上来看来自向量选择器。无论查询语句生成的语法树如何庞大，真正用于在数据库中查询数据的只能是其中的向量选择器，如果一个表达式中没有向量选择器，那么该表达式将不会在数据库中查询任何数据（在不访问数据库的情况下仍然可以使用标量和字符串）。

向量选择器没有可用于表示子节点的成员，所以它没有子节点，只能位于语法树的叶节点位置。

7.2.3　矩阵选择器

向量选择器的返回结果只能是向量，它只能在空间维度上进行扩展，不具有时间维度。矩阵选择器正是在向量选择器的基础上增加了时间维度，从而构成了矩阵。在解析过程中，一旦遇到方括号标识的时间长度记号（DURATION），解析器就会将方括号以及方括号前面的表达式解析为矩阵选择器，相关的生成式和结构体定义如代码清单 7-7 所示。

如代码清单 7-7 所示，矩阵选择器主要由一个向量选择器和一个时间跨度成员构成。向量选择器是矩阵选择器的唯一子节点，即每个矩阵选择器节点都伴随着一个向量选择器，它们总是成对出现并且位于语法树分支的末端。时间跨度成员规定了查询的数据在时间轴上覆盖的长度，但是并没有规定其在时间轴上的位置，也就是说矩阵选择器本身只界定了选取多长时间范围的数据，并没有规定从什么时间点开始选取。那么矩阵选择器如何知道这一关键信息呢？可以通过@修饰符和 offset 修饰符获得。注意，矩阵选择器结构体没有多余的成员可用于存储这些信息，所以它需要借助子节点的 Timestamp、StartOrEnd 和OriginalOffset 成员来存储。从表面上看，修饰符对矩阵选择器进行修饰，实际上是对其子节点向量选择器进行修饰，这带来的好处是只在一个地方存储时间位置信息，从而避免了信息的不一致。矩阵选择器只接受向量选择器作为其子节点，如果试图使用向量选择器之外的表达式来构建矩阵选择器，那么在句法分析阶段将报错。

代码清单 7-7   矩阵选择器的生成式和结构体定义

```
matrix_selector : expr LEFT_BRACKET duration RIGHT_BRACKET  {...}

type MatrixSelector struct {
    VectorSelector Expr                    // 唯一的子节点，向量选择器
    Range          time.Duration           // 时间跨度，例如 5 m、100 s、7d12 h
    EndPos Pos                              // 在查询语句字符串中的位置，用于解析
}
```

7.2.4   子查询表达式

子查询的生成式和结构体定义如代码清单 7-8 所示。子查询表达式（SubqueryExpr）与矩阵选择器类似，两者都是在时间维度上对向量进行扩展，从而获得矩阵，但是也有几个重要的不同之处。第一，子查询允许使用任何能够返回向量的表达式作为其子节点，而矩阵选择器只能使用向量选择器作为其子节点；第二，子查询在时间跨度的基础上增设了步长（例如[10m:30s]中的 30s）；第三，子查询结构体中可存储时间位置信息，@修饰符和 offset 修饰符为子查询提供的时间信息就存储在子查询结构体的成员中，不需要像矩阵选择器那样借助其子节点来存储。

代码清单 7-8   子查询的生成式和结构体定义

```
subquery_expr    : expr LEFT_BRACKET duration COLON maybe_duration RIGHT_BRACKET
{...}
                 | expr LEFT_BRACKET duration COLON duration error  {...}
                 | expr LEFT_BRACKET duration COLON error  {...}
                 | expr LEFT_BRACKET duration error  {...}
                 | expr LEFT_BRACKET error  {...}
                 ;
type SubqueryExpr struct {
    Expr    Expr                    // 唯一的子节点，可以是任何返回向量的表达式
    Range time.Duration             // 时间跨度，例如 5 m、3d2 h
    OriginalOffset time.Duration    // offset 修饰符设定的时间偏移量
    Offset      time.Duration
    Timestamp   *int64              // @修饰符设定的基准时间
    StartOrEnd ItemType             // 表示@修饰符指定为 START 或者 END
    Step        time.Duration       // 步长，例如 10 s
    EndPos Pos
}
```

虽然要求子查询的子节点返回向量，但是 Subquery Expr 结构体的 Expr 成员定义并没有限定具体的表达式类型。实际上即使将一个返回结果为矩阵的表达式赋值给 Expr 成员，语法树仍然能够成功构建，只不过在语法树构建之后解析器会对其进行一次整体检查，在此过程中会发现这种情况并报错，所以即使语法树成功构建也不会被执行。跟矩阵选择器一样，子查询节点也不能作为叶节点，但是由于没有限制子节点类型，所以子查询节点可以在语法树的任意中间节点位置上。

　　子查询的时间跨度和步长分别存储在 Range 成员和 Step 成员中。存储时间位置信息的位置与向量选择器中的类似，同样是 Timestamp 成员、StartOrEnd 成员和 OriginalOffset 成员。假设子查询的子节点为向量选择器，那么父子两个节点可以分别进行时间修饰，分别存储各自的时间信息。在语法树执行过程中如何处理两者的时间信息可以在 7.3 节找到答案。

　　子查询和矩阵选择器对@修饰符的处理如图 7-5 所示，对 offset 修饰符的处理与之相同。

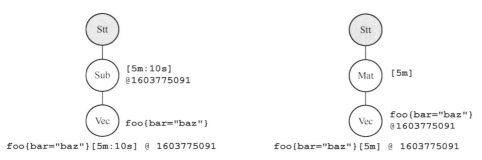

图 7-5　子查询和矩阵选择器对@修饰符的处理

7.2.5　二元表达式

　　二元表达式（BinaryExpr）用于对两个表达式的返回结果进行二元操作，共支持 16 种二元操作，可分为 5 类，即算术运算、比较运算、集合运算、幂运算和角运算，如代码清单 7-9 所示。本章称二元表达式中的第一个表达式为左表达式，第二个表达式为右表达式。二元操作的具体行为可由二元修饰符（bin_modifier）进行调控。

代码清单 7-9　二元表达式所支持的操作

```
binary_expr     : expr ADD     bin_modifier expr    { ... }    // 算术运算+
                | expr ATAN2   bin_modifier expr    { ... }    // 角运算 arctangent
                | expr DIV     bin_modifier expr    { ... }    // 算术运算/
                | expr EQLC    bin_modifier expr    { ... }    // 比较运算==
                | expr GTE     bin_modifier expr    { ... }    // 比较运算>=
                | expr GTR     bin_modifier expr    { ... }    // 比较运算>
                | expr LAND    bin_modifier expr    { ... }    // 集合运算 and
                | expr LOR     bin_modifier expr    { ... }    // 集合运算 or
                | expr LSS     bin_modifier expr    { ... }    // 比较运算<
                | expr LTE     bin_modifier expr    { ... }    // 比较运算<=
                | expr LUNLESS bin_modifier expr    { ... }    // 集合运算 unless
                | expr MOD     bin_modifier expr    { ... }    // 算术运算%
                | expr MUL     bin_modifier expr    { ... }    // 算术运算*
                | expr NEQ     bin_modifier expr    { ... }    // 比较运算!=
                | expr POW     bin_modifier expr    { ... }    // 幂运算^
                | expr SUB     bin_modifier expr    { ... }    // 算术运算 -
                ;
```

　　二元表达式的结构体定义如代码清单 7-10 所示，共有 5 个成员，包括左表达式 LHS、右表达式 RHS、操作类型 Op、匹配模式 VectorMatching、返回布尔类型 ReturnBool。左、右表达式的具体类型在结构体定义中没有限制，但是在对语法树进行整体检查时会强制要求两个表达式均返回向量或者标量，并且须与操作类型兼容，也就是说二元表达式不需要考虑对矩阵的处理。VectorMatching 成员用于存储 on/ignoring 修饰信息以及 group_left、group_right 修饰信息，这些信息规定了二元表达式的具体行为。ReturnBool 成员用于存储 bool 修饰符信息，用于指示二元表达式是否应该返回布尔值。

代码清单 7-10　二元表达式的结构体定义

```
type BinaryExpr struct {
    Op          ItemType          // 操作类型，共支持 16 种
    LHS, RHS Expr                 // 左、右表达式，可以返回向量或者标量
    VectorMatching *VectorMatching // 匹配模式
    ReturnBool bool               // 用于比较运算，表示二元表达式返回结果是否应为布尔值
}
type VectorMatching struct {
    Card VectorMatchCardinality  // 基数关系(OneToOne、ManyToOne、OneToMany、ManyToMany)
    MatchingLabels []string      // ignoring 或者 on 子句中设定的标签名称
    On bool
    Include []string             // group_left 或者 group_right 子句中设定的标签名称
}
```

二元表达式节点本身存储的信息只有操作类型以及匹配模式信息，而参与运算的数据本身由左、右子节点表示。合法、有效的二元表达式要求操作类型、匹配模式，以及左、右子节点的返回结果三者能够兼容。当左、右子节点的返回结果均为标量时，操作类型必须是算术运算、比较运算、幂运算或者角运算（集合运算不支持标量）。当左、右子节点的返回结果分别为标量和向量时，操作类型同样必须是算术运算、比较运算、幂运算或者角运算，运算方法是遍历向量中的每个元素，将之与标量进行二元运算，最后返回一个向量。上述两种情况均不需要考虑匹配模式，因为其运算规则决定了匹配模式的唯一性。当操作类型为比较运算时需要考虑 ReturnBool 成员（即 bool 修饰符），以决定是否返回布尔值。

图 7-6 展示了某语法树中的二元表达式节点，其左、右子节点均为向量选择器，因此该二元表达式对两个向量进行操作。

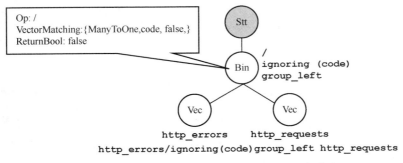

图 7-6　某语法树中的二元表达式节点（除法操作）

7.2.6　函数调用表达式

函数调用表达式（Call）总是以函数名开头（见代码清单 7-11），其后紧跟着由一对圆括号标识的参数列表（允许为空），也就是代码清单 7-11 中的 function_call_body。每个函数名都具有固定类型的参数列表，Prometheus 2.37 共支持 67 个函数，其中 55 个函数都只有一个参数。虽然代码清单 7-11 中规定函数名为标志符（IDENTIFIER），但是并非所有标志符都可以用作函数名，只有在 Prometheus 所支持的 67 个函数中存在的名称才是有效的，如果函数名不在列表中将导致解析失败。

代码清单 7-11　函数调用表达式的生成式

```
function_call     : IDENTIFIER function_call_body          {...}
                  ;
function_call_body: LEFT_PAREN function_call_args RIGHT_PAREN    {...}
                  | LEFT_PAREN RIGHT_PAREN    {...}
                  ;
function_call_args: function_call_args COMMA expr     {...}
                  | expr     {...}
                  | function_call_args COMMA     {...}
                  ;
```

代码清单 7-12 展示了函数调用表达式的结构体定义，其中包含目标函数的基本信息 Func 成员以及作为子节点的参数列表数组的 Args 成员。要成功运行一个函数就必须先找到它的定义并且传入其所需的参数。语法树中的函数调用表达式节点使用的参数均来自子节点的返回结果。因此，在对函数调用表达式节点进行运算之前需要先完成所有子节点的运算。

代码清单 7-12　函数调用表达式的结构体定义

```
type Call struct {          // 函数调用表达式
    Func *Function          // 指向某个函数的指针,其中包含名称、参数列表和返回结果类型等基本信息
    Args Expressions        // 子节点参数列表数组,其元素可以是向量、矩阵或者标量
    PosRange PositionRange
}
type Function struct {
    Name        string      // 函数名
    ArgTypes    []ValueType  // 函数定义的各个参数的类型
    Variadic    int          // 有多少个可变参数(可变参数总是位于参数列表的末尾)
    ReturnType ValueType     // 返回结果类型
}
```

观察各个函数的具体定义会发现，函数的参数可以是向量、矩阵或者标量，但是返回结果只能是向量或者标量。也就是说，函数可以将矩阵转换为向量（见表 7-3），但是不能反过来将向量转换为矩阵。考虑到函数的返回结果也可以作为另一个函数的参数，这意味着函数可以分层嵌套。图 7-7 展示了单层函数调用和嵌套函数调用构成的语法树。

表 7-3   可接收矩阵类型参数的函数

序号	函数名	输入	输出	序号	函数名	输入	输出
1	absent_over_time	Matrix	Vector	13	min_over_time	Matrix	Vector
2	avg_over_time	Matrix	Vector	14	predict_linear	Matrix	Vector
3	changes	Matrix	Vector	15	present_over_time	Matrix	Vector
4	count_over_time	Matrix	Vector	16	quantile_over_time	Matrix	Vector
5	delta	Matrix	Vector	17	rate	Matrix	Vector
6	deriv	Matrix	Vector	18	resets	Matrix	Vector
7	holt_winters	Matrix	Vector	19	stddev_over_time	Matrix	Vector
8	idelta	Matrix	Vector	20	stdvar_over_time	Matrix	Vector
9	increase	Matrix	Vector	21	sum_over_time	Matrix	Vector
10	irate	Matrix	Vector	22	pi	None	Scalar
11	last_over_time	Matrix	Vector	23	time	None	Scalar
12	max_over_time	Matrix	Vector	24	vector	Scalar	Vector

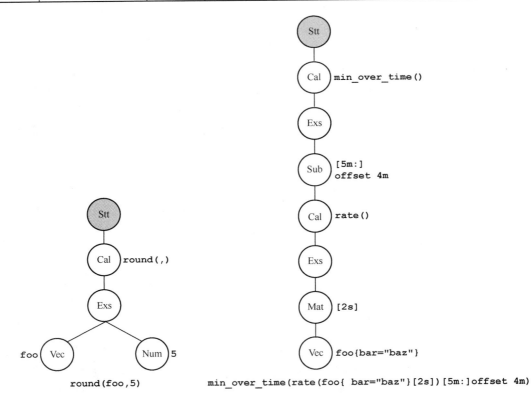

图 7-7   单层函数调用和嵌套函数调用构成的语法树

7.2.7　聚合表达式

聚合表达式（AggregateExpr）与函数调用表达式看上去很类似，在各自的生成式中两者都包含由一对圆括号标识的参数列表，两者的区别在于聚合表达式是在空间维度上进行横向运算，而函数调用表达式实际上是在时间维度上进行纵向运算。聚合表达式的结构体定义和生成式如代码清单 7-13 所示。在聚合表达式结构体中，聚合的操作类型由 Op 成员表示，可以是 sum、count 和 avg 等。聚合的目标数据则由 Expr 成员代表的子节点提供，在进行检查时会限定该成员返回向量，也就是只允许对向量进行聚合运算。之所以进行这种限定是因为某些聚合操作（例如 topk、bottomk）无法对矩阵进行横向运算。聚合表达式进行横向运算时往往需要指定某些标签作为聚合的依据（由 by 和 without 修饰符提供），这些标签的名称存储在 Grouping 成员中。图 7-3 展示的就是一个聚合表达式构成的语法树。

代码清单 7-13　聚合表达式结构体定义和生成式

```
type AggregateExpr struct {
    Op       ItemType             // 操作类型
    Expr     Expr                 // 子节点，限定返回向量
    Param    Expr                 // 子节点，返回标量或者字符串，例如 topk 中的 k 参数
    Grouping []string             // 标签空间限定列表
    Without  bool                 // 用于标明聚合表达式使用 by 还是使用 without
    PosRange PositionRange
}
aggregate_expr  : aggregate_op aggregate_modifier function_call_body    { ··· }
                | aggregate_op function_call_body aggregate_modifier     { ··· }
                | aggregate_op function_call_body    { ··· }
                | aggregate_op error    { ··· }
                ;
```

7.2.8　步调恒定表达式

步调恒定表达式（StepInvariantExpr）并非在解析过程中生成，而是在语法树生成之后按照树中各节点的特征插入语法树的合适位置，所以该表达式没有生成式。该表达式的结构体定义如代码清单 7-14 所示，它只有一个成员，用于表示自己的子节点。步调恒定表达式的作用是告诉查询引擎，无论何时执行步调恒定表达式，它的子节点返回结果都是相同的（步调恒定表达式节点被称为"结果恒定节点"），因此不需要重复执行子节点，只要直接复制第一次的执行结果即可。当进行子查询的运算时，这一方法可以节省大量的成本。

代码清单 7-14　步调恒定表达式的结构体定义

```
type StepInvariantExpr struct {
    Expr Expr
}
```

步调恒定表达式的插入位置需要递归地检查语法树某些节点之后确定，因为要保证某个节点为结果恒定节点，往往要求它的所有子节点都是结果恒定的，子节点进一步要求孙节点为结果恒定的，如此递归直到叶节点。在数字文本、字符串文本和向量选择器 3 种叶节点中，前两者在任何情况下都是结果恒定的，而向量选择器只有在 @修饰符修饰的情况下才是结果恒定的。在中间节点中，子查询是个例外，经过@修饰的子查询总是结果恒定的，不需要考虑其子节点是否是结果恒定的。

按照上述规则，当需要确定步调恒定表达式的插入位置时，可以从叶节点开始逐层向上追溯，直到某个节点不再是结果恒定的，即为插入位置。如果遇到子查询节点，则在子查询节点之下插入步调恒定表达式，然后继续向上追溯。如图 7-8 所示，其中的灰色圆形节点为结果恒定节点，椭圆节点为插入的步调恒定表达式。

步调恒定表达式的含义是任一监控项在时间维度上每个样本点的值都相等。该表达式的运算过程是首先获取开始时间处的样本点，然后将该样本点，复制到其它位置。也就是先有一个平面数据，然后将平面数据克隆为不同时间点上的多个平面数据，最后构成立体数据。

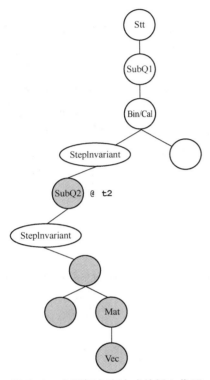

图 7-8   步调恒定表达式的插入位置

7.3   PromQL 语法树的执行

PromQL 语法树的执行过程分两轮进行，第一轮找到语法树中的所有向量选择器，并根据向量选择器中的标签匹配器确定空间维度的监控项集合，在此过程中不会读取样本数据；第二轮以深度优先的顺序递归执行所有节点，直到计算出根节点的结果，这一过程会查询和处理具体的数据。本节大体上按照数据的处理顺序讲解每种节点的执行过程。

7.3.1   监控数据查询模型

Prometheus 数据库中的监控数据位于图 7-9 展示的二维坐标系中，其中横轴为空间维度，每个监控项（series）占据横轴一个方格的长度，纵轴为时间维度，自下向上增长，以

ms 为单元，每个方格代表 1 ms。该坐标系表示了数据库中所有可能出现的监控值，数据库中的任一监控值都可以由其中的一个方格表示。在这样的坐标系中，要定位一个监控值就需要提供该值的空间坐标（即监控项）和时间坐标（即时间戳），要定位一组监控值则可以通过监控项集合和时间戳集合实现。PromQL 查询语句查询数据库时总体上先确定监控项集合，再根据时间戳集合锁定时间范围，从而定位所需的数据。

就空间维度而言，语法树中唯一能够表示监控项范围的节点类型是位于叶节点的向量选择器。向量选择器使用一组标签匹配器来描述需要的监控项范围，其中每一个标签匹配器代表具有某种标签的监控项的集合，多个标签匹配器构成了多个集合，最终的选取范围由这些集合的交集构成，如果交集为空说明不存在需要的监控项。具体的选取过程参见 7.3.2 节。

在时间维度上，PromQL 使用一个四元参数来描述所需的时间范围，即基准时间、偏移量、跨度和步长。如图 7-10 所示，基准时间和偏移量共同决定了时间范围的截止时间，偏移量代表截止时间相对于基准时间向下偏移的量。从截止时间向下移动与跨度等长的距离即到达开始时间，其与截止时间的距离即跨度。步长是一个可选参数，它的作用是按照等长的间距在开始时间和截止时间之间选取时间戳，构成一个时间戳集合。可见，有步长参与的情况下描述的是离散的时间戳集合，没有步长参与的情况下描述的是连续的时间段。需要指出的是，当跨度为 0 时，开始时间和截止时间重合为一个点。另外值得注意的是，基准时间和偏移量可以相互转换，通过调整偏移量可以在不改变开始时间和截止时间的情况下将基准时间调整到另一个位置。由于监控数据坐标系时间轴的单位为 ms，上述的所有时间戳和时间段都是按照 ms 对齐的。时间是查询语句执行过程中最重要也最灵活的因素之一，查询引擎需要非常小心地处理时间信息。

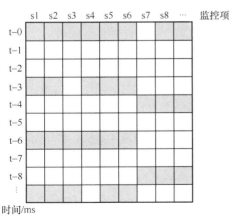

图 7-9　监控数据的二维坐标系——空间维度
（横轴）和时间维度（纵轴）

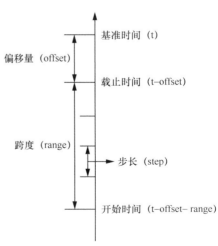

图 7-10　时间范围的四元参数关系

在语法树中，只有向量选择器、矩阵选择器和子查询 3 种节点能够存储时间参数，每种节点可容纳的具体参数如表 7-4 所示。语法树允许子节点继承使用其邻近祖先节点的时间参数，所以即使是不能存储时间参数的节点也能够正常执行。由表 7-4 可知，向量选择器本身不具有跨度和步长参数，所以在时间维度上只能表示单个时间戳。但是它作为矩阵选择器的子节点时就可以从父节点继承跨度参数，时间点和跨度参数合作可以表示一个时间段。子查询节点能够存储所有 4 个时间参数，因此能够表示一个时间段内的时间戳集合。在具体执行过程中，如果语法树中有多个子查询或者向量选择器设置了不同的基准时间，查询引擎会通过调整偏移量将所有节点的基准时间调校到同一点，该点称为"顶层基准时间"。

表 7-4   时间参数在 3 种节点上的分布

节点类型	基准时间	偏移量	跨度	步长
向量选择器	有	有	无	无
矩阵选择器	无	无	有	无
子查询	有	有	有	有

在具体计算每个节点时，查询引擎创建一个运算器 evaluator 实例来临时存储当前节点使用的时间信息。运算器使用开始时间、截止时间和步长 3 个参数来表示时间，其中开始时间和截止时间根据顶层基准时间、偏移量和跨度计算得出。运算器 evaluator 的结构体定义如代码清单 7-15 所示。

代码清单 7-15   运算器 evaluator 的结构体定义

```
type evaluator struct {
    ctx context.Context
    startTimestamp int64              // 开始时间
    endTimestamp   int64              // 截止时间，当与开始时间相同时代表即时运算
    interval       int64              // 步长
    maxSamples         int
    currentSamples     int
    logger             log.Logger
    lookbackDelta      time.Duration
    samplesStats       *stats.QuerySamples
    noStepSubqueryIntervalFn func(rangeMillis int64) int64    // 必要时使用该函数
                                                              // 计算默认步长
}
```

如果不考虑字符串文本节点的话，语法树中每个节点的执行结果都由矩阵结构（Matrix）表示，其定义如代码清单 7-16 所示。这是一个数组结构，其中每个元素可表示监控数据二维坐标系中一个纵列中的某些方格（见图 7-9），整个数组可以表示多个纵列。矩阵结构兼容所有的节点类型，它可以通过将空间维度或者时间维度上的长度限定为 1，从而表示空间维度或者时间维度上的向量。例如，数字文本节点的运算结果可表示为空间维度上长度为 1 的矩阵，round()函数的运算结果可表示为时间维度上长度为 1 的矩阵。节点类型和函数名规定了返回结果类型，也就规定了返回矩阵的形状。

代码清单 7-16 存储节点执行结果的矩阵结构

```
type Matrix []Series
type Series struct {
    Metric labels.Labels `json:"metric"`  // 标签集，含空间维度信息，可 JSON 序列化为
                                          // metric 键
    Points []Point       `json:"values"`  // 样本点数组，含时间维度信息，可 JSON 序列化为
                                          // values 键
}
type Point struct {
    T int64          // 时间戳
    V float64        // 样本值（浮点数，因此无法用于字符串文本节点）
}
```

7.3.2 向量选择器的执行

在 Prometheus 数据库索引文件中存在一个标签索引表（Postings 表），该表存储了数据库中的所有标签以及每个标签对应的监控项 ID。基于 Postings 表，任何一个标签 L 都能够定义一个监控项集合，该集合中的每个监控项都具有标签 L，并且该集合之外的监控项都没有标签 L。

标签由名称和值组成，名称相同的标签属于同一个家族，称为"同族标签"。一个监控项可以同时使用不同家族的标签，但是最多使用每个家族中的一个标签。向量选择器中的标签匹配器的作用是在指定家族中选取符合特定条件的标签。查询引擎通过搜索 Postings 表为标签匹配器寻找"中意"的标签，其结果构成一个标签集，其中的标签来自同一家族。标签集的元素数量可能为 0 个、1 个或者多个，如图 7-11 所示，其中的竖线代表标签家族，每个圆代表一个标签，圆内部的点代表具有该标签的监控项。由于每个监控项在同一家族只能选取一个标签，所以图中竖线上的任意两个圆没有交集。

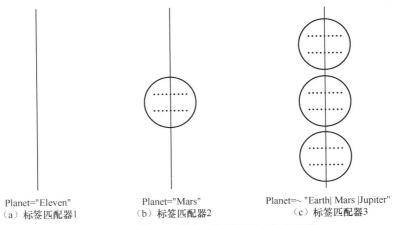

Planet="Eleven"
（a）标签匹配器1

Planet="Mars"
（b）标签匹配器2

Planet=~ "Earth| Mars |Jupiter"
（c）标签匹配器3

图 7-11 标签匹配器返回的不同形态的标签集

图 7-11（c）中的标签集由多个子集串联构成，虽然这些子集之间没有交集，但是其中的监控项无法保证在全集合层面是有序的。为了保持有序性，每个标签匹配器一旦返回多个子集就将其构建为复合标签集的小根堆结构（见代码清单 7-17），当通过迭代器访问其中的元素时能够保证按照升序逐一访问。

代码清单 7-17　复合标签集的小根堆结构

```
type mergedPostings struct {
    h           postingsHeap       // 小根堆，每个元素代表一个标签对应的监控项集合
    initialized bool
    cur         storage.SeriesRef  // 迭代器当前迭代位置的监控项 ID
    err         error
}
```

根据上述内容，单个标签匹配器内部不存在重复的监控项，但是当多个标签匹配器组合在一起的时候就不一定了。事实上，向量选择器的主要任务就是要获得多个标签匹配器的监控项交集。如图 7-12 所示，如果将数据库中的所有监控项视为一个纵横排列的方格矩阵，每个方格代表一个监控项，所有监控项按照升序排列，那么每个标签匹配器返回的监控项集合可用图中的一个圆表示。向量选择器的查找目标是同时被图中 3 个标签匹配器覆盖的方格，也就是方格矩阵以及所有标签匹配器的交集（图中深灰色部分）。在现实情形中，标签匹配器的数量可能更多，每个匹配集合的规模也可能会更大，需要设计一个高效的搜索算法来快速获取交集。

查询引擎对交集的搜索依赖于每个匹配集合都具有的前向迭代器，其搜索过程如下。

（1）选择每个匹配集合的下一个迭代方格（图中 3 个匹配器，各选一个迭代方格），从而得到 3 个迭代方格，将三者中的最大者（方格位置决定大小）作为目标方格（因为任何小于它的方格都至少被 1 个集合排除）。

（2）尝试在每个匹配集合中定位目标方格，如果每个集合都能够成功定位，则搜索成功。

（3）若任意一个集合定位目标方格失败（当前方格比目标方格大），意味着目标方格设定错误，则将这个更大的方格设定为目标方格，并继续尝试第（2）步，如此循环直到搜索成功。

（4）每次搜索成功都将全局迭代器指向目标方格，当全局迭代器需要下一个目标方格时重新从第（1）步开始。

得到最终的监控项集合后，向量选择器将结果保存在 Series 成员中，使用的数据结构如代码清单 7-18 所示。这里没有使用矩阵结构是因为这里的数据并不是最终结果，而只是空间

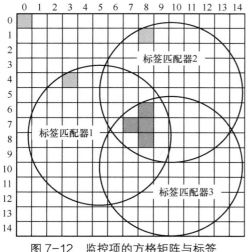

图 7-12　监控项的方格矩阵与标签匹配器的交集

维度上的监控项集合，要获得最终结果还需要后续根据时间范围选取其中的样本点。

代码清单 7-18　向量选择器 Series 成员保存的监控项集合

```
...
    Series                    []storage.Series        // 接口，实际类型为 SeriesEntry
...
type SeriesEntry struct {
    Lset             labels.Labels           // 监控项的标签集
    SampleIteratorFn func() chunkenc.Iterator  // 返回样本点迭代器的函数
}
```

7.3.3　时间参数及其处理

在 Prometheus 数据库中，每个监控项的样本数据分块连续存储，并且在索引文件中存储了每个块的样本数据起止时间。此外，监控数据的编码和存储方式决定了读取块中数据时必须从块头开始连续不间断地向前逐个扫描，不能从随机位置开始，不能跳读，也不能反向扫描。正如 7.3.2 节所讲，向量选择器在空间维度上确定了监控项集合以后，还需要在时间维度上选取监控数据的时间范围，这样才能够最终定位目标数据。

需要明确的一点是，样本数据在时间维度上的分布往往是非常稀疏的。7.3.1 节讲到时间维度的粒度是 ms，也就是每秒具有 1,000 个点位，而监控数据的采样间隔一般在 1 s 以上，意味着数据的时间密度不到千分之一。在这种情况下，如果指定获取某个时间点的数据，最终失败的概率接近 100%。

对上述问题，查询引擎的处理方式是回望法（lookback），即如果指定时间点无数据则返回指定时间点之前一定区间（启动参数 query.lookback-delta）内最靠近指定时间点的数据，如果该区间内仍然没有数据则查询失败。考虑到上文提到的块数据读取方式不允许反向扫描，所以要实现回望法就要求查询引擎在扫描过程中缓存前一项数据。

可见，查询某时间点的数据时所需扫描的数据量取决于块的大小以及目标数据在块中的位置，平均扫描量为块大小的 1/2。这意味着通过减小块的大小可以减小数据扫描量，但是同时会增加块的数量以及增大索引表的规模，进而增加索引表的扫描量。

7.3.1 节提到，时间参数只会出现在向量选择器、矩阵选择器和子查询 3 种节点中。在语法树中，向量选择器为叶节点，矩阵选择器为向量选择器的直接父节点，而子查询可以是任意位置的中间节点。对于语法树中的任一向量选择器，存在唯一的一条从根节点到它本身的路径，称为"承袭路径"，如图 7-13 所示。向量选择器的承袭路径上允许有多个子查询和最多 1 个矩阵选择器，以及其他不含时间参数的节点。

下面分析基准时间和偏移量参数。在开始执行查询操作时，语法树的根节点会获得一个顶层基准时间，也就是开始执行查询操作的时间。如果承袭路径上的所有节点都没有指定自己的局部基准时间（通过@修饰符指定），那么每个节点的偏移量（通过 offset 修饰符指定）被认为是相对于邻近祖先节点的。事实上，此处所谓的邻近祖先节点一定是子查询节点，因为矩阵选择器不具有偏移量参数，而向量选择器没有后代。因此，图 7-13 中的 SubQ1、SubQ2 和 VecSel 节点相对于顶层基准时间的偏移量分别为 3 min、8 min 和 10 min。

在查询语句字符串中，底层节点位于字符串的中心位置，随着节点层级的提高，其在字符串中的位置向外围移动。就偏移量来说，同一承袭路径上的 offset 修饰的节点越接近底层，该 offset 修饰符在查询语句字符串中的位置越靠左，反之越靠右。

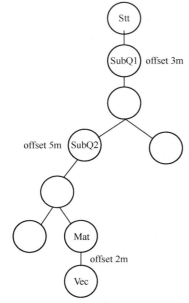

图 7-13   向量选择器的承袭路径示意

除了使用邻近祖先节点的基准时间作为自己的基准时间，每个节点还可以使用@修饰符来设定自己的基准时间（称为局部基准时间）。局部基准时间的引入可以方便地将节点的截止时间移动到用户需要的位置。如果要将图 7-13 中的 SubQ2 在当前时间的基础上前移 1 h，就可以使用图 7-14（b）所示的局部基准时间，VecSel 节点的时间也相应前移了 1 h，但是 SubQ1 的时间没有变。可见，局部基准时间会导致承袭路径上的时间参照链条中断，并开启新的链条。在更复杂的情形下承袭路径上会出现多个局部基准时间，从而发生多次中断。为了保持参照关系的一致性，在开始运算之前，查询引擎会将所有节点的基准时间调整为顶层基准时间，如图 7-14（c）所示。

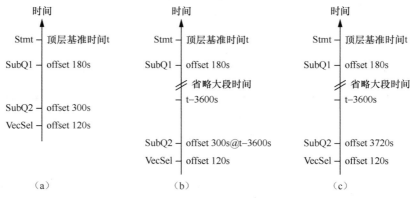

图 7-14   局部基准时间的引入对节点的影响

在没有局部基准时间的情况下，查询引擎认为所有的偏移量都需要参照最终执行时间，因此无论何时执行语法树都不需要调整偏移量。一旦有局部基准时间的存在，每次执行的时候都需要按照当前时间调整节点的偏移量，但是每次的返回结果不变。如果符合一定条件，在不同时间点多次执行节点，只需要复制第一次的结果即可，而不必重复运算（见 7.2.8

节和 7.3.5 节）。

现在进一步分析时间跨度参数。由于数据的读取只能沿着时间方向前进，不能后退，所以确定数据的开始时间是重要的，必须保证查询语句需要的所有数据都在该时间的前方。跨度增加会导致当前节点的时间范围被拉长，在拉长过程中时间终点保持不变，时间起点将向后移动指定的长度。假设某节点原本的数据开始时间为 t 时刻，增加 5 min 的跨度将使开始时间变为 t−5m 时刻。与此同时，类似于偏移量，跨度也需要在承袭路径上传递。图 7-15 演示了时间跨度在承袭路径上的分布。在没有 offset 和@修饰的情形下，跨度从 SubQ1 节点到 Matrix 节点逐级累加，如图 7-16（a）所示。而在图 7-16（b）中，offset 修饰的引入导致跨度在累加的基础上发生了位置偏移。在图 7-16（c）中，局部基准时间的出现导致在中断偏移量的同时中断了跨度的累加，即图中 SubQ2 的跨度变为了 5 min，Matrix 的跨度则在 SubQ2

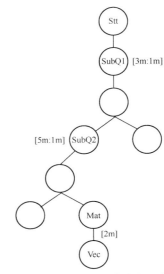

图 7-15 时间跨度在承袭路径上的分布

的基础上继续累加。向量选择器从数据库查询数据时最终请求的数据范围就是 Matrix 的跨度覆盖的区间（如果需要回溯的话，会向下延展一段区间）。

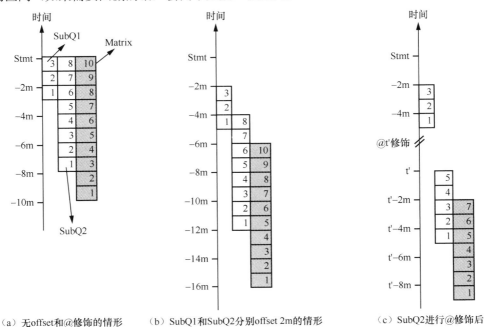

（a）无offset和@修饰的情形　　（b）SubQ1和SubQ2分别offset 2m的情形　　（c）SubQ2进行@修饰后

图 7-16 跨度在承袭路径上的传递与中断

对于步长参数，由于该参数只出现在子查询节点，相关内容将在 7.3.5 节介绍。

7.3.4　矩阵选择器的执行

矩阵选择器的目标样本时间可以由一个连续的时间窗表示（见图 7-17），其下沿代表开始时间，上沿代表截止时间，高度代表时间跨度，意为请求获取某一监控项所有位于该时间窗内的样本点（不进行回望）。时间窗可以在时间轴上移动，移动过程中保持高度不变，使用@修饰符可以将窗口上沿移动到指定的位置。考虑到采样间隔的存在，在不进行回望（lookback）的情况下，如果时间窗高度小于采样间隔就有可能无法包含任何样本，从而返回空结果。

矩阵选择器结构体的 Range 成员规定了时间窗高度（即时间跨度），而时间窗的基准点（上沿）由承袭路径决定。矩阵选择器必须由一个向量选择器作为其唯一的子节点，两者绑定在一起共同发挥作用。图 7-18 展示了对基准时间为 t 并且时间窗高度为 range 的矩阵选择器进行运算的过程，最终返回的样本点时间范围为 t−range～t。由于矩阵选择器查询的是连续数据，所以它可以通过缓存迭代器来实现数据缓存效果。当矩阵选择器作为子查询的后代节点时（见图 7-15），运算器以等量间隔时间循环多次执行矩阵选择器，每次执行都可以部分地利用上次的缓存数据。t 时刻执行的结果为[t−range, t]区间的数据并被缓存起来，那么 t+1 时刻再次执行就可以重复利用缓存中的 t−range+1 时刻之后的数据。

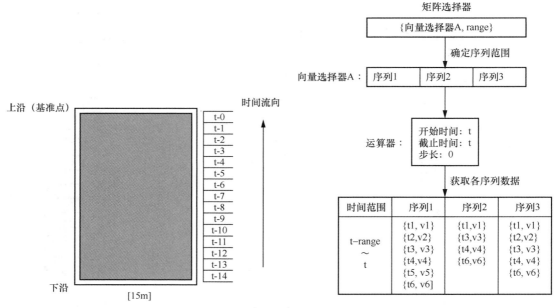

图 7-17　矩阵选择器时间窗　　　　　图 7-18　运算器对矩阵选择器执行查询操作的过程

观察图 7-18 中的结果数据会发现，不同监控项的样本点在时间上不能保证对齐，即图中的 t1～t6 时间戳在不同的序列中可能代表不同的时间。这种特征决定了矩阵选择器的结果数据无法进行监控项之间的横向聚合，而只能进行时间维度上的纵向聚合。

7.3.5　子查询节点的执行

7.3.3 节讲到时间参数中的基准时间、偏移量和跨度如何在承袭路径上传递和中断，子查询节点的执行会涉及最后一个时间参数——步长。如果把子查询的时间跨度看作具有一定高度的"百叶窗"，那么步长就是相邻两个"叶片"之间的距离，其样式如图 7-19 所示，本书称这样的"百叶窗"为节拍窗，其中的"叶片"称为节拍，相邻两个"叶片"之间的距离为节拍间距。节拍窗的下沿时间值最小，越往上时间值越大，整个窗口的高度即时间跨度。节拍分布在节拍窗内，其间距即步长。节拍窗可以沿着时间轴移动，但是它的框架是刚性的，不管移动到什么位置其高度不变。不过，无论节拍窗如何移动，节拍在时间轴上的位置总是保持与步长对齐。以图 7-19 中的节拍窗为例，其节拍间距为 3 s，那么每个节拍的位置必须能够被 3 整除，由于窗口下沿位置并非与 3 s 对齐，所以最下面的节拍与窗口下沿的间距为 2 s 而非 3 s，该节拍窗共包含 5 个节拍。如果将窗口下沿移动到与 3 s 对齐的位置，该节拍窗将包含 6 个节拍（上下沿处各有 1 个）。节拍窗所有时间的单位都是 ms，所以上述的与 3 s 对齐实际上是与 3,000 ms 对齐。这种时间对齐具有重要意义，它保证了同一语句的多次查询结果之间的可比性，以及不同监控项的查询结果之间的可比性，甚至保证了不同数据库的查询结果之间的可比性。一般来说，查询语句查询的样本都是出现在过去的，所以节拍窗应整体位于当前时间之下。节拍窗的上沿位置为跨度终点，该值由子查询在承袭路径上的累积偏移量决定。只要确定了下沿和上沿的位置以及步长，就可以唯一确定一个节拍窗。

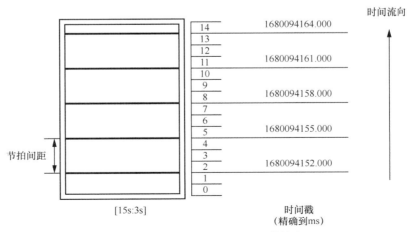

图 7-19　某子查询的[15s:3s]节拍窗

子查询执行过程中首先确定节拍窗的布局和位置，然后根据节拍时间从下到上获取每个节拍处的数据，这看上去就像一个大查询内部嵌套了多个小查询，也许这就是**子查询**（subquery）名称的由来。子查询每个节拍的数据由子节点提供，子节点的类型不做限制，但是要求返回结果必须是向量，多个节拍的数据组合在一起构成了矩阵结构。从这个角度来看，子查询的结果比矩阵选择器的结果更像矩阵。两者都表现为在时间维度上具有高度的数据集合，区别在于子查询在时间维度上的层数是明确的、固定的，由查询语句控制，而矩阵选择器在时间维度上的层数由数据本身决定（每个监控项的层数也可能不同），不受查询语句控制。两者的结果对比如图 7-20 所示。除此之外，两者另一个重要的不同是，前者的样本点"忠诚"于数据库中的时间戳，后者一旦获取样本点就放弃它的原始时间戳，转而使用节拍时间戳。可以认为子查询的时间戳都是假的，都经过了规整。

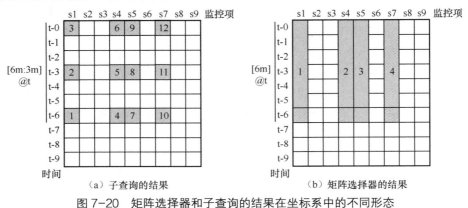

图 7-20　矩阵选择器和子查询的结果在坐标系中的不同形态

图 7-21 展示了某个以向量选择器为子节点的子查询按照运算器规定的节拍窗进行运算的过程。

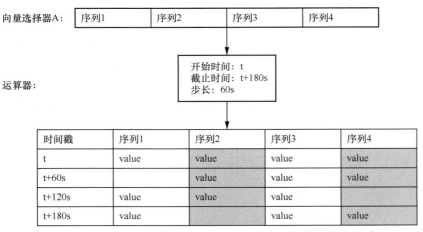

图 7-21　运算器执行某个子查询（以向量选择器为子节点）的过程

　　据 7.3.3 节所述，位于承袭路径上的多个子查询会引起跨度的累加。如果一个子查询嵌套在另一个子查询的内层，那么内层子查询使用的节拍窗高度是两者之和（没有@修饰，不发生中断的情况下）。例如下面的查询语句中内层的子查询节拍窗高度为 8（3+5）min，步长为 2 min。在执行时，内层子查询先执行并获得结果，外层子查询则以内层子查询的结果为基础进行运算，其运算过程如图 7-22 所示。

`avg_over_time(prometheus_tsdb_head_series[5m:2m])[3m:1m]`

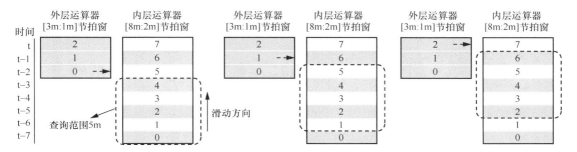

avg_over_time(prometheus_tsdb_head_series[5m:2m])[3m:1m]

图 7-22　双层子查询情形下的节拍窗及运算过程

　　同理，当子查询嵌套矩阵选择器时，内层矩阵选择器的窗口高度也会增加。图 7-23 展示了某个子查询嵌套矩阵选择器的语句的运算过程，内层的矩阵选择器窗口高度为 10（8+2）min。

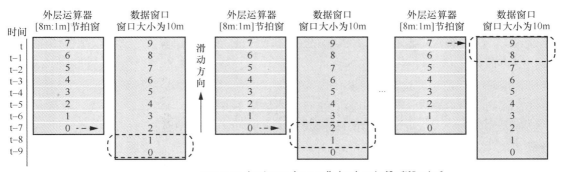

sum_over_time(prometheus_tsdb_head_series[2m])[8m:1m]

图 7-23　子查询嵌套矩阵选择器的语句的运算过程

7.3.6　聚合表达式的执行

　　聚合表达式支持 12 种操作，这些操作将一个向量按照指定的方式进行空间维度的聚类，形成一个长度不超过输入向量长度的新向量。例如，有一个向量包含了 100 台主机的内存使用量，这些主机分属于 3 个不同的集群，那么就可以通过聚合表达式计算每个集群的内存总使用量，从而输出一个长度为 3 的新向量。一旦确认了依据哪些标签（例如 cluster_name）进行聚合，查询引擎就可以根据这些标签计算每个监控项的哈希值，并将这些哈希值作为分组主键（group key），具有相同分组主键的监控项作为一组进行数据聚合（如 sum、avg 等），在上述例子中同一集群的主机将具有相同的分组主键。聚合操作的结果存储在一个临时的字典变量中，其中的每个元素代表一组监控项，由 Grouping 成员指定的标签表示。聚合结束后字典结构转换为向量结构作为最终输出结果。如果对上述例子进行绘图表示，其整个计算过程如图 7-24 所示。

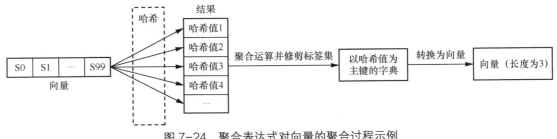

图 7-24　聚合表达式对向量的聚合过程示例

7.3.7　函数调用节点的执行

函数调用节点根据 Func 成员确定具体调用哪个函数，共支持 67 种函数，这些函数可接受 0～5 个参数作为输入，参数类型可以是矩阵、向量或者标量。虽然这些函数的作用各不相同，但是其共同点是不会返回矩阵，也不会进行横向的聚合。这意味着即使输入参数中包含矩阵也会在运算过程中将其压缩为向量，即在时间维度上进行聚合。在空间维度上不进行横向聚合则意味着输入和输出的监控项数量不变（最多会进行顺序调整）。上述所有函数可大体分为 7 类，即比值类、时间聚合类、时间类、排序类、数值运算类、标签处理类和其他类。以时间聚合函数 sum_over_time() 为例，它对矩阵选择器结果的处理过程如图 7-25 所示。

值得提出的一点是，鉴于缓存迭代器在数据处理过程中的效率优势，相较于子查询，矩阵选择器更适合执行时间维度上的聚合运算。当需要在子查询结果数据中进行时间聚合时可以将结果数据存储在临时创建的矩阵选择器中以便利用这一优势。具体到函数调用节点，只有一部分函数需要处理矩阵数据（见表 7-3），也只有这些函数会涉及子查询与矩阵选择器之间的转换。如果稍微修改一下程序使之输出执行前后的语法树结构，就能够观察到这种转换是会真实发生的，并且转换过程中直接修改了语法树本身。代码清单 7-19 展示了某函数表达式语句执行后，子查询被替换为矩阵选择器之前和之后的语法树结构。

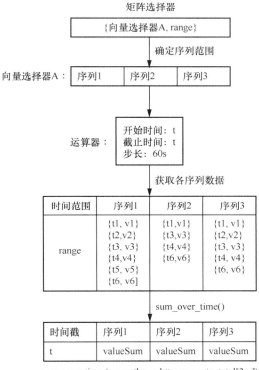

图 7-25　函数调用对矩阵选择器结果的处理过程

代码清单 7-19　语法树中的子查询被替换为矩阵选择器的情形

```
// 被替换前
|---- EvalStmt :: EVAL delta(avg_over_time(http_requests_total[5m])[3m:1m]) > 1.1
· · · |---- BinaryExpr :: delta(avg_over_time(http_requests_total[5m])[3m:1m]) > 1.1
· · · · · · |---- Call :: delta(avg_over_time(http_requests_total[5m])[3m:1m])
· · · · · · · · · |---- SubqueryExpr :: avg_over_time(http_requests_total[5m])[3m:1m]
· · · · · · · · · · · · |---- Call :: avg_over_time(http_requests_total[5m])
· · · · · · · · · · · · · · · |---- MatrixSelector :: http_requests_total[5m]
· · · · · · · · · · · · · · · · · · |---- VectorSelector :: http_requests_total
· · · · · · |---- StepInvariantExpr :: 1.1
· · · · · · · · · |---- NumberLiteral :: 1.1

// 被替换后
|---- EvalStmt :: EVAL delta([3m]) > 1.1
· · · |---- BinaryExpr :: delta([3m]) > 1.1
· · · · · · |---- Call :: delta([3m])
· · · · · · · · · |---- MatrixSelector :: [3m]
· · · · · · · · · · · · |---- VectorSelector ::
· · · · · · |---- StepInvariantExpr :: 1.1
· · · · · · · · · |---- NumberLiteral :: 1.1
```

7.3.8　二元表达式的执行

二元表达式对左、右两个向量或者标量进行运算，它支持 16 种二元运算。具体的运算模式受到 on 和 ignoring 关键字的影响。下面主要对向量的算术运算过程和集合运算过程进行讲解，其他运算过程类似。

对左、右向量进行算术运算时，无论是否通过 on 或者 ignoring 关键字指定了匹配标签，都会为向量中的每个元素生成指纹字符串。on 和 ignoring 关键字的作用仅限于限定指纹字符串所包含的标签范围。代码清单 7-20 展示了指纹字符串在多种情形下的具体构成。一旦指纹字符串确定下来，左、右向量在运算过程中的匹配过程就简单了。大体上，就是逐个遍历左侧向量的元素，根据每个元素的指纹字符串在右侧向量中查找具有相同指纹字符串的元素。如果查找成功，则两者匹配成功，进行值运算，将运算结果列入结果集中。

代码清单 7-20　on 和 ignoring 标签列表生成的指纹字符串（其中点号代表特殊符号）

```
// 案例 1
    给定：<left_expr> <op> on (__name__, planet, visitor) <right_expr>
    监控项：distance{planet="Mars", visitor="prometheus", mode="grevity"}
指纹字符串：.__name__.distance.planet.Mars.visitor.prometheus
// 案例 2
    给定：<left_expr> <op> ignoring (planet, visitor) <right_expr>
    监控项：distance{planet="Mars", visitor="prometheus", mode="grevity"}
指纹字符串：.mode.grevity
// 案例 3（指纹字符串中的标签名称按照升序排列）
    给定：<left_expr> <op> ignoring () <right_expr>
    监控项：distance{planet="Mars", visitor="prometheus", mode="grevity"}
指纹字符串：.mode.grevity.planet.Mars.visitor.prometheus
// 案例 4（所有元素的指纹字符串都相同）
    给定：<left_expr> <op> on () <right_expr>
    监控项：distance{planet="Mars", visitor="prometheus", mode="grevity"}
指纹字符串：.
// 案例 5（结果同案例 3）
    给定：<left_expr> <op> <right_expr>
    监控项：distance{planet="Mars", visitor="prometheus", mode="grevity"}
指纹字符串：.mode.grevity.planet.Mars.visitor.prometheus
```

左、右向量的集合运算同样基于指纹字符串进行，具体的运算规则如图 7-26 所示。需要注意的是，当左侧向量的指纹字符串和右侧向量的指纹字符串相同时，将左侧向量的元素优先列入结果集。因此，图中任何一种结果集都不包含右向量的 FP_A 集合（图 7-26 中的白底 FP_A 集合）。

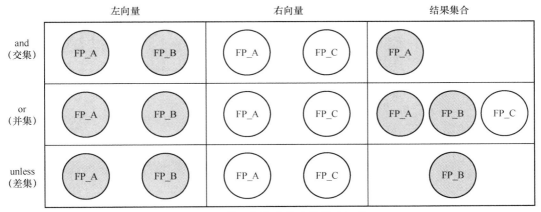

图 7-26　基于指纹字符串的集合运算

7.3.9　查询任务的调度与监控

当有大量查询语句需要处理时，如何调度和执行这些语句是需要考虑的一个问题。在 Prometheus 服务器中，每个查询任务的工作流主要分为 4 步，依次是解析、排队、执行、写日志。查询语句到来后先进行解析并生成语法树，如果此过程失败，则不需要进行后续工作。排队的目的在于控制同时执行的语句数量，避免负载过量。

排队工作主要通过查询跟踪器（ActiveQueryTracker）实现，其结构体定义如代码清单 7-21 所示。查询跟踪器将所有正在执行的查询语句记录在一个内存映射文件中，并在执行结束后将其销毁。内存映射文件中容纳的语句数量由一个长度有限的通道控制。内存映射文件中的空闲位置首先写入通道，新到来的查询任务须读取通道中的位置信息并将语句写入映射内存，然后才可以执行，执行完毕后销毁语句并将空出来的位置再次写入通道。如果通道为空说明没有空闲位置可用，需要等待。内存映射文件为本地目录下的 queries.active 文件，可以通过查看该文件获知当前有哪些查询语句正在执行。可见，通道和内存映射文件两者协同配合为查询语句提供了可靠的排队机制，两者的工作机制如图 7-27 所示。

代码清单 7-21　查询跟踪器结构体定义

```
type ActiveQueryTracker struct {
    mmapedFile      []byte          // 由本地文件 queries.active 映射
    getNextIndex    chan int        // 通道，其长度为 maxConcurrent 成员的值
    logger          log.Logger      // 日志
    maxConcurrent   int             // 由 query.max-concurrency 启动参数决定，默认为 20
}
```

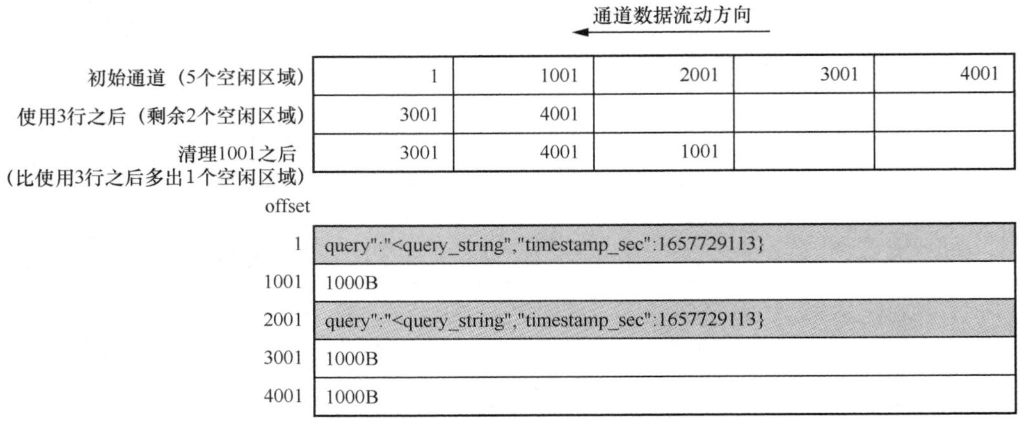

通道数据流动方向 ←

初始通道（5个空闲区域）	1	1001	2001	3001	4001
使用3行之后（剩余2个空闲区域）	3001	4001			
清理1001之后 （比使用3行之后多出1个空闲区域）	3001	4001	1001		

offset	
1	query":"<query_string","timestamp_sec":1657729113}
1001	1000B
2001	query":"<query_string","timestamp_sec":1657729113}
3001	1000B
4001	1000B

图 7-27　内存映射文件的存储结构以及通道数据处理过程

对于查询任务的监控使用 6 个计时器，分别用于统计排队耗时（execQueueTime，查询跟踪器排队时间）、运算耗时（evalTotalTime，从排队结束到执行完成的时间）、查询准备耗时（queryPreparationTime，主要是获取向量选择器的监控项集合的时间）、内部运算耗时（innerEvalTime，语法树数据运算时间）、结果排序耗时（resultSortTime，区间查询的情况下进行结果排序的时间）和总耗时（execTotalTime，从开始到结束的总时间）。在 6 个计时器中，总耗时计时器首先启动计时，然后是排队耗时计时器，紧随其后的依次是运算耗时计时器、查询准备耗时计时器、内部运算耗时计时器和结果排序耗时计时器。其启动顺序与查询操作的执行流程一致。如果开启了日志，这些信息将记录在日志文件中（由 query_log_file 参数设置），日志记录如代码清单 7-22 所示。

代码清单 7-22　查询性能监控指标的日志记录

```
/prometheus $ tail -f query.log
{"httpRequest":{"clientIP":"172.16.161.1","method":"GET","path":"/api/v1/query"},
"params":{"end":"2023-04-05T08:56:53.207Z","query":"prometheus_http_requests_total","
start":"2023-04-05T08:56:53.207Z","step":0},"stats":{"timings":{"evalTotalTime":0.000
573424,"resultSortTime":0,"queryPreparationTime":0.000301682,"innerEvalTime":0.000248
929,"execQueueTime":0.000238529,"execTotalTime":0.000827593}},"ts":"2023-04-05T08:56:
53.331Z"}
```

## 第 8 章

监控数据的计算与告警触发

本章先讲解转录规则和告警规则，然后讲解大量规则如何通过规则组进行组织、管理和调度，以实现资源的有效利用，最后讲解通知器如何将告警规则生成的警报快速传输到外部的警报管理系统。

8.1 转录规则

规则自身不包含数据，规则加工的数据来自查询语句表达式的执行结果，对于转录规则（recording rule）和告警规则都是这样。每个规则的查询语句表达式都是即时查询语句，其返回的结果是某个时间点的向量数据（可能有 1 个或者多个样本点）。对于结果的处理，转录规则是将其写入数据库，告警规则是发送警报后再将其写入数据库。使用转录规则的意义在于可以对采集到的监控数据进一步加工（如统计、运算等），得到更实用的数据。

转录规则的数据结构体定义如代码清单 8-1 所示。转录规则的执行主要分为 3 步，第 1 步是执行查询语句表达式（vector 成员）获取结果；第 2 步是为结果中的每个样本添加标签；第 3 步是将结果中的样本写入数据库。可见，转录规则的执行既要查询数据库又要写入数据库，当查询和写入数据量很大时，数据库的性能比较容易成为瓶颈。转录规则的数据结构体定义包含最后一次执行该规则所消耗的时间，此值可以作为评估该规则的开销的参考指标。可以注意到，代码清单 8-1 中的数据结构体定义并没有提供数据库相关的信息，这是因为每个转录规则（以及告警规则）都是作为某个规则组的一员存在的，多个规则组又进一步由同一个规则管理器（Manager）管理，而规则管理器中的所有规则组及其内部的每个规则都使用同一个数据库，所以数据库相关的信息存储在规则管理器的结构体定义中（见 8.3 节）。

代码清单 8-1 转录规则的数据结构体定义

```
type RecordingRule struct {
    name    string          // 转录规则名称，同时用作转录结果的__name__标签值
    vector parser.Expr      //查询语句表达式，返回向量，如 sum by (code) (http_requests_total)
    labels labels.Labels    // 存储转录结果时需要添加的标签
    mtx sync.Mutex          // 互斥锁
    health RuleHealth       // 转录规则的健康状态，其值为 Good、Bad、Unknown 三者之一
    evaluationTimestamp time.Time      // 最后一次执行该规则的时间
    lastError error
    evaluationDuration time.Duration   // 最后一次执行该规则所消耗的时间
}
```

转录规则会在查询结果中添加标签（labels 成员和 name 成员），如有同名标签则原值被覆盖。为了避免混淆，转录规则的名称应尽量保证与采集的监控项名称不相同。

标签添加完毕后该样本就会写入数据库，正常情况下每次执行转录规则都会写入一些样本。但是转录规则不能保证每次执行都会有结果，如果某次执行没有返回结果或者返回的序列数量减少，就需要在数据库中为这些消失的序列插入断点标记（staleness marker），以表明从该位置开始出现数据中断（中断可能很快结束，也可能持续很久，或者永久性地中断）。转录规则生成样本时发生中断的情形如图 8-1 所示，其中断点标记的主要作用是提高即时查询效率，相对于不标记断点的序列，当查询有断点标记的序列时需要扫描的数据量会减少。

评价时间	t	$t+i$	$t+2i$	$t+3i$	$t+4i$	$t+5i$	$t+6i$	$t+7i$	$t+8i$	…
序列x的样本	*	*	*	*	断点标记			*	*	*
序列Y的样本	*	*	断点标记	*	*	*	断点标记			

图 8-1 转录规则生成样本时发生中断的情形

可见，转录规则的每次执行能够向数据库写入多少样本取决于查询结果包含多少样本，也就是查询结果向量的长度。如果样本数量很多就意味着需要花较多的时间写入数据库，在完成写入数据库之前不可能启动转录规则的下次执行。另外，执行查询语句也需要花费时间。因此，在设计转录规则的查询语句表达式时应清楚其查询成本和写入数据库成本。

正确的查询结果是所有后续工作的前提，如果查询过程中发生异常则所有后续工作都无法进行，只能放弃本规则的执行。如果在添加标签阶段发生错误，说明数据本身有问题，同样需要放弃后续工作。如果在最后的写入数据库阶段发生错误则只将错误记录到日志中并继续后续工作。

8.2 告警规则

告警规则（alerting rule）的执行需要完成的工作比转录规则要多两项，除了数据查询、添加标签和写入数据库，还需要在写入数据库之前进行警报状态更新和发送警报。数据查询返回的结果是后续每项工作的处理对象，对查询结果中的每个样本会生成一个警报，并在后续工作中记录和管理该警报状态，状态符合要求的就会对外发送。

8.2.1 告警规则的定义与执行

告警规则的定义如代码清单 8-2 所示，可以发现其定义要比转录规则复杂，成员数量也比转录规则多了 7 个（见代码清单 8-2 中黑体部分）。多出来的成员主要与警报内容以及警报状态管理有关，其中 annotations、externalLabels、externalURL 均为警报内容，holdDuration、restored 和 active 用于警报状态管理。

代码清单 8-2　告警规则的定义

```
type AlertingRule struct {
    name string
    vector parser.Expr                     // 查询语句表达式
    holdDuration time.Duration             // 预热时间（pending 状态转换为 firing 状态需要等待的时间）
    labels labels.Labels                   // 生成的警报中需要添加的标签
    annotations labels.Labels              // 生成的警报中需要添加的注释信息
    externalLabels map[string]string       // 向警报管理系统发送警报时需要添加的标签
    externalURL string                     // 外部访问地址，通过该地址可以访问当前 prometheus 系统
                                           // 的 Web 用户界面

    restored bool
    mtx sync.Mutex
    evaluationDuration time.Duration       // 最后一次执行规则所消耗的时间
    evaluationTimestamp time.Time          // 最后一次执行规则的时间
    health RuleHealth                      // 健康状态，其值为 Good、Bad、Unknown 三者之一
    lastError error
    active map[uint64]*Alert               // 所有已生成但未过期的警报，警报指纹作为主键
    logger log.Logger
}
```

在具体执行过程中，首先执行查询语句表达式（vector 成员，即时查询语句），然后在查询结果的每个样本中添加标签（labels 成员），将每个样本转换为对应的警报结构并写入 active 成员（写入之前根据各项参数确定警报状态），如果警报状态符合发送条件则将警报添加到通知器队列，以上工作完成后才会将警报写入数据库。

查询结果转换为警报后，其数据结构体如代码清单 8-3 所示，由告警规则生成的每个

警报都使用这样的结构体（转录规则不产生警报），其中的 Value 成员来自原始样本，Labels 成员有一部分来自原始样本。但是该数据结构体只存在于规则管理器中，主要用于实现警报状态的管理。它与最终发送到警报管理系统的警报数据结构体是不同的，所以在发送警报之前还需要进行转换。当需要判断两个警报是否为同一个警报时，系统将警报指纹作为唯一标识，具有相同指纹的警报被认为是同一个警报。指纹通过对标签集（Labels 成员）进行哈希运算得到，其结果是一个整数，标签集相同的警报的指纹也一定相同。可见，指纹的计算并未考虑 Annotations、Value 等其他成员，即使这些成员不同，两个警报也可能被认定为同一个警报。

代码清单 8-3　规则管理器中的警报数据结构体

```
type Alert struct {              // rules.Alert 结构体
    State AlertState             // 实际为 int 类型，0 表示 inactive，1 表示 pending，2 表示 firing
    Labels        labels.Labels  // 标签集，类型为标签数组[]Label，该结构不拒绝重名标签
    Annotations labels.Labels    // 注释信息，类型为标签数组[]Label，该结构不拒绝重名标签
    Value float64                // 触发该警报的样本的值
    ActiveAt    time.Time        // 进入 pending 状态的时间，也就是写入 active 字典的时间
    FiredAt     time.Time        // 进入 firing 状态的时间，按照样本时间算
    ResolvedAt time.Time         // 进入 inactive 状态的时间，按照样本时间算
    LastSentAt time.Time         // 最后一次发送的时间，按照样本时间算
    ValidUntil time.Time         // 最后一次发送的时间加上 4 倍的重发间隔，即 LastSentAt+4×
                                 // resendDelay
}
```

8.2.2　警报状态及其转换

警报的状态（State 成员）共有 3 种，分别为 StateInactive（冷却状态）、StatePending（预热状态）和 StateFiring（激发状态），如代码清单 8-4 所示。任何新产生的警报都先进入预热状态（即使该状态存在时间很短）并同时将警报的 ActiveAt 成员置为本次评价的样本时间，即该时间代表警报依赖的样本的时间戳（详见 8.2.3 节）。告警规则的一次执行可能产生多个警报，这些警报都存储在该告警规则的 active 字典中，并在该字典中完成自己的生命周期和状态变换。

代码清单 8-4　规则管理器中的警报状态

```
const (
    StateInactive AlertState = iota     // 0，冷却状态
    StatePending                        // 1，预热状态
    StateFiring                         // 2，激发状态
)
```

规则管理器内的警报状态转换如图 8-2 所示，若告警规则的某次执行结果表明 active 字典中的某个警报已经持续处于预热状态足够长时间（超过 for 参数值设定），则该警报进入激发状态。如果预热状态的警报在进入激发状态之前触发失败，也就是在某次规则执行

过程中该样本不再符合告警条件，那么该警报将立即被删除，从而失去被激发的机会。换句话说，预热状态的警报只要有一次没有触发就会被删除。一旦进入了激发状态，说明该警报得到正式确认，可以发送给外部的警报管理系统，对方收到的警报的开始时间（startsAt）正是激发时间（同样以样本时间算）。如果警报持续处于激发状态就有可能多次对外发送，每一次都会引起 ValidUntil 时间的推迟（如果是触发而没有对外发送则 ValidUntil 时间不变）。激发状态的警报如果有任意一次没有触发就会进入冷却状态，由于冷却状态意味着警报的解除，是非常重要的信息，所以冷却状态的警报也会对外发送（只发一次，不会重复发）。对于冷却状态的警报，在将其从 active 字典移除之前会保留 15 min，以应对重新触发的情况。需要强调的是，上述过程中使用的时间都是样本时间，而发生状态变更的时间一定是在样本时间之后。

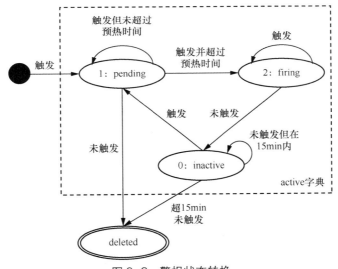

图 8-2　警报状态转换

考虑这样一种情形，某个样本序列每 5 min 产生一个样本，并且样本值在 0 和 1 之间来回变换，假设当样本值为 0 时触发告警并且预热时间（for 参数值）为 1 min。如果每 5 min 执行一次规则，那么预热状态的警报永远没有机会被激发，因为每次执行都会把上次产生的警报冷却。警报要想成功被激发，就需要在冷却之前获得机会，例如减少执行规则的间隔时间或者将 for 参数值设置为 0。

8.2.3　警报外发及其生命延续方法

警报重发间隔默认值为 1 min，但是实际的重发间隔还需要结合评价间隔进行调整。假设一个警报持续处于激发状态，那么只有在某次评价过程中才有机会确定该警报是否超过

1 min 未对外发送，如果确定超过了才会进行重发。每次发送激发状态警报时设置的结束时间（EndsAt 字段）都是样本时间加上 4 倍的重发间隔（此处为实际重发间隔，是结合评价间隔进行调整之后的重发间隔）。这样设置的意义在于，警报即使进入了警报管理系统，也能够在结束之前获得 4 次机会进行结束时间的修正，从而提前结束或者推迟结束（详见第 11 章）。从警报管理系统的角度来看，Prometheus 发来的警报如果结束时间在未来的某个时间点，说明这是一个激发状态的警报，如果结束时间在此刻或者过去的某个时间点，说明这是一个已冷却的警报。如图 8-3 所示，从警报管理系统的视角来看，图中的警报结束时间每次都会往后延长，直到最终被解除的时间提前到当前时间为止。警报生命的延长依赖于其一次次的重发，如果停止重发，警报将会在 4 个重发周期后终结生命（当然也可以通过某次重发提前终结）。

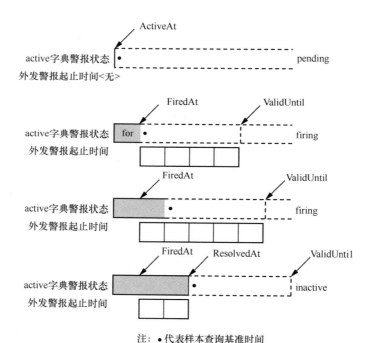

注：● 代表样本查询基准时间
每一格的长度代表实际重发（resend）间隔

图 8-3　警报状态随时间变化及其与外发警报起止时间的关系

8.2.4　警报样本写入数据库

相对于转录规则，告警规则的警报样本写入数据库成本更高，因为它的查询结果中的每个样本将生成两个需入库的新样本，其中一个样本表明该警报发生一次触发，另一个样本则记录了该警报的预热开始时间，用于在服务重启的情况下系统仍然能够推算出预热时间。保存的预热状态主要用于预热时间较长（超过 10min）的告警规则。图 8-4 展示了评价间隔为 3min 的规则组中的一个告警规则，假定该告警规则的预热时间为 15min。该警报在服务停机前已经预热了 3min，停机 2min 后服务再次启动，该警报在服务启动后的第二次评价完成以后（T+12 时刻）立即进行预热状态恢复，因而停机前的预热时间与状态恢复后的预热时间能够合并计算，即 T+12 时刻延续了 T+3 时刻。之所以没有在 T+8 时刻之后随即进行预热状态恢复，是因为服务启动时间较短，告警依赖的数据有可能尚未就位，多等待一个评价间隔是为了确保数据就位。可是，既然不会恢复预热状态，为什么还要执行，T+8 时刻和 T+11 时刻的两次评价呢？一方面，规则组中不只有告警规则还有转录规则，即使告警规则不需要评价，也要对转录规则进行评价。另一方面，告警规则并非全都需要恢复预热状态，那些预热时间设置得很短（少于 10min）的规则就不需要恢复，而我们无法确定该规则的预热时间是否在停机期间发生了变化。T+8 时刻和 T+11 时刻的两次评价保证了转录规则和需要快速告警的规则能得到及时处理。通过上述过程，即使服务发生很短暂的停机仍然会导致预热时间被扣除 2 个评价间隔的时间。总之，这个过程体现了将样本 2 写入数据库的必要性。

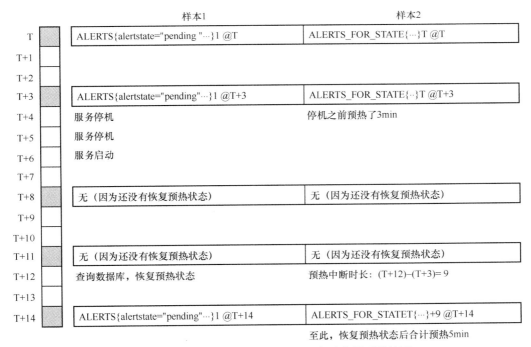

图 8-4　某警报在预热过程中发生服务重启前后的情形

8.3　规则组及其评价任务调度

规则组结构体定义如代码清单 8-5 所示，其中的 rules 成员用于存储本组内所有的规则（包括上文提到的转录规则以及告警规则），当进行评价时该成员中所有规则都会执行。rules 成员为数组结构，其中的元素是有顺序的，规则就是按照这样的顺序执行的。实际上，这一顺序最终取决于配置文件中的规则顺序，配置文件中所有元素在加载配置文件时就已经确定了。

代码清单 8-5　规则组结构体定义

```
type Group struct {
    name                  string        // 规则组名称，该名称与文件名的组合可以作为规则组唯一标识
    file                  string        // 规则组的配置文件路径
    interval              time.Duration   // 评价间隔，即执行规则的间隔时间
    limit                 int
    rules                 []Rule        // 规则列表，包含转录规则和告警规则，两者遵循相同的间隔时间
    seriesInPreviousEval  []map[string]labels.Labels  // 上次评价返回的序列，每个规则为一个字典
    staleSeries           []labels.Labels     // 用于规则组退出时的收尾处理
    opts                  *ManagerOptions
    mtx                   sync.Mutex
    evaluationTime        time.Duration       // 最后一次执行规则所消耗的时间
    lastEvaluation        time.Time           // 最后一次执行规则的时间
    shouldRestore bool      // 加载规则文件时是否应该恢复警报的 ActiveAt 值（仅告警规则使用）
    markStale     bool              //用于规则组退出时的收尾处理
    done          chan struct{}     // 用于触发规则组协程的退出
    terminated    chan struct{}     // 表明规则组协程已经退出完毕
    managerDone chan struct{}
    logger log.Logger
    metrics *Metrics                   // 自身监控指标
}
```

规则组内部执行规则时并没有采用并发方式，而是按照顺序串行执行。使用这种方式的优点是通过对顺序的保证支持规则之间的依赖关系。例如某个转录规则依赖于另一个转录规则的结果，或者一个告警规则依赖于某个转录规则的结果。上述描述的是规则组内部的情况，如果是规则组与规则组之间的情况，就无法保证规则执行的顺序，因为所有规则组都是并发执行的。因此，如果要实现顺序上的依赖就需要将规则放入同一个规则组，如果不需要这种依赖则可以将规则分散到不同的规则组。

规则的运算由时钟触发，触发的间隔时间由规则组控制，不同规则组可以具有不同的间隔时间，所以规则执行是否频繁取决于它在哪个规则组中，要改变执行频率可以通过变更规则组实现。

为了避免大量规则组集中到同一时间进行运算所造成的瞬时压力，具有相同评价间隔

的规则组将平均分配在该时间间隔内，实现方法就是根据规则组的哈希值（可视为随机数）和评价间隔进行取余运算，将结果作为该规则组的时间偏移量。规则组的哈希值基于规则组名称和规则文件名称进行计算，如果修改了这两个名称，时间偏移量也会变化，如果这两个名称不变那么时间偏移量也不变。假设评价间隔为 60s，哈希值为 H，那么时间偏移量为 $H \% 60$，如图 8-5 所示。

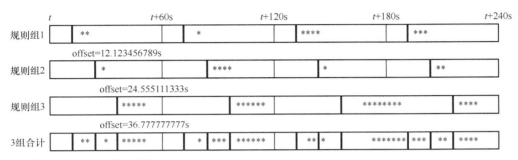

图 8-5　评价间隔为 60 s 的 3 个规则组的评价窗口

将规则组对包含的规则执行一遍运算称为该规则组进行了一次评价（evaluate）。在规则管理器启动时会为每个规则组启动一个协程，由这些协程负责安排评价工作，协程之间相互独立。假设一个规则管理器管理的所有规则组都具有相同的评价间隔（例如每 60s 进行一次评价），那么规则管理器有 3 个目标需要实现：使所有评价工作在时间维度上尽可能均匀地分布；使样本时间对齐，即保证每次评价过程中查询的样本都是同一时间点的；使样本时间间隔固定，即同一规则组的相邻两次评价查询的样本时间间隔与评价间隔相同。

如图 8-5 所示，该规则管理器管理了 3 个规则组并且规则组具有相同的评价间隔，都是 60s。图中规则管理器实现第 1 个目标的方式是科学地安排评价时间，使每个协程的初次评价时间随机地分布在第 1 个 60s 内，并保证每个协程的相邻两次评价的开始时间相隔 60s，这样就能够保证第 1 个以及随后的每 1 个 60s 内的评价工作都是均匀分布的。这一设计方案反映在图 8-5 中就是，每个规则组内代表评价开始时间的粗线的间隔都是 60s，3 个规则组合并起来的众多粗线基本上均匀分布在时间轴上（均匀程度将随着规则组数量的增加趋于改善）。在具体实现上，安排评价时间的方法是利用每个规则组的可视为随机数的哈希值，通过与 60s 取余得到一个随机的时间偏移量来作为该组的评价时间（见图 8-5 中的 offset 值）。按照这一方案，在规则管理器启动的那一刻，每个规则组在整个生命周期内的所有评价时间都已经确定下来，以下称这些时间点为"命定评价时间"。

对于第 2 个目标——使样本时间对齐，实现该目标的原因在于每次评价过程中需要处理大量规则，这些规则的处理有先有后，可能相差较长时间。如果只使用规则处理时的时间作为样本时间，虽然能够保证获取最新的样本，但是各规则之间失去了可比性和相关性，而且样本时间的不可预测性会给用户造成困扰。因此，实际上每次评价过程中所有规则使用相同的样本时间，这个时间就是本次评价工作开始时紧邻的命定评价时间（向前查找）。以图 8-5 中的规则组 1 为例，如果某次评价工作在 $t+80s$ 时开始，那么本次评价的样本时间为其左侧的命定评价时间，即 $t+72.123{,}456{,}789\,s$。这一方法不仅实现了第 2 个目标，也实现了第 3 个目标，即通过锚定命定评价时间保证了样本时间间隔。

　　上述锚定方法通过时钟脉冲器（ticker）以及记录下次命定评价时间的变量 evalTimestamp 实现。ticker 的间隔以及节奏与命定评价时间保持一致，如果每次实际评价都与 ticker 的间隔以及节奏完全一致，那么评价开始时间总是等于命定评价时间，并且不会跳过任何一次评价。这要求每次评价都能够在评价间隔内完成并且总能在 ticker 信号到来前就位。现实世界总有例外，很可能某次评价消耗的时间超过评价间隔，甚至超过几倍的评价间隔。因此，规则管理器并没有完全依赖 ticker，而是同时使用了变量 evalTimestamp，如果当前时间值大于该变量的值很多（大于 1 个评价间隔），说明至少跳过了一次评价，此时就需要锚定新的命定评价时间（调增 evalTimestamp 值）。图 8-6 演示了发生命定评价时间跳过的情形，其中的 ticker 信号可以视同命定评价时间。由图可知发生跳过的情形意味着评价过程耗时过多，所以跳过次数可以作为衡量各个规则组负载情况的指标，实际上每个规则组的跳过次数就是一个对外暴露的监控项，可供用户查看，监控项名称为 prometheus_rule_group_iterations_missed_total。

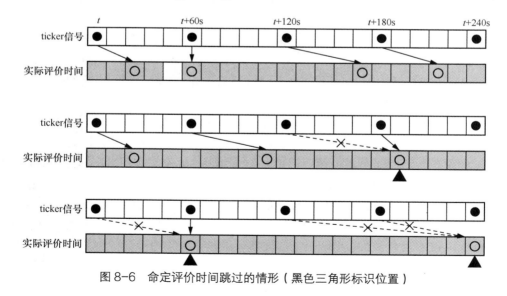

图 8-6　命定评价时间跳过的情形（黑色三角形标识位置）

　　所有规则，无论是转录规则还是告警规则，进行的查询都是即时查询，设定的基准时间都是评价窗口开启的时间。这实际上是按照固定间隔进行了某种调整的时间，严格意义上不是程序运行当时的时间。同一个规则组内的查询对每个规则来说其查询时间都是一样的。这种设计保证了查询数据的准确性和可比性。评价窗口本身是有宽度的，也就是评价本身也会消耗较长时间，而每个规则的执行分散在这段时间的不同时间点上。如果需要多个规则的结果之间具有时间一致性，那么就可以将其放到同一个规则组内。

　　在更宏观的层面上，所有规则组都属于全局性的规则管理器，每个 Prometheus 服务只有一个规则管理器，规则管理器结构体定义如代码清单 8-6 所示。规则管理器负责加载配置信息（rule_files 参数配置的各个文件，见代码清单 8-7）并为其中的每个规则组启动一个协程。评价任务调度就是在这些协程内部完成的，也就是说规则管理器本身并没有参与调度工作，所有规则组能够自发地实现时间上的均衡分布全依赖于哈希值的随机性。规则管理器不仅负责协程的启动，当通过命令触发重新加载配置文件时，规则管理器还能够启动新增协程以及终止不需要的协程（通过各个规则组的 done 通道，对应 done 字段，见代码清单 8-5），如果发现规则组的配置有修改还可以将旧协程的状态数据复制到新协程中。在规则管理器的协助下，不需要停止服务就可以更新配置。

代码清单 8-6　规则管理器结构体定义

```
type Manager struct {
    opts     *ManagerOptions      // 规则管理器选项,其中包含用于加载和解析规则文件的GroupLoader
    groups   map[string]*Group    // 规则组字典,以规则文件路径和规则组名称的组合作为主键
    mtx      sync.RWMutex         // 读写锁,允许多个协程同时读取（当没有写操作时）
    block    chan struct{}
    done     chan struct{}
    restored bool                 // 表示警报预热状态是否已恢复
    logger   log.Logger
}
```

代码清单 8-7　配置文件中供规则管理器和通知器使用的参数

```
global:
  external_labels:                # 由通知器使用
rule_files:                       # 由规则管理器使用
  [ - <filepath_glob> ... ]
alerting:
  alert_relabel_configs:          # 由通知器使用
    [ - <relabel_config> ... ]
  alertmanagers:                  # 由通知器使用
    [ - <alertmanager_config> ... ]
```

8.4　通知器

　　通知器是 Prometheus 监控系统的重要组成部分，它的职责是接收规则管理器发来的警报并将这些警报发送到外部的警报管理系统（Alertmanager）。通知器的核心是一个服务协

程，它在 Prometheus 监控系统启动时就开始运行。8.3 节所述的发送警报并没有真正地将警报传输到外部的警报管理系统，而是添加到了通知器内部的一个警报队列中，通知器协程会从该队列中获取警报并真正地将其传输到警报管理系统。使用警报队列作为上下游协程的通信渠道，实现了规则管理器与通知器之间的异步协作，可以很大程度上避免相互等待。

通知器管理者结构体定义如代码清单 8-8 所示，其中的 queue 成员表示上文所说的警报队列，队列中的每个元素代表一个警报。但是这里的警报数据结构体与规则管理器中的警报数据结构体不同（规则管理器中的警报数据结构体参见代码清单 8-3），规则管理器在将警报添加到警报队列时进行了数据结构体转换，转换后的数据结构体定义如代码清单 8-9 所示。通知器中的警报只是用于传输到警报管理系统，不需要像在规则管理器中那样进行状态控制，其数据结构体成员数量更少，同时为了便于以 JSON 格式对外传输，每个成员都添加了 JSON 标签。

代码清单 8-8　通知器管理者结构体定义

```
type Manager struct {                             // 通知器管理器
    queue []*Alert                                // 警报队列，先进先出，容量默认为 10,000
    opts  *Options
    metrics *alertMetrics                         // 自身监控指标
    more    chan struct{}                         // more 通道，表明有警报待处理
    mtx     sync.RWMutex
    ctx     context.Context
    cancel func()
    alertmanagers map[string]*alertmanagerSet     // 警报管理系统，主键为 config-0、config-1 等
    logger          log.Logger
}
```

代码清单 8-9　通知器内的警报数据结构体定义

```
type Alert struct {                                   // notifier.Alert 结构体，共 5 个成员
    Labels labels.Labels `json:"labels"`
    Annotations labels.Labels `json:"annotations"`
    StartsAt    time.Time `json:"startsAt,omitempty"`
    EndsAt      time.Time `json:"endsAt,omitempty"`
    GeneratorURL string    `json:"generatorURL,omitempty"`
}
```

通知器的警报队列是先进先出的，其容量默认为 10,000（notification-queue-capacity 参数），当队列满时旧的警报会溢出队列，其结果是部分警报得不到处理，无法传输到警报管理系统。通知器协程的工作方法是按需从队列中读取一批警报（每批不超过 64 个），然后将这批警报转换为 JSON 串，再以多协程的方式将其并发传输到多个警报管理系统，每个系统收到的内容都是一样的。这里所说的"按需"通过监听 more 通道（more 字段）信号实现，当有新警报到来时该通道才有信号，此时读取队列一定能获取警报。如果容量为10,000 的队列已满，则通知器需要经过 157 批次（10,000/64）的处理才能将其处理完毕，这就意味着有 157 次的启动和结束协程（每次可能有多个）。假设每个警报为 512 字节，64

个警报将占用 32KB，10,000 个警报共占用约 5MB。

通知器发送警报的目标系统可以有多个，每个系统可以包含多个节点并且可以动态变化，这种动态变化通过 alertmanager 自动发现服务实现（见图 8-7）。自动发现服务及时地将发现的目标写入一个通道（目标集通道），通知器在监听 more 通道的同时还会监听这个目标集通道，一旦有新的目标到来就会进行配置更新。自动发现服务的配置信息由配置文件中的 alerting.alertmanagers 部分控制（见代码清单 8-7）。

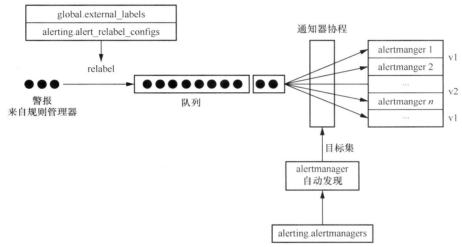

图 8-7　通知器对警报的处理以及自动发现服务

通知器通过 HTTP 与警报管理系统通信，向警报管理系统发送的 HTTP 请求内容为 JSON 格式，典型的请求如代码清单 8-10 所示（假设对方的 API 为 v1 版本）。如果自动发现服务发现了多个警报管理系统，那么每个系统都会收到相同的请求。

代码清单 8-10　通知器发送给警报管理系统的 HTTP 请求

```
POST /api/v1/alerts HTTP/1.1
User-Agent: Prometheus/2.37.0
Content-Type: application/json
Host: 127.0.0.1:19093

[{"labels":{...},"annotations":{...},"startsAt":"...","endsAt":"...","generatorUR
L":"..."},{...}]
```

第 9 章

HTTP API 与 PromQL 编辑器

本章首先介绍 Prometheus 提供的 HTTP API 的工作机制，包括路由选择机制、多种请求的处理过程以及联邦功能，然后介绍 Prometheus 的 Web 用户界面中非常重要的 PromQL 编辑器，包括其实现的自动补全、语法高亮和语法检查功能，以及实现这些功能依赖的 PromQL 解析器的工作机制。

9.1 路由选择器

Web 服务收到的每个请求都需要经过路由选择器（router）的分发，路由选择器根据请求路径决定调用哪个函数来处理请求。当请求频率很高时，路由选择器的分发效率就变得非常关键。路由选择器分发工作的核心是从一系列路径字符串中搜索目标路径及其对应的处理函数。相对于整数的查找，字符串的查找要进行更多的比较操作，尤其是当目标字符串比较长时。为了优化搜索效率，结合路径字符串的特点，路由选择器将所有可能的路径组织成前缀树（字典树）结构，并为每种请求方法分别构建一棵前缀树。当任何一个请求到来时，路由选择器从前缀树根节点开始逐层进行路径匹配，直到找到完全匹配的节点，该节点处的处理函数就是用于处理该请求的函数。HTTP 支持 9 种方法（GET、POST、PUT、DELETE、OPTIONS、HEAD、PATCH、TRACE、CONNECT），所以一个路由选择器最多包含 9 棵前缀树。

路由选择器的前缀树节点定义如代码清单 9-1 所示，每个节点包含路径的一部分路径子串，从根节点到叶节点的所有路径子串首尾相连即构成一个完整的路径（有些路径不需要到达叶节点）。

代码清单 9-1　前缀树节点定义

```
type node struct {
    path      string      // 路径子串
    indices   string      // 子节点的起始字符，用于快速查找子节点
    wildChild bool        // 表示当前节点是否为通配符节点（即参数节点或者全匹配节点）
    nType     nodeType    // 节点类型，包括静态节点、根节点、参数节点和全匹配节点
    priority  uint32      // 表示该节点下的整棵子树包含多少个处理函数
    children  []*node     // 子节点列表
    handle    Handle      // 当前节点的处理函数
}
```

前缀树的存在是能够正确处理 HTTP 请求的前提条件，所以前缀树需要在 Web 服务就绪之前构建好。前缀树的构建过程是逐个添加路径的过程，首次添加的路径总是整体位于根节点中，此后在添加新路径时则需要与现有路径进行比较，从而将新旧路径分割为前后两个部分，前部为匹配部分，后部为不匹配部分。再根据匹配路径的长度从根节点分出 2 个子节点，分别用于存储旧路径和新路径的不匹配部分。假设树中已经存在/help 节点，此时如果添加/hello 路径（两者的前 4 个字符相同），则/help 节点路径变为/hel，并生成 2 个子节点：p 节点和 lo 节点。随着路径的不断添加，分的次数越来越多，各节点的路径子串越来越短，前缀树也越来越庞大。

有些路径中包含一些变量信息，因为在构建前缀树时可能无法确定具体的路径，对于这种情况前缀树支持使用命名参数（:name）节点和全匹配参数（*name）节点。在后期进行前缀树搜索时，请求路径包含的实际变量值将作为 HTTP 请求的上下文传递给处理函数。命名参数节点和全匹配参数节点在前缀树中均以独子形式存在（没有兄弟节点），不同的是全匹配参数节点只能作为叶节点，而命名参数节点可以作为中间节点。

具体到 Prometheus 的 Web 服务，它有两个路由选择器，即 Web 用户界面路由选择器和 API 路由选择器，分别用于 Web 用户界面请求的分发和 API 请求的分发。Web 用户界面路由选择器包含 3 棵前缀树，分别用于 GET、POST 和 PUT 方法，其中最大的 GET 方法前缀树结构如图 9-1 所示。

API 路由选择器包含 5 棵前缀树，分别用于 GET、POST、PUT、OPTIONS 和 DELETE 方法（DELETE 方法前缀树只有 1 个节点，其中注册的处理函数没有实现，可视为无效树），其中 GET 方法前缀树结构如图 9-2 所示。

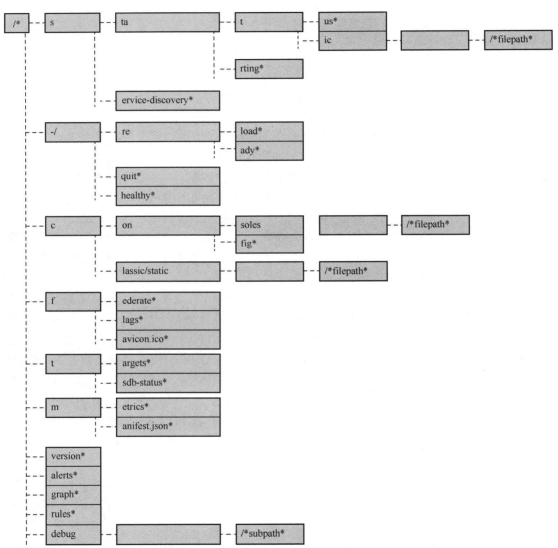

图 9-1　Web 用户界面路由选择器的 GET 方法前缀树（黑圆点代表注册了处理函数）

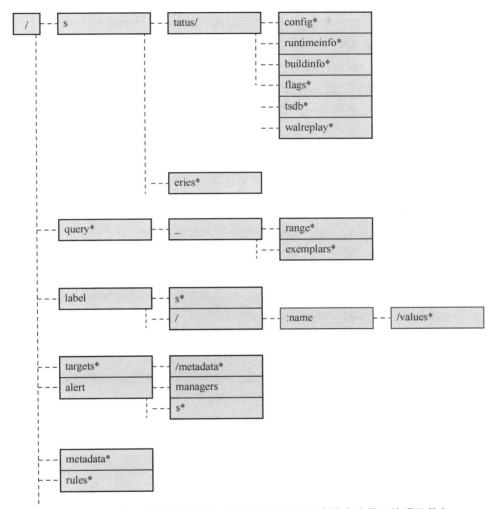

图 9-2　API 路由选择器的 GET 方法前缀树（黑圆点代表注册了处理函数）

　　Web 服务就绪以后，在分发请求时请求路径以/api/v1/开头的将由 API 路由选择器负责，不以/api/v1 开头的就由 Web 用户界面路由选择器负责。前缀树的搜索过程大体上从根节点向下逐层进行匹配，每次匹配成功时将一致的字符丢弃，继续向下匹配剩余的字符，直到所有字符都丢弃，此时所在的节点即目标节点。如果该节点已经注册了处理函数就可以直接调用该函数来处理请求。

9.2　Web API 与联邦

Web API 均使用 HTTP 通信，实现的功能可以分为 3 类，即远程读写、本地查询和本地 TSDB 管理。远程读写仅支持 POST 方法，其消息使用 ProtoBuf 编码并进行 snappy 压缩。本地查询支持 POST 和 GET 方法，其消息使用 JSON 格式编码。本地 TSDB 管理支持 POST 和 PUT 方法。

9.2.1　远程写请求及其处理

对 Web API 来说，远程写指的是将远程数据写入本地数据库，而不是向远程发送数据。远程写请求消息的数据格式是经过 snappy 压缩的 ProtoBuf 数据。进行压缩的原因是，虽然序列化之后的 ProtoBuf 数据已经非常紧凑，但是仍然会包含很多重复的内容，例如标签名称、时间戳、HELP 说明等。通过压缩可以进一步减少重复、降低数据量，从而提高传输速度。尤其当远程写请求消息很大时，重复的可能性更大、次数更多。

远程写请求的 ProtoBuf 消息的结构体定义如代码清单 9-2 所示，可见远程写请求消息中包含监控项的标签集、样本点、典型案例（exemplar）以及元数据，这些信息的完整性与原始样本数据的完整性是一样的。可以认为每个远程写请求消息都是批量的样本数据。对数据库来说，将这些远程数据入库的过程与写入原始样本数据的过程并无区别。

代码清单 9-2　远程写请求的 ProtoBuf 消息的结构体定义

```
message WriteRequest {             // 远程写请求消息, 可由多个监控项的数据构成
  repeated prometheus.TimeSeries timeseries = 1 [(gogoproto.nullable) = false];
  reserved  2;
  repeated prometheus.MetricMetadata metadata = 3 [(gogoproto.nullable) = false];
}
message TimeSeries {        // 代表一个监控项
  repeated Label labels   = 1 [(gogoproto.nullable) = false]; // 标签集
  repeated Sample samples = 2 [(gogoproto.nullable) = false]; // 样本点, 允许多个
  repeated Exemplar exemplars = 3 [(gogoproto.nullable) = false]; // exemplar, 允许多个
}
message Label {              // 标签
  string name  = 1;
  string value = 2;
}
message Sample {            // 样本点
  double value    = 1;
  int64 timestamp = 2;
}
message Exemplar {
```

```
    repeated Label labels = 1 [(gogoproto.nullable) = false];
    double value = 2;
    int64 timestamp = 3;
}
message MetricMetadata {        //元数据，对应原始样本数据文本中的 HELP 行、TYPE 行和 UNIT 行
    enum MetricType {
        UNKNOWN         = 0;
        COUNTER         = 1;
        GAUGE           = 2;
        HISTOGRAM       = 3;
        GAUGEHISTOGRAM  = 4;
        SUMMARY         = 5;
        INFO            = 6;
        STATESET        = 7;
    }
    MetricType type = 1;                // TYPE 行，样本类型
    string metric_family_name = 2;      // 监控项名称
    string help = 4;                    // HELP 行，描述
    string unit = 5;                    // UNIT 行，计量单位
}
```

API 接收 snappy 压缩的远程写请求消息后需要先进行解压并将结果反序列化为 ProtoBuf 消息对象，然后才能够写入本地数据库，如果写入成功，则返回一个状态码为 204 的响应消息，如代码清单 9-3 所示。如果写入失败，则返回状态码为 400 或者 500 的响应消息。请求方可以根据状态码做出判断，一般来说，400 或者 500 状态码将使请求方在日志中留下 error 级别的记录。而 204 状态码代表写入成功，一般不需要记录日志。

代码清单 9-3　某测试环境的远程写请求消息与响应消息

```
POST /api/v1/write HTTP/1.1
Host: 127.0.0.1:10000
User-Agent: Prometheus/2.37.0
Content-Length: 5375
Content-Encoding: snappy
Content-Type: application/x-ProtoBuf
X-Prometheus-Remote-Write-Version: 0.1.0

<请求内容: snappy data>
--------------------------------------------------------------------------------
HTTP/1.1 204 No Content
Date: Sat, 15 Apr 2023 05:25:12 GMT
```

9.2.2　远程读请求及其处理

远程读是指 API 接收远程的数据读取请求并将本地数据库的数据响应给请求方。与远程写请求消息一样，远程读请求消息也是经过 snappy 压缩的 ProtoBuf 编码数据。

考虑到远程读请求消息数据包往往很小，但是需要查询的数据量可能很大。为了避免 I/O 负载过量，API 为远程读设计了并发限制。并发限制通过具有固定长度的通道实现，每

个执行中的请求都必须先在通道处签到（入队），并在结束的时候在通道处签出（出队）。因此，通道中的元素数量代表执行中的请求数量，通道长度就是允许的最大请求数（由 storage.remote.read-concurrent-limit 启动参数决定）。可以看到，9.2.1 节讲解的远程写并没有设计类似的并发限制，因为远程写请求消息数据包本身就很大，网络 I/O 已经构成了对请求数量的限制，而写入数据库使用的磁盘 I/O 带宽一般会比网络 I/O 大。

跟远程写请求一样，API 接收远程读的请求消息后也需要先解压，然后将请求反序列化为需要的 ProtoBuf 消息对象，其结构体定义如代码清单 9-4 所示。由结构体定义可知每个请求允许包含多个查询实例，在处理过程中将按照顺序逐个处理这些实例。不过在请求量限制阶段是以请求为单位进行限制的，无论该请求包含多少查询实例都算作 1 个。截至 2.37.0 版本的 Prometheus，请求的发起方构建的每个请求中只包含 1 个查询实例。也就是说，Prometheus 有能力处理批量查询，但对外请求时只是单一查询。需要指出的是，这里的查询实例并非意味着执行一个完整的 PromQL 查询语句，而是执行查询语句中的一个向量选择器节点（见第 7 章）。

代码清单 9-4　远程读请求的 ProtoBuf 消息的结构体定义

```
message ReadRequest {                    // 远程读请求
  repeated Query queries = 1;            // 查询实例，允许多个，但是截至 2.37.0 版本实际只有 1 个
  enum ResponseType {                    // 响应类型
    SAMPLES = 0;                         // 样本方式
    STREAMED_XOR_CHUNKS = 1;             // 分块方式
  }
  repeated ResponseType accepted_response_types = 2; // 可包含多个，要与查询语句一一对应
}
message Query {                          // 查询实例（执行向量选择器节点，见第 7 章）
  int64 start_timestamp_ms = 1;          // 起始时间
  int64 end_timestamp_ms = 2;            // 截止时间
  repeated prometheus.LabelMatcher matchers = 3;   // 标签匹配器，可包含多个
  prometheus.ReadHints hints = 4;        // 一些关键的查询参数
}
```

根据远程读请求消息的 Accept 参数不同，响应消息的类型可以是样本结构（ReadResponse）或者分块结构（ChunkedReadResponse），两者的定义如代码清单 9-5 所示。如果没有设置 Accept 参数，则默认使用样本结构。两种结构的区别在于样本点的表示方式，在分块结构中样本点的时间戳和值会采用 dod（delta on delta，二阶增量）方式表示，在样本结构中时间戳和值都用原值表示，同样的数据采用分块结构构造的消息相对较小，因为它利用样本点数据序列之间的差值可实现 dod 压缩。除此之外，响应消息的大小显然还受到监控项数量和样本时间范围的影响。此外，响应消息需要在 ProtoBuf 编码的基础上进行 snappy 压缩，其参考压缩速度为 250 MB/s。

代码清单 9-5　远程读请求的响应消息使用的 ProtoBuf 结构定义

```
message ReadResponse {                   // 响应消息（样本结构，默认方式）
  repeated QueryResult results = 1;      // 查询结果，可包含多个，与请求消息中的顺序一致
}
```

```
message QueryResult {              // 查询结果，类似 9.2.1 节的远程写请求（但缺少了 metadata 信息）
  repeated prometheus.TimeSeries timeseries = 1;
}
message ChunkedReadResponse {                // 响应消息（分块结构）
  repeated prometheus.ChunkedSeries chunked_series = 1;
  int64 query_index = 2;                     // 查询实例在请求消息中的编号
}
message ChunkedSeries {           // 单个监控项的分块数据
  repeated Label labels = 1 [(gogoproto.nullable) = false];      // 标签集
  repeated Chunk chunks = 2 [(gogoproto.nullable) = false];      // 数据块
}
message Chunk {                    // 数据块，每个块包含一个时间片段的样本点
  int64 min_time_ms = 1;          // 最小时间戳
  int64 max_time_ms = 2;          // 最大时间戳
  enum Encoding {
    UNKNOWN = 0;
    XOR     = 1;
  }
  Encoding type  = 3;
  bytes data     = 4;             // 样本点数据序列，可实现 dod 方式压缩
}
```

代码清单 9-6 展示了某测试环境中出现的 1 个远程读请求消息和 2 个状态码为 200 的响应消息。此外，如果远程读请求消息无法成功解析时，则返回状态码为 400 的响应消息；如果在查询过程中出错，则返回状态码为 500 的响应消息。

代码清单 9-6　某测试环境的远程读请求消息与响应消息

```
POST /api/v1/read HTTP/1.1
Host: 127.0.0.1:10000
User-Agent: Prometheus/2.37.0
Content-Length: 79
Accept-Encoding: snappy
Content-Encoding: snappy
Content-Type: application/x-protobuf
X-Prometheus-Remote-Read-Version: 0.1.0

<请求内容: snappy data>
-=============================================================================-
HTTP/1.1 200 OK
Content-Encoding: snappy
Content-Type: application/x-protobuf
Date: Sat, 15 Apr 2020 22:22:26 GMT
Content-Length: 1481

<样本结构的响应内容: snappy data>
-=============================================================================-
HTTP/1.1 200 OK
Content-Encoding:
Content-Type: application/x-streamed-protobuf; proto=prometheus.ChunkedReadResponse
Date: Sat, 15 Apr 2020 22:52:26 GMT
Content-Length: 1509

<分块结构的响应内容: snappy data>
```

9.2.3　本地查询请求及其处理

与远程读请求的 ProtoBuf 编码和 snappy 压缩不同，本地查询请求消息使用的数据格式为 JSON。本地查询的内容可以是样本数据、标签信息、监控项、监控目标、状态信息、规则和警报。

样本数据可能来自本地 TSDB 或者从远程存储中获取，远程读已在 9.2.2 节讲解，本节讲解样本数据来自本地 TSDB 的情况。样本数据查询请求的路径可以是/query、/query_range 或者/query_exemplars，对此类请求的处理实际上由查询引擎完成，总体上分为解析和执行两个步骤（详见第 7 章）。这一过程与远程读请求的处理不同，远程读请求不是原始的查询语句，所以不涉及解析这一步，两者的具体区别如图 9-3 所示。第 7 章讲到查询引擎会限制查询的并发数，这一限制与远程读的并发限制是相互独立的，两者使用不同的通道，这避免了两者在吞吐量方面的相互干扰。

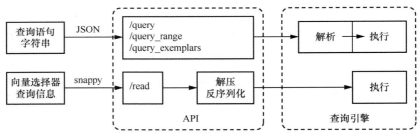

图 9-3　Web API 对本地查询请求和远程读请求的不同处理

标签名称和标签值查询的请求路径分别为/labels 和/label/:name/values，这些信息存储在 TSDB 的索引表中，其具体处理过程就是由查询引擎搜索索引表获取符合条件的标签名称或者标签值，并构造 JSON 格式的响应消息。监控项查询的请求路径为/series，这类数据同样存储在索引表中，其处理过程类似于样本数据的查询，只是不需要返回样本值，而是返回标签集。

监控目标查询的请求路径为/targets、/targets/metadata 或者/metadata。监控目标数据最初由自动发现服务获取，然后被传递给采样管理器使用，采样管理器保存着监控目标的完整数据。因此，该查询请求需要从采样管理器中获取数据。

状态信息查询的请求路径有 6 个，分别用于处理 6 种不同的状态信息，包括配置文件信息（/status/config）、运行时信息（/status/runtimeinfo）、版本信息（/status/buildinfo）、启动参数信息（/status/flags）、TSDB 状态信息（/status/tsdb）和 WAL 重放信息（/status/walreplay）。配置文件信息通过加载配置文件获得。运行时信息有多个来源，包括环境变量、自身监控数据、启动参数等。版本信息存储在一个固定的变量中，一旦程序编译完毕，该变量值就不再变化。启动参数信息在服务启动时通过解析命令行获得，一旦启动就不再变化。TSDB 状态信息来自对头部块和索引表的临时统计数据，以及自身监控数据。WAL 重放信息来自头部块结构的一个成员。

　　规则和警报的请求路径分别为/rules 和/alerts，两者请求的信息均来自规则管理器，通过调用规则管理器的方法获取。

9.2.4　本地 TSDB 管理

　　API 能够完成与本地 TSDB 管理相关的 3 种动作，即删除监控项、清理数据和保存快照，与 3 种动作对应的 API 请求支持 POST 和 PUT 两种方法，与 3 种动作对应的 API 请求路径如代码清单 9-7 所示。删除监控项是指将指定监控项的样本点数据标记为删除状态，如果执行成功则不会响应任何内容。清理数据是指将标记为删除状态的数据实质性地从数据库中删除，在执行成功的情况下不会响应任何内容。保存快照是指将数据库文件转存到指定的目录，如果执行成功则将返回快照文件所在目录的名称。

代码清单 9-7　负责管理本地 TSDB 的 API 请求路径

```
    r.Post("/admin/tsdb/delete_series", wrapAgent(api.deleteSeries))
    r.Post("/admin/tsdb/clean_tombstones", wrapAgent(api.cleanTombstones))
    r.Post("/admin/tsdb/snapshot", wrapAgent(api.snapshot))
    r.Put("/admin/tsdb/delete_series", wrapAgent(api.deleteSeries))
    r.Put("/admin/tsdb/clean_tombstones", wrapAgent(api.cleanTombstones))
    r.Put("/admin/tsdb/snapshot", wrapAgent(api.snapshot))

[root@localhost .]# curl -X POST
http://127.0.0.1:9090/api/v1/admin/tsdb/delete_series?match[]=prometheus_ready
[root@localhost .]# curl http://127.0.0.1:9090/api/v1/query?query=prometheus_ready
{"status":"success","data":{"resultType":"vector","result":[]}}

[root@localhost prometheus]# curl -X POST
http://127.0.0.1:9097/api/v1/admin/tsdb/snapshot
{"status":"success","data":{"name":"20230416T072443Z-4c54a103d651dab4"}}
```

9.2.5　联邦

　　联邦是 Web 服务提供的一项查询功能，它以 ProtoBuf 格式或者标准监控文本的格式返回指定监控项的数据，也就是说访问联邦服务时就像访问一个 Exporter 一样。联邦的请求方法也跟 Exporter 一样使用 GET 方法，具体的请求和响应示例如代码清单 9-8 所示。注意，其返回的监控文本没有 HELP 和 UNIT 信息，只有 TYPE 信息，同时每个样本都标记了时间戳。也许是因为考虑到该功能的返回数据格式不同于 API 使用的 JSON 格式，所以该功能没有纳入 API 路径中。联邦查询的执行过程就像执行即时向量选择器一样，返回的样本总是最近的值，即使在查询中指定时间也会被忽略。如果考虑返回数据的编码格式，同样的数据采用分割符分割的 ProtoBuf 格式是最小的，其次为普通文本格式，最大的是文本表示的 ProtoBuf 格式。需要注意的是，联邦查询是有状态的，它使用带有缓存的前向迭代器来扫描数据，如果上次查询使得迭代器前进到某个位置，那么下次查询同一个迭代器的数据时将无法访问当前位置之前的数据，而只能访问当前位置或者之后的数据。

代码清单 9-8　联邦查询的请求和响应示例（省略部分内容）

```
###### 请求分割符分割的 ProtoBuf 数据 ##########
$ curl -H 'Accept:application/vnd.google.protobuf;
proto=io.prometheus.client.MetricFamily; encoding=delimited' -v
'http://127.0.0.1:9090/federate?match[]=prometheus_ready' -s -output=fed.out
...
> GET /federate?match[]=prometheus_ready HTTP/1.1
> Host: 127.0.0.1:9090
> User-Agent: curl/7.61.1
> Accept:application/vnd.google.protobuf; proto=io.prometheus.client.MetricFamily;
encoding=delimited
>
< HTTP/1.1 200 OK
< Content-Type: application/vnd.google.protobuf; proto=io.prometheus.client.MetricFamily;
encoding=delimited
< Date: Sun, 16 Apr 2023 08:37:48 GMT
< Content-Length: 88
<
{ [88 bytes data]
...
###### 请求紧凑文本表示的 ProtoBuf 数据 ##########
$ curl -H 'Accept:application/vnd.google.protobuf;
proto=io.prometheus.client.MetricFamily; encoding=compact-text' -v
'http://127.0.0.1:9090/federate?match[]=prometheus_ready'  -s
...
> GET /federate?match[]=prometheus_ready HTTP/1.1
> Host: 127.0.0.1:9090
> User-Agent: curl/7.61.1
> Accept:application/vnd.google.protobuf; proto=io.prometheus.client.MetricFamily;
encoding=compact-text
>
< HTTP/1.1 200 OK
< Content-Type:application/vnd.google.protobuf; proto=io.prometheus.client.MetricFamily;
encoding=compact-text
< Date: Sun, 16 Apr 2023 08:40:11 GMT
< Content-Length: 181
<
name:"prometheus_ready" type:UNTYPED metric:<label:<name:"instance"
value:"localhost:9090" > label:<name:"job" value:"prometheus" > untyped:<value:1 >
timestamp_ms:1681634410133 >
...
###### 请求普通文本格式的数据 ##########
$ curl -H 'Accept:application/json' -v
'http://127.0.0.1:9090/federate?match[]=prometheus_ready'  -s
...
> GET /federate?match[]=prometheus_ready HTTP/1.1
```

```
> Host: 127.0.0.1:9090
> User-Agent: curl/7.61.1
> Accept:application/json
>
< HTTP/1.1 200 OK
< Content-Type: text/plain; version=0.0.4; charset=utf-8
< Date: Sun, 16 Apr 2023 08:41:50 GMT
< Content-Length: 109
<
# TYPE prometheus_ready untyped
prometheus_ready{instance="localhost:9090",job="prometheus"} 1 1681634500132
```

9.3　PromQL 编辑器

Web 用户界面中的 PromQL 编辑器是基于 CodeMirror 实现，其中的自动补全、语法高亮和语法检查都是以扩展插件形式添加的功能。本节讲解这 3 项功能的工作机制。

9.3.1　自动补全

PromQL 编辑器的自动补全（autocomplete）功能实现的效果是，在编辑 PromQL 语句的过程中根据当前输入位置的语法成分（监控项名称、标签名称、标签值或者其他关键词）自动以下拉列表形式显示符合要求的可选项，如图 9-4 所示。这要求编辑器不仅要知道当前输入位置的语法成分，也要知道该语法成分的可选项有哪些。对于语法成分的确定问题，由于编辑器包含 PromQL 解析器（以扩展插件形式添加），所以它可以动态地解析 PromQL 语句并生成语法树，根据语法树就可以确定当前输入位置的语法成分。该解析器具有较强的容错能力，即使输入的语句不符合 PromQL 语法，仍然能够生成语法树（只是将其中的错误成分记录在特殊类型的节点中）。在语法树的帮助下，编辑器不仅能够知道当前输入位置的语法成分，还能知道该位置的父节点的语法成分，从而能够在更广的上下文基础上提供可选项。对于可选项的数据处理，编辑器根据可选项的特征采用两种方式。对于关键词的可选项，这些可选项是有限的并且由语法决定，不会改变，所以这些可选项直接写在代码中，在特定的语法位置显示特定的一组选项。可选项是监控项名称、标签名称和标签值时，其内容根据数据库的情况动态变化并且数据量可能较大，对于这类可选项，编辑器使用 HTTP API 从数据库中查询出结果并将其存储在缓存中，从而可以在需要的时候快速显示。

(a) 监控项名称的自动补全

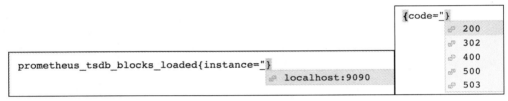

(b) 标签名称的自动补全

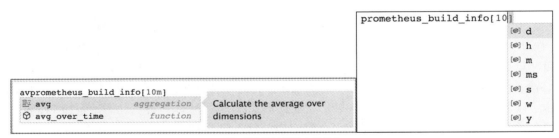

(c) 标签值的自动补全

(d) 其他关键词的自动补全

图 9-4 自动补全功能实现的效果

通过 API 获取可选项数据时，编辑器使用带有缓存的 Prometheus 客户端发起请求。编辑器总是尝试从缓存中获取数据，当缓存不能被命中时才向 API 发起请求，请求得到的数据先写入缓存然后返回给编辑器。缓存中存储了 4 类数据，其结构定义如代码清单 9-9 所示。第 1 类数据存储在 completeAssociation 成员中，其数据结构用于监控项名称到标签名称的映射，这一结构可以实现根据监控项名称查找可选的标签名称，以及根据监控项名称和标签名称的组合查找可选的标签值，如图 9-4（b）左图和图 9-4（c）左图所示，这类数据通过请求 API 的/series 端点获得。第 2 类数据存储在 metricMetadata 成员中，其结构用于监控项名称到元数据（HELP、TYPE、UNIT）的映射，在展示监控项的下拉列表时看到的监控项数据类型以及说明[见图 9-4(a)]就来自该成员，这类数据通过请求 API 的/metadata

端点获得。第 3 类数据存储在 labelValues 成员中，其结构用于标签名称到标签值的映射，当 PromQL 语句的上下文不能提供监控项名称只能提供标签名称时就需要通过该数据来获取可选的标签值，如图 9-4（c）右图所示，这类数据通过/label/:name/values 端点获得。第 4 类数据存储在 labelNames 成员中，这是一个字符串数组，其中存储了所有的标签名称，当上下文不能提供监控项名称时可以通过该数据获得标签名称选项，如图 9-4（b）右图所示，这类数据通过/labels 端点获得。上述 4 类数据除了 labelValues 成员在编辑器加载时会填充 __name__ 标签（也就是监控项名称）的值，剩余 3 类数据在加载编辑器时均为空，所以编辑器一旦完成加载就具备了监控项名称的可选项数据。除此之外，对缓存数据的请求都是按需执行的，只有当需要显示对应的下拉列表时才会请求这些数据，并且在不能命中的情况下进一步访问 API。

代码清单 9-9　客户端缓存的数据结构

```
class Cache {
  private readonly completeAssociation: LRUCache<string, Map<string, Set<string>>>;
  private metricMetadata: Record<string, MetricMetadata[]>;
  private labelValues: LRUCache<string, string[]>;
  private labelNames: string[];
...
```

注意，completeAssociation 成员和 labelValues 成员使用了 LRU 缓存，即采用 LRU 淘汰算法。LRU 缓存的结构主要由 1 个双向链表和 1 个 Map 构成，如图 9-5 所示。链表中的每个节点存储着一个键值对，节点在链表中的位置代表其新鲜程度（最后一次访问时间），新访问的节点将被移动到链表头部，新增的节点也是添加到链表头部，而链表尾部的节点总是最陈旧的数据（最长时间未使用）。PromQL 编辑器使用的 LRU 缓存没有限制节点的存活时间，但是对链表的节点数量进行了限制。这意味着数据一旦进入缓存就不会因为过期而被清除，除非缓存的数据量超过限制。链表的作用是在清除数据时可以方便地从链表尾部开始逐个删除节点。字典结构的作用是可以根据主键快速查找节点，其中的节点与链表节点一一对应。当添加或者删除节点时需要同时在链表和字典中操作。当移动节点时则只需在链表中操作。

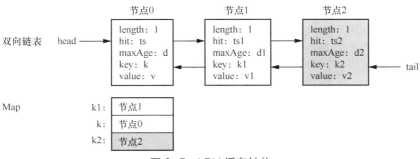

图 9-5　LRU 缓存结构

当编辑器需要使用缓存数据来提供下拉列表可选项时，如果缓存数据没有被命中则通过 API 获取数据。然而请求的信息在数据库中可能根本不存在，此时 API 将返回空结果。例如图 9-4（c）中的下拉列表使用的是 instance 和 code 标签的值，如果这两个标签在数据库中不存在，则无法利用任何数据。在这种情况下，随着编辑内容的变化，编辑器会反复尝试访问 API，每增加或者删除一个字符就会访问一次。同理，图 9-4（b）左图的下拉列表使用的是监控项 prometheus_tsdb_blocks_loaded 拥有的标签名称，此时如果该监控项在数据库中并不存在，则编辑标签名称的过程中将反复访问 API。

自动补全根据语境类型选取不同的自动补全结果，共支持 14 种语境类型，如代码清单 9-10 所示。语境类型决定了候选结果，解析语句生成的语法树决定了当前所处的语境类型。由于编辑器中的文本为尚未解析完成的语句，所以解析生成的语法树只是最终结果的一部分，但是即使是一部分仍然能够大致判断当前位置的记号类型。编辑器中包含当前文本的语法树，编辑器总是在处理文本的同时更新语法树。

代码清单 9-10　自动补全语境类型

```
export declare enum ContextKind {
    MetricName = 0,              // 使用缓存数据
    LabelName = 1,              // 使用缓存数据
    LabelValue = 2,             // 使用缓存数据
    Function = 3,               // 函数名，67 个候选结果
    Aggregation = 4,            // 12 个候选结果
    BinOpModifier = 5,          // 二元操作符的修饰符，4 个候选结果
    BinOp = 6,                  // 二元操作符，16 个候选结果
    MatchOp = 7,                // 4 个候选结果：=、!=、=~、!~
    AggregateOpModifier = 8,    // 2 个候选结果：by、without
    Duration = 9,               // 7 个候选结果：y、w、d、h、m、s、ms
    Offset = 10,                // offset 修饰符，1 个候选结果
    Bool = 11,                  // bool 修饰符，1 个候选结果
    AtModifiers = 12,           // 2 个候选结果：start()、end()
    Number = 13                 // 2 个候选结果：nan、inf
}
```

9.3.2　语法高亮

语法高亮（highlighting）的作用在于为不同的语法成分应用不同的样式，这显然依赖于解析器对语句的解析结果。解析结果中的语法成分具体应用何种样式由两层映射决定，第一层将语法成分映射到一组命名标记中，第二层将命名标记映射到具体的样式。这种设计通过命名标记作为中介，实现了语法成分与样式之间的解耦。具体的映射过程如代码清单 9-11 所示，可见 PromQL 编辑器选择了语法成分中的 15 种，并最终映射到 13 种高亮样式，即任何语句最多出现 13 种不同的样式（如果算上默认样式则为 14 种）。由于解析器可以动态增量解析，所以在语句编辑过程中可以动态应用语法高亮样式。

代码清单 9-11　从语法成分到样式的映射

```
export const promQLHighLight = styleTags({
    LineComment: tags.comment,                   // 注释行
    LabelName: tags.labelName,                   // 标签名称
    StringLiteral: tags.string,                  // 字符串，以引号标识
    NumberLiteral: tags.number,                  // 数字
    Duration: tags.number,                       // 时间长度，与数字样式相同
    'Abs Absent ...... Vector Year': tags.function(tags.variableName),   // 函数名
    'Avg Bottomk ...... Sum Topk': tags.operatorKeyword,       // 聚合函数名
    'By Without ...... Offset Start End': tags.modifier,      // 修饰符关键词
    'And Unless Or': tags.logicOperator,                      // 逻辑运算符
    'Sub Add Mul ...... NeqRegex Pow At': tags.operator,      // 运算符等
    UnaryOp: tags.arithmeticOperator,                         // 一元运算符
    '( )': tags.paren,                  // 孤立的左圆括号或者右圆括号
    '[ ]': tags.squareBracket,          // 孤立的左方括号或者右方括号
    '{ }': tags.brace,                  // 孤立的左花括号或者右花括号
    '⚠': tags.invalid,                 // 一个特殊符号，U+26A0
})
export const promqlHighlighter = HighlightStyle.define([
  { tag: tags.name, color: '#000' },                 // tags.labelName 的父类
  { tag: tags.number, color: '#09885a' },
  { tag: tags.string, color: '#a31515' },
  { tag: tags.keyword, color: '#008080' },           // tags.operatorKeyword 的父类
  { tag: tags.function(tags.variableName), color: '#008080' },
  { tag: tags.labelName, color: '#800000' },
  { tag: tags.operator },       // tags.arithmeticOperator 和 tags.logicOperator 的父类
  { tag: tags.modifier, color: '#008080' },
  { tag: tags.paren },                       // 圆括号，未设置高亮样式
  { tag: tags.squareBracket },               // 方括号，未设置高亮样式
  { tag: tags.brace },                       // 花括号，未设置高亮样式
  { tag: tags.invalid, color: 'red' },       // 无效符号，红色
  { tag: tags.comment, color: '#888', fontStyle: 'italic' },     // 注释，斜体
]);
```

9.3.3　语法检查

语法检查由 HybridLint 类提供，其定义如代码清单 9-12 所示。它实际上用于解析当前语句并生成语法树，解析过程中遇到错误将会生成错误节点并继续，待解析完毕后检查语法树中存在哪些错误节点。

代码清单 9-12　语法检查使用的类定义

```
export class HybridLint {
    promQL() {
        return (view) => {
            const parser = new Parser(view.state);   // 生成语法树
            parser.analyze();        // 检查语法树并发现语法错误，将其存储在 parser 的字段中
            return parser.getDiagnostics();          // 获取并返回错误信息
        };
    }
}
```

9.4　PromQL 前端解析器

PromQL 解析器工作在客户端，基于通用型的 Lezer 解析器框架实现。Lezer 提供了一种构建和使用分析表的框架，利用该框架可以实现多种语言的解析。本节介绍利用这一框架实现的 PromQL 解析器的关键数据结构以及解析过程中的主要工作机制。

9.4.1　解析器的栈结构

PromQL 解析器栈的主要结构如图 9-6 所示，它使用由状态值、字符位置和语法树缓存位置构成的三元组来记录解析过程中的状态信息，其中字符位置为状态入栈时的扫描起点位置，语法树缓存位置为输出的语法树节点在 buffer 中的位置。解析器的当前状态并未存储在栈数组中，而是使用 state 成员表示，当需要转换到下一个状态时该状态才可能入栈。就 PromQL 而言，其解析器初始状态为 0。pos 成员存储的是当前扫描位置，所以栈总是能够知道下一个要扫描的字符在何处。

解析过程中生成的语法树节点依次添加到 buffer 成员中，由于语法树按照自底向上的顺序生成，所以 buffer 的最后一个元素是根节点。当需要将 buffer 中的节点转换为语法树时需要先处理根节点，即需要从语法树缓存的末尾开始处理，依次向前推进。

可见，栈结构一方面可以控制词法分析器的扫描进度，另一方面可以控制句法分析器的状态以及为句法分析器输出的语法树提供存储区域。

图 9-6　PromQL 解析器栈的主要结构

9.4.2　分析表的编码及其加载

在 PromQL 解析器中，无论是词法分析器还是句法分析器都是由分析表实现的状态机，其中前者使用了 1 个分析表，后者则使用了 3 个分析表。所有分析表均为整数数组结构，它们能够以四十六进制编码格式序列化为字符串，运行解析器时将这些字符串反序列化为整数数组即可使用。

四十六进制编码使用 2 组可打印字符表示一系列无符号整数，每个字符表示 0～45 的一个数值（具体的码值表参见本书配套资源中的附录 A），其中一组表示数值结束，另一组表示数值未结束。因此，该编码在表示整数的同时提供了一种分隔整数的机制，即该编码可以用一个连续的字符串表示多个整数。四十六进制编码全部采用 ASCII 字符，将 ASCII 值 32～125 的可打印符号（共 94 个）去掉 2 个保留符号，构成附录 A 所示的两组四十六进制编码，其中第一组表示数值的高位，第二组表示数值的低位（意味着数值结束）。为了方便解码，字符串表示的第一个值代表该字符串容纳的数值个数，所以读取到第一个值就知道需要构建多长的数组来存储后面的数值。以 PromQL 解析器的状态表（states）的编码为例，四十六进制编码使用 1,833 个字符表示 984 个整数，相对于使用阿拉伯数字符号，这种编码更加紧凑、占用空间更小。

　　PromQL 解析器使用了 4 个分析表，即词法分析器使用的记号数据表（token Data）以及句法分析器使用的状态表、状态数据表和 goto 表。这些表均通过对四十六进制字符串的反序列化进行加载，反序列化过程如代码清单 9-13 所示。在所有分析表中，无论是状态值还是词法分析器扫描的字符、输出的记号以及句法分析器使用的动作信息、输出的语法树节点，均以整数表示。其中，词法分析器输出的记号和句法分析器输出的语法树节点对应的名称存储在代码清单 9-13 展示的 nodeNames 成员中（按照编号排序），这些名称构成了分析器的完整 term 表（见本书配套资源中的附录 B）。

代码清单 9-13　词法分析器的反序列化（含分析表的加载）

```
export const parser = LRParser.deserialize({
  version: 14,
  states: "6bOYQPOOO'OQPOOOOQO'#C{...7+$o7+$oOOQO7+$w7+$wOOQOAN?zAN?z",  // 状态表
  stateData: "!'W~O$[OSkOS~OWQOXQOY...i%tyi%wyi%xyi%yyi%{yi~O%v$iO~O",  // 状态数据表
  goto: "(v$VPPPPPPPPPPPPPPPP...j#{R#[]R#X[Q#Y[R$[#uR#t#WR#q#R",  // goto 表
  nodeNames: "⚠ Bool Ignoring ... MetricName",  // 节点名称
  maxTerm: 228,  // 最多识别出 229 种记号，0～228
  propSources: [promQLHighLight],
  skippedNodes: [0,27],  // 跳过 invalid 节点和 lineComment 节点
  repeatNodeCount: 0,
  tokenData: "1R~RwX^#lpq#lqr$a...O#S0k#S#T%]#T~0k~0|O%{~~1RO%|~",  // 记号数据表
  tokenizers: [0, 1, 2], // 数字类型的元素,代表每个 TokenGroup 对应的 ID(共有 3 个 TokenGroup)
  topRules:{"PromQL":[0,28],"MetricName":[1,145]}, // 状态 0 和 1 为顶层状态,term 为 28 和 145
  specialized: [{term: 57, get: (value, stack) => (specializeIdentifier(value, stack)
<< 1)},{term: 57, get: (value, stack) => (extendIdentifier(value, stack) | 1)},{term:
57, get: value => spec_Identifier[value] || -1}],
  tokenPrec: 0
})
```

9.4.3　词法分析器

　　词法分析器将输入字符串转换为记号序列的过程中使用记号数据表实现状态之间的转换与记号识别。记号数据表实际上是一个 16 位无符号整数（Uint16）数组，其构成元素从

tokenData 字段解码获得，该表的完整内容参见本书配套资源中的附录 C。词法分析器的当前状态对应该表中的索引号，在使用该表时，根据状态找到该状态对应位置的连续 3 个元素，根据这 3 个元素可以进一步找到需要输出的记号以及下一个输入符号指引的目标状态。表 9-1 为记号数据表节选，其中包含状态 586 的识别记号以及状态 586 到状态 608 的转换，根据该表绘制的状态图如图 9-7 所示。词法分析器的初始状态为 0，每次成功识别一个记号之后重新回到状态 0 开始识别下一个记号，如此循环直到输入字符串结束。如果在编辑器中输入字符串 "prometheus"，它将被识别为 term 57（即 Identifier，见本书配套资源中的附录 B）和 term 146（eof）。如果输入 "{}"，左、右花括号将分别被识别为记号 227 和 228，结束符同样识别为 term 146。

表 9-1　记号数据表节选

索引号	分组掩码/识别记号/最小符号	起始索引号/分组掩码/最大符号	符号区间数量/目标状态	备注
586～588	7	593	5	7（0b111）代表当前状态可识别出 3 个分组的记号；593 代表从当前行到 593 索引号之间为当前状态可识别的记号；5 代表该状态的出边数量，即从 593 索引号往后的 5 组符号各自构成一条出边
589～590	226	4		在分组掩码为 4（0b100）的情况下识别出记号 226
591～592	57	3		在分组掩码为 3（0b11）的情况下识别出记号 57
593～595	48	58	608	符号 0～9，出边 1，将使状态切换到 608
596～598	58	59	608	符号冒号（：），出边 2，将使状态切换到 608
599～601	65	91	608	符号 A～Z，出边 3，将使状态切换到 608
602～604	95	96	608	符号下画线（ _ ），出边 4，将使状态切换到 608
605～607	97	123	608	符号 a～z，出边 5，将使状态切换到 608
608～610	3	613	5	3（0b11）代表当前状态可识别出 2 个分组的记号；613 代表从当前行到 613 索引号之间为当前状态可识别的记号；5 代表该状态的出边数量，即从 613 索引号往后的 5 组符号各自构成一条出边
611～612	57	3		在分组掩码为 3（0b11）的情况下识别出记号 57
...	...	...	...	...

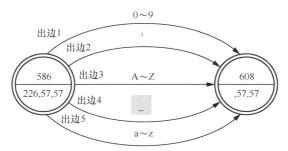

图 9-7 词法分析有限自动机状态图（部分）

9.4.4 句法分析器

句法分析器的最终目标是根据语法规则将记号序列转换为语法树。从记号序列来看，没有任何结构或者信息表明各个记号之间存在关系，它们似乎只是互不相干的独立个体。句法分析器的任务是将这些看上去互不相干的记号组织成符合语法规则的整体，也就是构造成一棵语法树。由于语法规则已经规定好了各种记号之间的关系，所以句法分析器实际上需要做的是检查记号序列是否符合语法规则。不过，由于语法规则是层层嵌套的，所以不仅需要检查底层的语法规则，还需要检查底层之上的每一层语法规则。在这一过程中不可避免地需要使用一些中间符号来表示中间层的关系。

具体到 PromQL 解析器的句法分析器，它使用栈结构和状态机来完成自己的任务。当不能确定某个记号在语法树中的位置时，句法分析器先将其入栈，随着入栈记号的增加，最终将找到匹配的语法规则，从而能够确定其在语法树中的位置，此时可以将其出栈并生成语法树节点。如果匹配的语法规则不是顶层语法规则，则将该语法规则使用的中间符号入栈，进一步寻找更上层的匹配语法规则。如此循环，直到顶层语法规则。在不断入栈、出栈的过程中，匹配的语法规则不断变化，状态机的状态值也不断变化。

详细的入栈、出栈时机以及状态如何变化主要通过查找状态表、状态数据表和 goto 表（分别加载自 states、stateData 和 goto，见代码清单 9-13）确定，三者的完整内容参见本书配套资源中的附录 D、附录 E 和附录 F。其中，状态表的作用是根据当前状态决定下一步是执行无条件归约（无须消耗 term）还是进一步检查 term 之后再决定。如果决定检查 term，则查找状态数据表中相应 term 的动作值，并按照动作值进行操作（可能是移进或者归约）。一般而言，如果执行了归约操作，句法分析器将产生一个非终结符，由非终结符驱动的状态转换则通过查找 goto 表实现。

状态表的数据结构为 Uint32 数组，它可以为 164 种状态提供信息，每种状态有 6 个元素，因此该表共有 984 个元素。状态数据表为 Uint16 数组，共有 2,400 个元素。这里分别节选状态表和状态数据表的一部分内容（见表 9-2 和表 9-3）来讲解它们的使用方法。状态表中的默认归约和强制归约均为 32 位无符号整数表示的动作值，该值的低 16 位和高 16 位具有不同的含义，低 16 位代表归约之后生成的 term（生成式的左部），高 16 位中的低 3 位为标识位，剩余的位则为归约深度，也就是归约动作需要回退多少个状态。由于状态数据表是 16 位无符号整数数组，所以需要使用 2 个元素来表示一个动作值，并且状态数据表中的动作值不仅可以表示归约，也可以表示移进。当动作值表示移进时，低 16 位代表的是目标状态值而非生成的 term。归约和移进的动作值结构如表 9-4 所示。

表 9-2　状态表节选

索引号	当前状态	标志 0	状态数据索引号 1	跳过 2	分词器掩码 3	默认归约 4	强制归约 5
0～5	**0**	0	**10**	2	1	0	0
6～11	1	0	276	2	1	0	0
12～17	2	0	0	2	0	589855	589855
18～23	3	0	281	2	1	0	589854
24～29	4	2	292	2	2	0	0
30～35	5	0	0	2	0	589879	589879
...	...	...	...	...	...	...	...
66～71	11	0	0	2	0	589958	589958
72～77	12	0	626	2	4	0	589959
78～83	13	0	634	2	2	0	589957
84～89	14	0	0	2	0	589957	589957
90～95	15	0	0	2	0	589853	589853

表 9-3　状态数据表节选

索引号区间	记号 ID（当前 term）	生成 term/目标状态	归约深度与标识位
634～636	227	12	0
637～639	6	133	9
640～642	7	133	9
643～645	22	133	9
646～648	23	133	9
649～651	24	133	9
652～654	40	133	9
655～657	43	133	9
658～660	44	133	9
661～663	45	133	9

索引号区间	记号 ID（当前 term）	生成 term/目标状态	归约深度与标识位
664～666	46	133	9
667～669	47	133	9
670～672	48	133	9
673～675	49	133	9
676～678	50	133	9
679～681	51	133	9
682～684	52	133	9
685～687	53	133	9
688～690	143	133	9
691～693	**146**	**133**	**9**
694～696	221	133	9
697～699	153	133	9
700～702	152	133	9
703～704	65535	0	

表 9-4　归约与移进动作值的结构

动作类型	高 16 位				低 16 位
	高 13 位	stay 标识位	goto/repeat 标识位	移进/归约标识位	
规约动作值	归约深度	0/1	0/1	1	生成的 term 值
移进动作值	0	0/1	0/1	0	目标状态值

　　假设 PromQL 解析器刚刚初始化完毕，即当前状态为 0，然后从词法分析器获取 term 57（Identifier）。此时，句法分析器先从状态表中查找状态 0 是否存在默认归约，发现结果为 0，即没有默认归约，这意味着需要根据状态数据表的内容确定下一步动作。因此，进一步检查状态数据索引号，结果为 10，代表需要从状态数据表的 10 号元素开始查找。由于状态数据表中的 10 号元素为 term 8，不是需要的 term 57，所以依次向后查找，直到 46 号元素，也就是 term 57，该行对应的动作值为 11（低 16 位）和 0（高 16 位），代表这是一个移进动作，目标状态为 11。因此，随后将当前状态 0 入栈，新的当前状态为 11。

　　继续查找状态表，发现状态 11 存在默认归约（589958），且低 16 位为 134，高 16 位为 9，意味着归约深度为 1 并生成 term 134 （MetricIdentifier 节点），状态也将回退到 0。由于 term 134 为非终结符，所以需要查找 goto 表来确定下一个状态。下面先介绍 goto 表，再介绍查找过程。

　　goto 表由前后两部分构成，前部为索引区，后部为数据区。索引区的第 1 个元素代表索引区的长度（就 PromQL 解析器而言，该值为 145，见表 9-5）。第 2 个元素为编号为 0 的 term 的数据起点索引号，第 3 个元素为编号为 1 的 term 数据起点索引号，以此类推直到索引区结束。数据区紧跟在索引区之后，就 PromQL 解析器而言，其索引区到 145 索引结束（见表 9-5），数据区则从 146 索引开始。注意，表 9-5 中有些 term 的数据起点值为 1，并不在真正的数据区中，这是因为 goto 表严格意义上说只为非终结符提供状态转换，而这些 term 均为终结符，不在 goto 表的服务范围之内。之所以它们会出现在 goto 表中是为了提供一种容错能力，即使在记号序列不符合语法规则的情况，句法分析器仍然能够处理后续的部分。在容错的情况下，这些终结符将使状态转换到状态 1。如果只考虑非终结符，goto 表可以为 96 种 term 提供状态转换服务。

继续介绍前面的查找过程，根据表 9-5 和表 9-6 可知 term 134 在来源状态为 0 时将转换为状态 13，查找表 9-5 发现，term134 的 goto 数据在索引号值为 315 的区域，该区域的 goto 数据展示在表 9-6 中。按照 goto 表的数据组织规则，每个 term 的数据都是连续存放，目标状态值在前，来源状态值紧随其后。就 term134 而言，在目标状态 13 之后紧跟着 10 个来源状态，意味着在这 10 个状态下如果遇到 term134，状态就将转换为状态 13。本例中的来源状态（状态 0）也属于这 10 个状态之一，因此确定目标状态为 13。此时需要将状态 0 入栈（如果已在栈中则不需要再次入栈）并将当前状态切换为 13。按照上述过程，归约操作导致了状态先回退然后前进到新状态，这一过程需要 goto 表的参与。截至目前，PromQL 解析器已经识别了 2 个语法树节点：term 57 和 term134。然而，到这里解析并没有结束。

表 9-5　PromQL 解析器 goto 表索引区

索引号	值	备注	索引号	值	备注
0	145	145 代表索引区长度	37	1	编号为 36 的 term，终结符
1	1	索引区的开端，编号为 0 的 term	38	227	编号为 37 的 term
2	1	编号为 1 的 term，终结符	39	236	编号为 38 的 term
3	1	编号为 2 的 term，终结符	40	176	编号为 39 的 term
⋯	⋯	编号为 3～27 的 term，值均为 1	41	1	编号为 40 的 term，终结符
29	1	编号为 28 的 term，终结符	42	239	编号为 41 的 term
30	146	编号 29 的 term，数据在 146 位置	43	254	编号为 42 的 term
31	176	编号为 30 的 term	44	1	编号为 43 的 term，终结符
32	188	编号为 31 的 term	⋯	⋯	编号为 44～52 的 term，终结符
33	200	编号为 32 的 term	54	1	编号为 53 的 term，终结符
34	206	编号为 33 的 term	55	176	编号为 54 的 term
35	218	编号为 34 的 term	56	264	编号为 55 的 term
36	221	编号为 35 的 term	57	276	编号为 56 的 term

续表

索引号	值	备注	索引号	值	备注
58	1	编号为 57 的 term，终结符	134	176	编号为 133 的 term
59	276	编号为 58 的 term	135	**315**	**编号为 134 的 term**
…	…	编号为 59~122 的 term，值均为 276	136	330	编号为 135 的 term
124	276	编号为 123 的 term	137	345	编号为 136 的 term
125	176	编号为 124 的 term	138	348	编号为 137 的 term
126	1	编号为 125 的 term，终结符	139	354	编号为 138 的 term
127	288	编号为 126 的 term	140	1	编号为 139 的 term，终结符
128	176	编号为 127 的 term	141	1	编号为 140 的 term，终结符
129	176	编号为 128 的 term	142	1	编号为 141 的 term，终结符
130	1	编号为 129 的 term，终结符	143	176	编号为 142 的 term
131	176	编号为 130 的 term	144	1	编号为 143 的 term，终结符
132	176	编号为 131 的 term	145	357	索引区结束，此后为数据区
133	303	编号为 132 的 term	146	2	数据区开始

表 9-6 term134 的 goto 数据

索引号	值	说明（下画线标注数字为目标状态 ID）
315	20	20（0b10100）的末位 0 代表紧跟的来源状态和目标状态不是最后一组，剩余位 0b1010 代表本组包含 10 个来源状态
316	13	目标状态为 13
317	0	来源状态为 0
318	9	来源状态为 9
319	10	来源状态为 10
320	85	来源状态为 85
321	114	来源状态为 114
322	115	来源状态为 115
323	116	来源状态为 116
324	117	来源状态为 117
325	118	来源状态为 118
326	135	来源状态为 135
327	3	3（0b11）的末位 1 代表紧跟的来源状态和目标状态为最后一组，剩余位 0b1 代表本组包含 1 个来源状态
328	83	目标状态位为 83
329	1	来源状态为 1

在状态 13 之下查找状态表，发现其没有默认归约，意味着需要处理下一个记号，也就是 term 146（eof）。通过进一步查找状态数据表，发现 term 146 在状态 13 下需要执行归约动作值 133 和 9，即回退 1 个状态并生成 term 133（VectorSelector），随后前进到状态 15（据 goto 表）。此时，PromQL 解析器已识别了 3 个 term：term57、term134、term133。

状态 15 存在默认归约值 589853，即回退 1 个状态并生成 term 29（Expr），随后前进到状态 4。在状态 4 的情形下，由于没有下一个 term 可供使用，所以将结束解析。最终，PromQL 解析器共识别了 4 个 term，其输出的语法树如下（顶层的 PromQL 在生成语法树时添加）。

```
PromQL(Expr(VectorSelector(MetricIdentifier(Identifier))))
```

## 第 10 章

Prometheus 的构建与部署

Prometheus 的构建过程主要使用两种编程语言，即 Go 语言和 TypeScript 语言。其中，Go 语言主要用于服务端组件的实现，TypeScript 语言主要用于 Web 用户界面的实现。与此同时，编译和构建过程中还可以根据需要略过部分模块和插件的构建，从而减小目标文件的空间占用。对目标文件和配置文件的部署同样可以根据需要进行定制。本章以编译和构建使用的 Makefile 文件为主线讲解编译和构建的详细过程及其组成部分。本章使用的编译和构建环境为 CentOS 8、Go 1.17、Node 17.0.0 和 npm 8.1.0。主机配置为 4 核 CPU、2,048 MB 内存的虚拟机，已连接互联网。使用的 Prometheus 版本号为 2.37.0。

10.1 Makefile 文件

Prometheus 使用 Makefile 文件来组织构建过程，该文件中定义了数十个具有依赖关系的规则及其命令，这些规则可以使用 make 命令来执行，其中较重要的是 all 规则及其依赖规则，它们的关系如图 10-1 所示，该图涵盖了本章讲解的主要内容。

图 10-1 中的规则大体上可以分为 3 类：第 1 类用于在构建之前进行代码静态检查；第 2 类用于执行实质性的构建工作；第 3 类用于程序测试。在 make all 命令执行过程中这 3 类规则依次执行，其中任何一个规则执行失败都会导致构建过程的中断。在某些情形下，可以根据需要略过其中的某些规则。即使是第 2 类构建规则——它进一步由多个其他规则构成——也可以选择略过其中的某一部分。本章的后续内容将讲解部分规则的作用和工作过程，这些规则的作用如表 10-1 所示，希望能够帮助读者根据需要定制自己的构建过程。

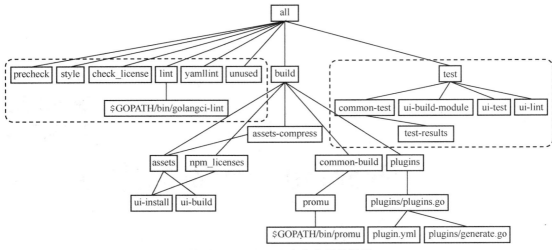

图 10-1 make all 命令应用的规则

表 10-1 Makefile 文件定义的 15 个规则的作用

序号	执行规则（make 命令）	作用
1	make precheck	定义一个规则模板，用于动态添加规则，本章不涉及
2	make style	检查每个 Go 代码文件的书写风格是否符合标准
3	make check_license	检查每个 Go 代码文件是否包含许可声明
4	make lint	静态代码检查
5	make yamllint	YAML 文件的代码检查
6	make unused	使用 go mod tidy 进行模块整理
7	make ui-install	安装 Web 用户界面使用的依赖包（node_modules）
8	make ui-build	在 static 目录下生成 Web 用户界面使用的 JS 文件、CSS 文件等静态资源
9	make assets-compress	使用 gzip 压缩 Web 用户界面使用的静态文件，以提高加载效率
10	make common-build	使用 promu 命令构建 Prometheus 和 Promtool 模块
11	make plugins	注册 discovery 服务使用的插件
12	make common-test	使用 go test 命令进行 Go 代码测试
13	make ui-build-module	编译和构建 Web 用户界面使用的解析器和编辑器模块
14	make ui-test	使用 jest 或者 react-scripts 命令检查 Web 用户界面相关模块的代码
15	make ui-lint	使用 eslint 工具检查 Web 用户界面模块代码

执行 make all 命令的过程中，根据其输出信息可以判断当前正在执行哪个规则。代码清单 10-1 中的内容为在每个规则执行的开始阶段输出的提示信息。

代码清单 10-1　make all 命令执行过程中在每个规则执行的开始阶段输出的提示信息

```
>> checking code style                                    # style
>> checking license header                                # check_license
>> running golangci-lint                                  # lint
>> running yamllint on all YAML files in the repository   # yamllint
>> running check for unused/missing packages in go.mod    # unused
cd web/ui && npm install                                  # ui-install
cd web/ui && CI="" npm run build                          # ui-build
>> bundling npm licenses                                   # npm_licenses
>> compressing assets                                      # assets_compress
>> building binaries                                       # common_build
>> creating plugins list                                  # plugins
>> running all tests                                       # common-test
cd web/ui && npm run build:module                         # ui-build-module
cd web/ui && CI=true npm run test                         # ui-test
cd web/ui && npm run lint                                 # ui-lint
```

10.2　代码静态检查

代码静态检查涉及 5 项规则，即 style、check_license、lint、yamllint 和 unused，每个规则可以检查代码的一个方面。

style 规则没有依赖项，从而可以无条件执行，它使用 gofmt 命令对所有 Go 代码进行书写风格检查，以确保代码书写风格符合规范，如发现任何代码书写风格与规范不符，则输出不符的部分并退出。虽然代码书写风格不合规范未必会导致程序编译或者运行出错，但是对代码书写风格的强制性要求有助于增进编码人员之间的相互理解与协作。style 规则定义如代码清单 10-2 所示。需要注意的是，不同版本的 gofmt 检查的代码书写风格不同，Prometheus 2.37.0 的代码书写风格检查仅在 1.17 版本的 gofmt 能够通过。

代码清单 10-2　style 规则定义

```
.PHONY: common-style
common-style:
    @echo ">> checking code style"
    @fmtRes=$$($(GOFMT) -d $$(find . -path ./vendor -prune -o -name '*.go' -print)); \
    if [ -n "$${fmtRes}" ]; then \
        echo "gofmt checking failed!"; echo "$${fmtRes}"; echo; \
        echo "Please ensure you are using $$($(GO) version) for formatting code."; \
        exit 1; \
    fi
```

check_license 规则用于确保所有 Go 代码均遵循 Apache 2.0 许可协议进行授权和免责。根据 Apache 2.0 许可协议，所有代码文件必须包含版权声明。由于 Prometheus 将版权声明放在每个代码文件的开头位置，所以该规则检查每个代码文件的前 3 行内容是否包含指定

的关键词（Copyright、generated 或 GENERATED）来判断是否进行了版权声明，如代码清单 10-3 所示。如果任何代码文件都没有通过检查，该规则将进行提示并退出。

代码清单 10-3　main.go 文件和 openmetricslex.l.go 文件中的版权声明

```
// Copyright 2015 The Prometheus Authors
// Licensed under the Apache License, Version 2.0 (the "License");
// you may not use this file except in compliance with the License.
// …

// Code generated by golex. DO NOT EDIT.

// Copyright 2018 The Prometheus Authors
// THIS CODE WAS AUTOMATICALLY GENERATED
// …
```

lint 规则使用 golangci-lint 命令对所有 Go 代码进行静态检查以在 Prometheus 构建之前发现错误并尝试修正，所以该规则的前提条件是已安装 golangci-lint 命令行工具。该规则使用 1.45.2 版本的 golangci-lint 执行检查，默认会启用 10 种检查器。除此之外，.golangci.yml 配置文件中显式开启了另外 5 种检查器（见代码清单 10-4）。两类检查器合计 15 种，每种检查器的检查内容详如表 10-2 所示，如果任何一种检查没有通过该规则将进行提示。如果需要增加或者减少检查器，可以通过修改配置文件实现。

代码清单 10-4　.golangci.yml 配置文件的部分内容

```
linters:
  enable:
    - depguard
    - gofumpt
    - goimports
    - revive
    - misspell
```

表 10-2　lint 规则启用的检查器

序号	名称	检查内容	默认开启
1	depguard	确保引用的依赖包在可靠清单内，如果引用了不可靠的包，将会报错	否
2	gofumpt	代码书写风格检查，比 gofmt 更加严格	否
3	goimports	检查并修正 import 语句	否
4	revive	相当于使用常规的 golint 命令执行的检查	否
5	misspell	检查注释内容是否有常见的英文拼写错误	否
6	gosimple	检查代码是否足够简化	是
7	govet	检查可疑的代码结构	是
8	ineffassign	检查是否有赋值的变量没有被使用	是
9	errcheck	检查是否所有错误都进行了有效处理	是

续表

序号	名称	检查内容	默认开启
10	staticcheck	按照指定规则检查代码中的问题	是
11	typecheck	类型检查，类似 Go 编译器的前期工作	是
12	unused	检查代码中是否存在未使用的变量、函数、类型等	是
13	structcheck	用于发现未使用的结构体	是
14	varcheck	用于发现未使用的全局变量和常量	是
15	deadcode	用于发现未使用的声明语句	是

yamllint 规则用于对进行的项目中的所有 YAML 文件（以.yml 或者.yaml 为扩展名的文件）进行检查，检查内容包括语法合法性、重复主键、缩进等，具体由.yamllint 配置文件配置。yamllint 规则定义如代码清单 10-5 所示，可见该检查并非强制性的，如果没有安装 yamllint 工具，将显示一条提示并继续下一步。

代码清单 10-5　yamllint 规则定义

```
.PHONY: common-yamllint
common-yamllint:
    @echo ">> running yamllint on all YAML files in the repository"
ifeq (, $(shell which yamllint))
    @echo "yamllint not installed so skipping"
else
    yamllint .
endif
```

unused 规则定义如代码清单 10-6 所示，该规则实际上调用 go mod tidy 命令，该命令主要修改 go.sum 和 go.mod 文件，以确保其中的内容是必需的。

代码清单 10-6　unused 规则定义

```
.PHONY: common-unused
common-unused:
    @echo ">> running check for unused/missing packages in go.mod"
    $(GO) mod tidy
    @git diff --exit-code -- go.sum go.mod
```

10.3　构建过程

具体的构建过程由 build 规则定义，通过 make build 命令可以执行该规则。由图 10-1 可知，该规则存在多个依赖规则，这些依赖规则主要有 4 项：assets-compress（构建 Web 用户界面所需的资源）、npm_licenses（版权声明文件的构建）、common-build（Go 代码的构建）、plugins（自动发现插件的注册）。本节依次讲解这 4 项依赖规则。

10.3.1   Web 用户界面静态资源文件的构建

Web 用户界面静态资源主要包含浏览 Web 页面所需的 HTML 文件、JS 文件、CSS 文件、字体文件等，这些文件中有一部分随代码一起发布并放置在 web/ui/static 目录中，剩余部分则需要经过编译、构建生成。一旦构建完毕，Prometheus 提供两种方式来访问这些文件，可以通过编译参数来选择其中的一种。第一种方式是使用 gzip 压缩这些文件并将其嵌入 Go 目标文件中，这种嵌入方式使得一个目标文件中同时包含 Web 用户界面功能和 Prometheus 服务功能。第二种方式是不进行压缩，直接将这些文件放到指定的文件目录中以便访问。无论从资源加载速度还是部署的便捷性来看，第一种方式明显优于第二种方式。如果采用第一种方式就必须在构建 Go 代码之前完成静态资源文件的构建并完成压缩。如果采用第二种方式则两者可以分别构建，不分先后，只需要在部署之前将两者构建完毕即可。

Web 用户界面静态资源文件的代码主要使用 TypeScript（TS）语言，代码文件位于 web/ui 目录下。该目录下的文件主要为 TSX 文件、TS 文件和 JS 文件，如代码清单 10-7 所示。

代码清单 10-7   Web 用户界面代码文件类型统计

```
[root@test ui]# find ./ -type f|grep -o -E '\.\w*$'|sort|uniq -c|sort -nr
    72 .tsx          // 该类型的文件仅位于 react-app 目录下
    42 .ts
    22 .js
    14 .css          // 该类型的文件仅位于静态文件 static 目录和 react-app 目录下
    13 .json
    10 .map          // 该类型的文件仅位于静态文件 static 目录下
    ...
```

Web 用户界面静态资源文件的构建和压缩流程分为 3 步，如图 10-2 所示，其中的 assets 规则仅用于表示依赖关系，没有实质性的动作。如果采用第一种方式就需要完成整个流程，也就是执行 make assets-compress 命令。如果采用第二种方式则可以省略最后一步，即执行 make assets 命令。整个流程的第一步需要下载 TS 代码依赖包，这一工作由 ui-install 规则定义，具体的操作方法是调用 npm install 命令，将依赖包安装到 node_modules 目录下。依赖包就绪之后就可以进行 TS 代码的编译工作以生成最终的静态资源文件，并存储到 web/ui/static/react 目录下，这一过程由 ui-build 规则实现。

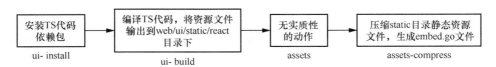

图 10-2   Web 用户界面资源文件的构建和压缩流程

流程的最后一个动作是将所有静态资源文件分别进行 gzip 压缩, 并生成一个 embed.go 文件以实现将静态资源文件嵌入 Go 目标文件中 (通过 go:embed 指令)。这种压缩过程会将资源文件总体大小从约 15 MB 减小到约 4 MB, 详细数据如表 10-3 所示。

表 10-3 gzip 压缩对静态资源文件大小的影响

静态资源文件目录	文件数量	压缩前大小/字节	压缩后大小/字节
./static/css	1	3,221	1,042
./static/js	1	22,820	5,951
./static/react	12	9,120,033	2,490,482
./static/vendor	53	6,148,558	1,816,514

上述 embed.go 文件的内容如代码清单 10-8 所示。该文件包含一个条件编译指令 (go:build)、一个很长的 go:embed 指令以及一个变量声明, 其中 go:embed 指令用于嵌入表 10-3 中所列的 67 个压缩的静态资源文件, 变量声明则用于访问嵌入的文件, 而 go:build 指令用于控制编译过程是否编译此 embed.go 文件。通过.promu.yml 配置文件中的 flags 参数可以控制包含或者排除对该文件的编译, 默认情况下会进行编译。

代码清单 10-8 assets-compress 规则生成的 embed.go 文件

```
// go:build builtinassets
// +build builtinassets

package ui
import "embed"

// go:embed static/css/prom_console.css.gz static/js/prom_console.js.gz
static/vendor/bootstrap-4.5.2/css/bootstrap-grid.css.gz ...
static/react/manifest.json.gz
static/react/static/media/codicon.b3726f0165bf67ac6849.ttf.gz ...
static/react/index.html.gz
var EmbedFS embed.FS
```

第二种访问静态资源文件的方式通过 ui.go 文件实现, ui.go 文件如代码清单 10-9 所示。该文件同样设置了条件编译指令并且该指令的条件 (!builtinassets) 与 embed.go 文件中的条件正好相反, 也就是说这两个文件一定有一个会进行编译。ui.go 文件中的资源变量通过访问文件系统指定目录来获得资源文件, 所以如果该目录不存在或者其中没有需要的静态资源文件, 那么 Web 页面将无法使用。

代码清单 10-9 不进行资源嵌入时将构建的 ui.go 文件

```
// go:build !builtinassets
// +build !builtinassets

package ui
...
```

```
var Assets = func() http.FileSystem {
...
```

Web 用户界面使用的众多依赖包均为开源软件，其中约 60% 遵循 MIT 协议，另有部分遵循 Apache 协议、ISC 协议、BSD 协议等。按照开源协议，软件的分发需要随附版权声明。npm_licenses 规则用于遵循这一要求，它扫描 ui-install 规则安装的依赖包并将这些依赖包的授权许可文件打包成一个压缩文件，以便在分发软件时附带该文件，该压缩文件被命名为 npm_licenses.tar.bz2。

10.3.2 Go 代码的构建

根据图 10-1 可知，common-build 规则依赖于 promu 命令，其工作过程就是执行 promu build 命令来构建 Go 代码，输出的目标文件有 2 个：prometheus 和 promtool。在作者使用的编译环境中，如果使用默认配置，Prometheus 2.37.0 生成的两个目标文件大小分别为 106.72 MB 和 98.9 MB。如 10.3.1 节所述，如果需要将 Web 用户界面资源文件构建到目标文件中，那么在执行 common-build 规则之前需要压缩静态资源文件并生成 embed.go 文件。好在 embed.go 文件实现了条件编译，我们可以通过 .promu.yml 配置文件来控制是否嵌入静态资源文件，如代码清单 10-10 所示，这为用户提供了一种定制化编译的渠道。如 10.3.1 节所述，静态资源文件的大小约为 4 MB，其在目标文件中也将占用同样大小的空间。

代码清单 10-10   .promu.yml 配置文件（部分）

```
build:
    binaries:
        - name: prometheus
          path: ./cmd/prometheus          #构建 prometheus 模块,目标文件被命名为 prometheus
        - name: promtool
          path: ./cmd/promtool            #构建 promtool 模块，目标文件被命名为 promtool
    flags: -a -tags netgo,builtinassets # builtinassets 标签可控制是否嵌入静态资源文件
```

另外一个可定制内容是将在 10.3.3 节中讲解的自动发现插件，它通过 plugin/plugins.go 文件来控制是否包含在目标文件中。默认情况下，该文件会包含 21 种用于自动发现监控目标的插件，而实际应用中可能只需要其中的一两种，通过注释掉该文件中的一些行可以避免对应插件的构建，从而减小目标文件的大小。每种插件在目标文件中的空间占用量详见 10.3.3 节。

相较于上述定制化机制所提供的空间优化能力，取消 promtool 的构建将能够节省更大空间，在某些情形下如果确定不需要使用 promtool，就可以通过 .promu.yml 配置文件取消它的构建，这将节省 98.9 MB 的空间，并将编译时间减少约一半。

10.3.3　自动发现插件的构建

　　plugins 规则的主要目的是根据配置文件（plugins.yml）生成 plugins.go 文件，该文件决定了对哪些自动发现插件进行构建，以提供相应的自动发现功能。Prometheus 官方提供的代码实际上已经完成了 plugins 规则的执行，所以该规则的执行被放在 Go 代码构建之后，这并不会影响目标文件的完整性。但是如果想要通过修改代码省略或者添加某些插件，那么在 Go 代码构建之前需要先执行 plugins 规则以便将更新反映到 plugins.go 文件中，当然也可以直接手动修改该文件。

　　Prometheus 2.37.0 原生的插件共有 21 种，每一种插件的构建都意味着要占用目标文件的空间。在作者的测试环境中，构建每种插件形成的目标文件大小如表 10-4 所示。可见，默认情况下 prometheus 目标文件大小约为 106.7 MB，排除静态资源文件以及所有自动发现插件的最终目标文件大小约为 34.8 MB，即约默认大小的 1/3。相应地，promtool 的大小从 98.9 MB 减小为 57.9 MB，它减小的幅度要比前者小，这主要是因为 promtool 在多个地方引用了 Kubernetes 插件，从而无法将其排除，所以 57.9 MB 的 promtool 中实际上包含 Kubernetes 插件。要禁用某个插件的构建可以通过修改 plugins/plugins.go 文件中的代码实现。

表 10-4　测试环境中不同构建内容生成的目标文件大小

构建内容	目标文件大小/KB		构建内容	目标文件大小/KB	
	prometheus	promtool		prometheus	promtool
默认（含静态资源和所有插件）	109,284	101,272	仅构建 DigitalOcean 插件	36,417	60,105
仅排除静态资源	105,067	101,272	仅构建 Hetzner 插件	36,402	60,164
仅构建 Kubernetes 插件	66,755	59,260	仅构建 OpenStack 插件	36,157	59,825
仅构建 AWS 插件	50,266	75,628	仅构建 IONOS 插件	36,117	59,879
仅构建 GCE 插件	45,175	70,342	仅构建 Scaleway 插件	35,917	59,650
仅构建 XDS 插件	39,090	64,585	仅构建 ZooKeeper 插件	35,823	59,483
仅构建 Linode 插件	37,060	60,772	仅构建 Uyuni 插件	35,749	59,425
仅构建 Consul 插件	36,852	60,517	仅构建 Marathon 插件	35,634	59,301
仅构建 Moby 插件	36,806	60,514	仅构建 Eureka 插件	35,627	59,295
仅构建 Nomad 插件	36,664	60,328	仅构建 PuppetDB 插件	35,623	59,290
仅构建 Azure 插件	36,661	60,327	仅构建 Triton 插件	35,619	59,300
仅构建 DNS 插件	36,639	60,342	排除静态资源及所有自动发现插件	35,592	59,260

10.4 代码测试

由图 10-1 可知，代码测试在目标文件构建之后进行，如果只想获得目标文件，那么就可以省略这一操作。代码测试主要分为 Go 代码测试和 Web 用户界面代码测试，前者由 common-test 规则定义，后者由 ui-build-module、ui-test 和 ui-lint 这 3 个规则定义（见图 10-1）。

10.4.1 Go 代码测试

Go 代码测试通过执行 go test 命令实现，只进行单元测试（在 tsdb 目录中定义了基准测试，但是在 common-test 规则中没有执行）。作者统计了各个源码文件目录包含的测试用例数和测试文件数，结果如表 10-5 所示，可见 Go 代码测试主要集中在 tsdb 目录和 discovery 目录。

表 10-5　Go 代码测试统计数据

序号	源码文件目录	测试用例数	测试文件数
1	./tsdb	248	30
2	./discovery	195	41
3	./storage	72	16
4	./scrape	67	3
5	./promql	40	9
6	./model	35	8
7	./cmd	28	8
8	./rules	26	3
9	./web	25	4
10	./util	15	8
11	./config	15	1
12	./notifier	12	1
13	./documentation	9	5
14	./tracing	5	1
15	./template	2	2

10.4.2 Web 用户界面代码测试

Web 用户界面代码测试的第一项工作是执行 ui-build-module 规则，该规则的主要目的是构建 Web 用户界面的解析器和编辑器。在 10.3.1 节进行的静态资源文件构建的过程中包含了 ui-build 规则的执行，此过程实际上就隐含了 ui-build-module 规则的执行。由于 react 应用依赖于 Web 用户界面的解析器和编辑器模块，所以如果这两个模块构建失败，那么 react 应用也将无法成功构建。严格意义上说 Web 用户界面代码测试并不是功能测试，但是这一步是后面的 react 应用功能测试的前提，所以需要先执行。实际上，如果前面已经执行过静态资源文件构建，这一步也可以省略。

ui-test 规则用于对 Web 用户界面进行功能测试，其测试的对象包括 react 应用、解析器模块（lezer-promql）和编辑器模块（codemirror-promql）。其中，react 应用使用 react-scripts 测试，后两者使用 jest 命令测试。由于后两者在前面的 ui-build-module 规则中已经构建完毕，所以在 ui-test 规则中只需要对 react 应用进行构建，构建完毕后即可进行功能测试。

ui-lint 规则使用 eslint 命令对 Web 用户界面代码进行静态检查，它的检查对象只有 react 应用和编辑器模块，解析器模块不会进行检查。

10.5 部署

在进行 Prometheus 的部署时，除了需要考虑上述构建过程生成的目标文件 prometheus 和 promtool，还需要考虑配置文件、consoles 目录、consoles_libraries 目录以及版权许可文件。其中，consoles 和 consoles_libraries 目录存储的是与 Web 用户界面的控制台功能（http://<host>/consoles/prometheus.html）相关的静态文件以及模板，这些文件不需要进行构建，直接从源码中复制即可。如果不需要使用 Web 用户界面的控制台功能则可以省略这两个目录的部署。进一步地，如果 promtool 也不需要，则需要部署的就只剩下 prometheus 文件、配置文件和版权许可文件，这种情况下，Web 用户界面能否正常使用取决于构建过程中是否将静态资源文件嵌入了目标文件。没有嵌入静态资源文件将导致 Web 用户界面无法浏览，但是 Web API 仍然可以使用。

如果采用容器部署的方式，Prometheus 提供了 Dockerfile 文件，用户可以方便地制作 docker 镜像。Prometheus 提供的 Dockerfile 文件基于一个非常精简的、大小不超过 5 MB 的 busybox 镜像（假设为 linux-amd64 环境）来制作 docker 镜像。如果仅复制最简化的、大小为 34.8 MB 的 prometheus 文件，最终的 docker 镜像大小将为 41.6 MB。

实际上，Makefile 文件中定义了名为 common-docker 的规则，可用于为 5 种不同的系统架构制作 docker 镜像，包括 amd64、armv7、arm64、ppc64le 和 s390x。当环境为 linux-amd64
时，该规则使用代码清单 10-11 展示的命令来制作 docker 镜像。

代码清单 10-11　用于 docker 镜像制作的命令

```
docker build -t "prom/prometheus-linux-amd64:HEAD" \
    -f ./Dockerfile \
    --build-arg ARCH="amd64" \
    --build-arg OS="linux" \
    ./
```

## 第 11 章

警报管理系统——Alertmanager

本章首先讲解 Alertmanager（以下称警报管理系统）依赖的分布式集群的工作机制，然后讲解运行在集群之上的警报管理系统各个模块的功能及其流程式协作关系。本章内容基于警报管理系统的 0.24.0 版本以及 memberlist 0.3.1 版本进行讲解。

11.1 警报管理系统的分布式集群

警报管理系统的分布式集群在 memberlist 库的帮助下为每个节点构建并维护自己的朋友节点清单（nodes 字段），并通过每个节点的朋友节点清单构建一个完整的朋友节点网络（集群），处于该网络内的节点即集群的成员。集群内各成员之间通过 Gossip 方式进行消息传输和扩散。通过设计多种不同类型的消息，集群可以接纳新成员和剔除失效成员，成员的变化情况通过消息散播通知到每个节点。除了集群生存所需要的成员管理功能，集群还能够在成员之间同步上层的用户数据，这为运行在其上的警报管理系统提供了重要支撑。

本节主要从消息类型、消息传递和消息处理的角度对分布式集群的工作机制进行讲解。集群正是通过消息的传递和处理实现了集群成员的团结一致和高可靠，并为上层应用系统提供支撑。

11.1.1 集群成员间传输的消息类型

警报管理系统的分布式集群使用的消息分为 15 种，如代码清单 11-1 所示，这些消息可以通过 UDP 或者 TCP 传输，每种消息都是为了实现一定的功能而设计的。这些消息在各个节点的特定协程之间传输，发送方和接收方约定使用消息的第 1 个字节表示其类型，所以对于处理消息的协程，一条合法消息的首字节值总是为 0～13 或者 244（见代码清单 11-1）。从功能角度划分，15 种消息可以分为 4 类。第 1 类是探测类消息，用于周期性地检查各个朋友节点节点是否可连通，这类消息包括探测消息（首字节值为 0）、间接探测消息（首字节值为 1）、确认消息（首字节值为 2）和无确认消息（首字节值为 11）。第 2 类是节点状态类消息，用于向朋友节点节点分享自身或者其他节点的状态及其变化情况，这类消息包括质疑消息（首字节值为 3）、存活消息（首字节值为 4）、死亡消息或者退出消息（首字节值为 5）和全量同步消息（首字节值为 6）。第 3 类是容器类消息，它可以容纳其他类型的消息，主要用于提高消息传输效率、安全性，以及节约成本，这类消息包括组合消息（首字节值为 7）、压缩消息（首字节值为 9）、加密消息（首字节值为 10）、带有 CRC 校验值的消息（首字节值为 12）和带标签消息（首字节值为 244）。第 4 类为其他消息，包括用户委托数据消息（首字节值为 8）和错误消息（首字节值为 13），前者用于传输集群上层的应用系统数据，后者用于控制 TCP 传输过程，表明接收方接收消息失败。

代码清单 11-1　消息类型

```
const (
    pingMsg messageType = iota        // 0，探测消息（使用 UDP 和 TCP 传输，UDP 优先）
    indirectPingMsg       // 1，间接探测消息（使用 UDP 传输）
    ackRespMsg            // 2，确认消息（使用 UDP 和 TCP 传输，UDP 优先），用于响应探测消息
    suspectMsg            // 3，质疑消息（使用 UDP 传输），其内容包含怀疑者和被怀疑者
    aliveMsg             // 4，存活消息（使用 UDP 传输），表明自身还活着
    deadMsg              // 5，死亡消息或者退出消息（使用 UDP 传输）
    pushPullMsg          // 6，全量同步消息（使用 TCP 传输），用于状态数据交换，往往装载到压缩消
                          // 息（compressMsg）内
    compoundMsg          // 7，组合消息（使用 UDP 传输）
    userMsg              // 8，用户委托数据消息（使用 UDP 和 TCP 传输）
    compressMsg          // 9，压缩消息（使用 UDP 和 TCP 传输），对其他消息进行 LZW 压缩
    encryptMsg           // 10，加密消息（使用 TCP 传输，加密过程需要使用连接）
    nackRespMsg          // 11，无确认消息（使用 UDP 传输），用于响应间接探测消息，表明无法确认最终目标
    hasCrcMsg            // 12，带有 CRC 校验值的消息，长度≥5 字节（校验值占 4 字节）
    errMsg               // 13，错误消息（使用 TCP 传输），表明接收方接收数据失败
    hasLabelMsg messageType = 244   // 244，带标签消息（使用 UDP 和 TCP 传输）
)
```

消息传输使用 UDP 还是 TCP 取决于多种因素，包括消息本身的长度、传输时所处的网络环境、接收方对传输不可靠性的接纳程度、传输的响应时间要求等。一般来说，如果在网络环境比较稳定并且能够接纳一定程度的不可靠性，消息本身又比较短的情况下，可以优先使用 UDP 传输。相对于有连接的 TCP，UDP 的无连接特性能够节约消息传输成本。如果在网络环境不稳定并且要求传输结果高度可靠，而消息本身又比较长的情况下，即使传输成本高也只能使用 TCP 传输。

所有 15 种消息均使用 MsgPack 编码，探测类消息编码后长度为 9～113 字节（见代码清单 11-2），节点状态类消息（除全量同步消息外）编码后长度在 80 字节左右，对于这些

较短的消息基本上都使用 UDP 传输。至于全量同步消息，该消息包含所有朋友节点节点的状态信息，而每个状态信息编码后约占 90 字节（见代码清单 11-2），如果有 31 个朋友节点，那么该消息长度将在 2,790 字节左右。但是该消息中往往包含比较多的重复内容，所以默认情况下会对它进行 LZW 压缩，压缩比一般在 1.2 以上。此外，全量同步消息还需要包含长度不定的用户数据，鉴于消息长度以及为了保证传输的可靠性，全量同步消息总是使用 TCP 传输。

代码清单 11-2　部分消息的编码后长度

```
type ping struct {                    // 经过 MsgPack 编码后消息长度为 107～113 字节(含 2 字节消息头)
    SeqNo uint32                      // 成员名为 5 字节，值为 4 字节，编码后长度为 7～11 字节
    Node string                       // 成员名为 4 字节，值为 26 字节，编码后长度为 32 字节
    SourceAddr []byte `codec:",omitempty"`  // 成员名为 10 字节，值为 4 字节，编码后长度
                                             // 为 16 字节
    SourcePort uint16 `codec:",omitempty"`  // 成员名为 10 字节，值为 2 字节，编码后长度
                                             // 为 12～14 字节
    SourceNode string `codec:",omitempty"`  // 成员名为 10 字节，值为 26 字节，编码后长度
                                             // 为 38 字节
}
type ackResp struct {                 // 经过 MsgPack 编码后消息长度为 18～22 字节（含 2 字节消息头）
    SeqNo   uint32                    // 编码后长度为 7～11 字节
    Payload []byte                    // 编码后长度为 9 字节
}
type nackResp struct {                // 经过 MsgPack 编码后消息长度为 9～13 字节（含 2 字节消息头）
    SeqNo uint32                      // 编码后长度为 7～11 字节
}
// 全量同步消息中的状态信息
type pushNodeState struct {           // MsgPack 编码后消息长度为 87～93 字节（含 2 字节消息头）
    Name        string                // MsgPack 编码后长度为 32 字节
    Addr        []byte                // MsgPack 编码后长度为 10 字节
    Port        uint16                // MsgPack 编码后长度为 6～8 字节
    Meta        []byte                // MsgPack 编码后长度为 6 字节以上
    Incarnation uint32                // MsgPack 编码后长度为 13～17 字节
    State       NodeStateType         // MsgPack 编码后长度为 7 字节
    Vsn         []uint8               // MsgPack 编码后长度为 11 字节
}
```

11.1.2　节点的数据表示与新节点的加入

集群中的节点不仅需要知道自身的状态，还要知道与之有联系的朋友节点的状态，并管理自己与朋友节点之间的通信，所有这些都需要对应的数据结构来持。代码清单 11-3 展示了集群节点的数据结构体定义（Memberlist 结构体），其中多个成员涉及朋友清单以及集群节点自己与朋友节点之间的通信，比较重要的有 nodes、nodeMap、transport、broadcasts 字段。在节点存活期间每个朋友节点的状态变化都会及时反映到 nodes 和 nodeMap 成员中，各节点都有专门的协程严格遵照集群工作机制，通过 transport 和 broadcasts 与朋友节点进行通信。可以说，节点的所有活动几乎都会涉及 Memberlist 结构体，节点启动时建立的消

息收发端点存储在该结构体中，向朋友节点传递的信息来自该结构体，从朋友节点处接收的状态信息也存储在该结构体中。

代码清单 11-3　集群节点的数据结构体定义

```
type Memberlist struct {
    sequenceNum uint32
    incarnation uint32
    numNodes    uint32
    pushPullReq uint32
    advertiseLock sync.RWMutex
    advertiseAddr net.IP
    advertisePort uint16
    config        *Config           // 当前节点自身的名称等信息，包含委托成员
    shutdown      int32
    shutdownCh    chan struct{}     // 通道，用于触发关闭过程
    leave         int32             // 主动退出的节点将该值置为 1，同时状态置为 StateLeft
    leaveBroadcast chan struct{}    // 当退出消息广播完毕，该通道会收到通知
    shutdownLock sync.Mutex
    leaveLock    sync.Mutex
    transport NodeAwareTransport    // 消息传输端点，所有消息都通过它发出
    handoffCh          chan struct{}   // 用于控制消息的处理方式
    highPriorityMsgQueue *list.List // 已接收、尚未处理的存活消息
    lowPriorityMsgQueue  *list.List // 已接收、尚未处理的质疑消息、死亡消息、用户委托数据消息
    msgQueueLock         sync.Mutex
    nodeLock    sync.RWMutex
    nodes       []*nodeState          // 节点自己以及所有朋友节点的状态，数据交换内容之一
    nodeMap     map[string]*nodeState    // nodes 成员的字典表示，主键为节点名称，用于提
                                         // 高查询效率
    nodeTimers map[string]*suspicion    // 投票箱，在等待期内为嫌疑节点收集 "证人票"，主
                                         // 键为嫌疑节点名称
    awareness  *awareness            // 记录节点健康得分，每次受到质疑就会加分，值越低越健康
    tickerLock sync.Mutex
    tickers    []*time.Ticker
    stopTick   chan struct{}    // 用于停止问候协程、状态交换协程和消息广播协程
    probeIndex int              // 下一个要探测的朋友节点在 nodes 中的索引号（探测是有计划的）
    ackLock      sync.Mutex
    ackHandlers map[uint32]*ackHandler    // 用于处理确认消息
    broadcasts *TransmitLimitedQueue      // 对外广播消息队列，其主要结构是一棵 B—树
    logger *log.Logger
}
type nodeState struct {
    Node
    Incarnation uint32
    State        NodeStateType    // 整数，取值 0（alive）、1（suspect）、2（dead）、3（left）
    StateChange time.Time
}
type Node struct {
    Name    string
    Addr    net.IP              // 各节点用于集群内部通信的监听 IP 地址，TCP 监听和 UDP 监听共用
    Port    uint16             // 各节点用于集群内部通信的监听端口号，TCP 监听和 UDP 监听共用
    Meta    []byte
    State NodeStateType
    PMin    uint8
```

```
        PMax  uint8
        PCur  uint8
        DMin  uint8
        DMax  uint8
        DCur  uint8
    }
```

节点的启动工作首先是建立监听，包括 UDP 监听和 TCP 监听，建立监听之后才能够接收其他节点发来的信息。这一过程将创建一个消息传输端点并赋值给 transport 成员，然后启动处理 UDP 消息和 TCP 消息的协程，虽然这时候还不会有消息流入节点（因为其他节点还不知道它的存在），但是最终所有从其他节点流入上述监听端口的消息都需要这两个协程来处理。

新节点启动之初没有任何朋友节点（未与任何节点建立联系），此时需要先与集群内的节点建立联系，也就是加入集群，在此期间新节点主动与集群内某个（或某些）节点进行全量数据交换，通过这种数据交换两者之间建立起联系，也就完成了加入集群。全量数据交换通过全量同步消息进行，交换内容是各自的朋友清单，具体交换过程详见 11.1.4 节。虽然每个节点都开启了 UDP 监听和 TCP 监听，但是全量数据交换是双向的，所以在此过程中使用的是 TCP 传输。

为了保证节点名称的唯一性，在节点启动时生成一个 ulid 字符串作为其名称，其长度为26 个字符，节点在处理消息的过程中可以将节点名称视为唯一标识（因为 ulid 不可能重复）。

11.1.3　节点间的探测

在集群节点看来，它的每个朋友节点在任意时刻必处于 4 种状态之一，即活动状态、嫌疑状态、死亡状态、退出状态（见代码清单 11-4），那么它如何确定每个朋友节点此刻究竟处于何种状态？状态的维护依赖于各节点对朋友节点的探测（probe）。节点频繁地探测自己的每个朋友节点，除了那些在它看来已经处于死亡状态或者退出状态的朋友节点，即只有活动状态和嫌疑状态的朋友节点才有机会收到探测消息，活动状态的朋友节点只会收到探测消息，嫌疑状态的朋友节点则收到探测消息与质疑消息的组合。探测消息都比较短并且可以接受偶尔传输失败，所以它首选通过 UDP 传输。节点发出消息后如果能够在一定时间内收到确认消息就认为对方存活。默认情况下，节点的探测间隔为 1s，即每秒探测一个朋友节点。在一个具有 31 个节点的集群中，如果任一节点与另外 30 个节点互为朋友节点，那么任一节点完成一轮对外探测将花费 30s，并且在 30s 内收到 30 个来自朋友节点的探测消息，即平均每秒收到 1 个探测消息同时对外发出 1 个探测消息。可见，探测受到时间的控制，是有节奏的。

代码清单 11-4　节点状态

```
const (
    StateAlive NodeStateType = iota    // 活动状态
```

```
        StateSuspect                          // 嫌疑状态（怀疑某个节点已经死亡，但不确定）
        StateDead                             // 死亡状态（长期无响应，已宣告死亡）
        StateLeft                             // 退出状态（已经主动离开）
)
```

然而，一个节点发出 UDP 探测却没有收到对方的确认消息不一定代表对方异常，也可能是因为探测的方式不对。比如两个节点之间的直接通信被屏蔽了，或者禁止使用 UDP 通信。因此，在接收不到确认消息的情况下，节点会尝试间接地通过第三方节点进行探测（不含质疑消息），同时会尝试通过 TCP 进行探测。如果尝试了这些方法仍然无法收到确认消息，当前节点会将目标节点标记为嫌疑状态，表示期待能够在一定期间内重新联系上它。假设节点 A 探测朋友节点 B 失败，那么节点 A 除了将朋友节点 B 标记为嫌疑状态，还会向其他朋友节点广播一条质疑消息（内容为节点 A 质疑节点 B），从而导致所有朋友节点都将节点 B 标记为嫌疑状态，进而导致这些朋友节点在探测节点 B 时都会带上质疑消息。如果节点 B 当时还活着并收到了其中某个朋友节点发来的质疑消息，为了消除不确定性，节点 B 会进行反驳，具体方法是向所有朋友节点发送一条存活消息，从而促使所有朋友节点将其标记为活动状态。按照这种工作机制，如果节点 A 和节点 B 之间只能单向连通并且不尝试间接探测，那么就可能出现状态的频繁切换，即节点 A 把节点 B 标记为嫌疑状态，然后节点 B 进行反驳，节点 A 再把节点 B 标记为活动状态，接下来如果探测失败又一次将其标记为嫌疑状态，如此循环。可见，尝试进行间接探测是非常有必要的。

需要说明的是，一旦节点 B 被标记为嫌疑状态，即使在随后的探测过程中节点 B 有了响应，节点 A 也不会将其标记为活动状态。只有当节点 B 主动发出存活消息并被 A 收到后（直接或者间接地），节点 A 才会将其标记为活动状态。

从任一节点的角度来看，如果一个朋友节点持续处于嫌疑状态，那么有很大可能对方已经死亡，此时有必要将其标记为死亡状态并停止探测以免浪费资源。问题在于嫌疑状态持续多长时间之后可以将其对应的节点标记为死亡状态，即如何确定一个合理的时间长度。在警报管理系统中，该时间长度的计算基于证人票规则。证人节点是指那些通过自身探测证明嫌疑节点的确无法连通的节点，在"证人票"规则下嫌疑状态持续时间可根据证人节点数量动态调整。该规则会先根据集群规模确定期望证人票数以及最短等待期和最长等待期；如果能够在最短等待期内集齐足够多的证人，就按照最短等待期计算；如果在最长等待期内仍然没有任何证人出现，那么就按照最长等待期计算；如果在最长等待期结束前有证人出现，那么随着证人数量的增加逐渐缩减等待时间。在警报管理系统中，期望证人票数默认为 2 票。最短等待期计算方法如代码清单 11-5 所示，其中的 interval 为探测间隔（默认为 1s），suspicionMult 为一个系数（默认为 4），n 为集群中的活动节点数。最长等待期默认为最短等待期的 6 倍。照此计算方法，一个具有 32 个节点的集群最短等待期为 6s，最长等期为 36s，也就是说节点被标记为嫌疑状态后至少需等待 6s 才会被标记为死亡状态，如果没有其他节点证明它的确无法连通则需要等待 36s。

代码清单 11-5　嫌疑节点最短等待期计算方法

```
func suspicionTimeout(suspicionMult, n int, interval time.Duration) time.Duration {
    nodeScale := math.Max(1.0, math.Log10(math.Max(1.0, float64(n))))
    timeout := time.Duration(suspicionMult) * time.Duration(nodeScale*1000) * int
erval / 1000
    return timeout
}
```

当某个节点 X 开始为节点 P 收集证人票时，如果有其他节点（假设为 Y）也开始质疑节点 P，那么最终 X 将收到节点 Y 散播的质疑消息，从而知道 Y 是一个证人并增加"投票箱"的票数（见代码清单 11-3 的 nodeTimers 成员），如果有更多的新证人出现则"投票箱"的票数将继续增加。

如果在等待期内嫌疑节点没有活跃则可以认定目标死亡，此时需要将目标的状态标记为死亡状态并向所有朋友节点发送死亡消息。对于已经标记为死亡状态的节点将不再进行探测，所以其状态不会再变，除非它主动发出消息从而复活。不过，由于 UDP 监听服务协程也负责更新节点状态，且它与探测协程是相互独立的，所以有可能在探测某个节点的过程中节点状态发生了变更。

11.1.4　全量数据交换

所谓全量数据交换是指双方节点同时进行全量状态数据的发送和接收，一方先接收后发送，另一方先发送后接收。这种双向的数据流动通过 TCP 连接实现，其中一方作为客户端发起连接，另一方作为服务端接受连接。每一方接收到对方的全量状态数据后都会将数据合并到本地数据中，所以准确的步骤是：服务端依次进行收—发—合并，客户端则依次进行发—收—合并。由于全量数据交换会以固定周期多次进行，所以需要有一种策略来避免双方同时发起连接，因为双方同时发起连接会导致每次同步都重复发送和读写冲突。

默认情况下，全量数据交换的间隔时间为 60s（cluster.pushpull-interval 启动参数），在一个具有 32 个节点的集群中相当于平均每 2s 发生一次交换，这一过程需要 2 个节点参与，即平均每秒就会有 1 个节点参与全量数据交换。

节点往往拥有多个朋友节点，每次全量数据交换只能随机选择一个朋友节点作为交换对象。假设一个处于完全图形态的集群有 32 个节点，那么每个节点有 31 个朋友节点（作为示意，图 11-1 展示了一个具有 6 个节点的完全图形态集群），在 1min 内每个节点都将进行一次全量数据交换，也就是共进行 32 次全量数据交换。在每次交换中节点被选中的概率是 1/31（不计发起节点），在所有 32 次交换中，每个节点必有 1 次当作发起人，另外 31 次则作为被选人，经过 31 次选择之后每个节点最终落选（被选中 0 次）的概率是 $(30/31)^{31} \approx 0.362$，被选中至少 1 次的概率约为 0.638。图 11-2 展示了集群规模与落选概率之间的关系，可见，随着集群规模的增大，每个节点的落选概率会快速增加并最终稳定在一个区间，但是不会超过 0.368（因为该曲线的极限为 1/e）。可见，在一个具有 32 个节点的集群中，如果不考虑主动交换数据的情形，每一轮交换周期（1min）内任意节点有超过 1/3 的概率尚未与任何节点交换数据（也就是超过 10 个节点）。这反过来说明每个节点必须定期进行主动交换的重要性。

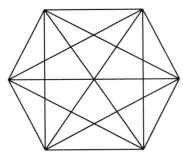

图 11-1   具有 6 个节点的完全图形态的集群

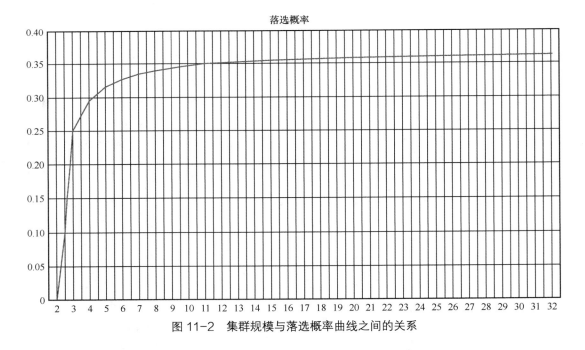

图 11-2   集群规模与落选概率曲线之间的关系

在全量数据交换过程中，两个节点之间通过 TCP 连接相互收发全量同步消息。收到消息数据以后需要进行数据合并，合并的过程根据每个朋友节点的状态进行不同处理。如果收到的消息表明某个节点 N 为活动状态，当前节点会相信这一消息是真的，从而将节点 N 纳入自己的朋友清单并将其状态标记为活动状态。如果收到的消息表明某个节点 N 为退出状态，说明此后的任何操作都不需要考虑该节点，所以如果节点 N 不是当前节点的朋友节点就可以忽略，如果是朋友节点则直接将该节点的状态标记为退出状态。如果消息表明节点 N 为死亡状态或者嫌疑状态，说明该节点已经进入嫌疑等待期，如果它是朋友节点则按照证人票规则处理，如果不是朋友节点则忽略。以上消息处理规则不仅适用于全量状态数据，当处理单个节点的状态消息时也遵从该规则。

通过以上分析会发现，只有活动节点有可能被接纳为朋友节点，而处于死亡状态、退出状态或者嫌疑状态的节点都不会被接纳为朋友节点，但是如果节点在成为朋友节点之后出现处于死亡状态、退出状态或者嫌疑状态的情况，并不会导致其从朋友清单中移除，这意味着任何节点在任何时刻都至少是一个其他节点的朋友节点。基于这两条规则，活动节点之间的关系会越来越多，直到构成完全图，非活动节点则不再建立新的关系。

当节点主动退出集群时，它会考虑有哪些运行的协程需要停止，尤其是那些与其他节点通信的协程，包括传达记录管理协程和沉默字典同步协程；还会考虑需要向哪些朋友节点通知这一退出消息，如果有朋友节点需要通知，节点会确保通知完毕后再退出集群。

全量同步消息默认会进行压缩以节约传输资源，之所以有可压缩的空间是因为该消息即使编码为 MsgPack 格式后仍然存在一些冗余，尤其是数据中包含的大量重复字符串（例如结构体成员名称），通过 LZW 压缩算法可以减少这部分冗余，从而减小数据的大小。如果一个消息包含 32 个节点的状态信息（见代码清单 11-2），由于每个结构体成员名称本身共计 35 字节，在编码为 MsgPack 格式后这些字段名称会重复出现在每个节点的状态数据中，所以如果能够消除这些冗余，将能够节约 1,085 字节的空间。

全量同步消息的作用是保持各节点之间的信息一致，那么除了集群生存所需的状态信息，运行在该集群之上的应用往往也有一些信息（称为用户数据）需要在节点之间同步，直接将这些用户数据附加在全量同步消息的末尾进行传输是简便而高效的方式。在警报管理系统中，用户数据包括传达记录和沉默字典，两者总是共同"搭乘"全量同步消息进行传输。两者的数据量可能会较大，在装载到全量同步消息中之前，这些数据会采用 ProtoBuf 格式进行序列化，然后以字节序列的形式加入全量同步消息的末尾。

作者从一个包含 4 个节点的完全健康集群（完全图）中获取了一条全量同步消息，在代码清单 11-6 中对该消息进行了解码分析。

代码清单 11-6　全量同步消息的解码分析

```
// 原始的全量同步消息（MsgPack 格式，用十六进制表示）
09 82 a4 416c676f 00 a3 427566 da 0136 000d0c22a5e44d1a37c24a3979...
 |  |  |    |      |  |    |     |   |           |-- LZW 压缩数据，内含节点状态数据和用户数据
 |  |  |    |      |  |    |     |   |------- 16 位整数（大端序），代表字节序列的长度，转换为十进制值为 310
 |  |  |    |      |  |    |     |--------- MsgPack 编码标识，代表字节序列
 |  |  |    |      |  |    |-------------- ASCII 编码的 3 字字符串（Buf），代表结构体成员名称
 |  |  |    |      |  |----------------- MsgPack 编码标识，代表长度为 3 的字符串
 |  |  |    |      |------------------ MsgPack 编码的整数 0
 |  |  |    |------------------------- ASCII 编码的 4 字字符串（Algo），表示结构体成员名称
 |  |  |------------------------------ MsgPack 编码标识，代表长度为 4 的字符串
 |  |--------------------------------- MsgPack 编码标识，代表具有 2 个元素的字典（map）
 |------------------------------------ 消息类型，代表压缩消息 compressMsg
```

```
// 将原始消息中的 LZW 压缩数据进行解压以后的 MsgPack 序列（长度增加到 395 字节）
06 83 a4 4a6f696e c2 a5 4e6f646573 04 ac 5573657253746174654c656e 0e ...（转下一行）
 |  |  |  |  |  |  |              |  |  |                      |-- MsgPack 编码整数 14
 |  |  |  |  |  |  |              |  |  |-- ASCII 编码的 12 字符字符串（UserStateLen）
 |  |  |  |  |  |  |              |  |---- MsgPack 编码标识，代表长度为 12 的字符串
 |  |  |  |  |  |  |              |------ MsgPack 编码的整数 4，说明节点数量为 4
 |  |  |  |  |  |  |-------------------- ASCII 编码的 5 字符的字符串（Nodes）
 |  |  |  |  |  |------------------ MsgPack 编码标识，代表长度为 5 的字符串
 |  |  |  |  |-------------------- MsgPack 编码的布尔值 False
 |  |  |  |-------------------------- ASCII 编码的 4 字符的字符串（Join）
 |  |  |-------------------------- MsgPack 编码标识，代表长度为 4 的字符串
 |  |-------------------------- MsgPack 编码标识，代表具有 3 个元素的字典（map）
 |-------------------------- 消息类型，代表全量同步消息（pushPullMsg）
    87 a4 41646472 a4 0a590105 ab 496e6361726e6174696f6e 01 a4 4d657461 a0 a4 4e616d6
5 ba 303147535437343157394441a42575352563750475333741415750 a4 506f7274 cd 2386 a5 5374
617465 00 a3 56736e a6 010502000000                              // 节点 1
    87 a4 41646472 a4 0a590103 ab 496e6361726e6174696f6e 01 a4 4d657461 c0 a4 4e616d6
5 ba 30314753543536434741139475856475648473242523944484542 ...  // 节点 2
    87 a4 41646472 a4 0a590104 ab 496e6361726e6174696f6e 01 a4 4d657461 c0 a4 4e616d6
5 ba 30314753543659304743373236434e5858453335325a534151 ...     // 节点 3
    87 a4 41646472 a4 0a590102 ab 496e6361726e6174696f6e 01 a4 4d657461 c0 a4 4e616d6
5 ba 30314753543531474b4b503130485a4441395a4442 4a56354347 ...  // 节点 4
    0a 05 0a 03 6e 66 6c 0a 05 0a 03 73 69 6c ...                 // 用户数据，ProtoBuf 格式
```

11.1.5　消息的散播

消息的散播是指节点在获知有价值的消息（自身的或者从其他节点传来的）以后随机选取部分朋友节点并将这些消息传递给它们。正是通过这一机制，有价值的消息可以快速到达每个节点。如果消息的散播产生了回路，节点能够判断该消息是否已经过时并失去价值，并拒绝传递失去价值的消息。随着获知这一消息的节点数增加，拒收该消息的节点数也在增加，直到所有节点都知道该消息。

与全量数据交换类似，消息散播也是随机选取对象（选取多个），这一点不同于节点探测，节点探测是有顺序地依次选取朋友节点。在进行消息散播时可以选取活动、嫌疑或者死亡节点作为散播对象（对于死亡节点要求死亡时间不能太长）。为了保证散播效率，要求散播对象尽可能不少于 3 个。消息散播通过 UDP 进行，发送消息的缓冲区大小默认为 1,400 字节，所以每次能够发送的数据量有限。然而也正是因为数据量小才能够更快速地传输完毕，从而能够更加频繁地进行散播。由于采用无连接的 UDP，所以节点只管发送数据，不需要等待响应，这进一步减轻了负担。默认情况下，节点每隔 200ms 进行一次消息散播（cluster.gossip-interval 启动参数），假设消息随机出现，那么每个消息平均需要等待 100ms 才有机会散播出去。

gossip 协程对外散播的消息均来自本地的一个 B—树结构的队列，该结构实现了根据散播消息的紧急程度、消息长度和消息编号进行分层排队，并且能够高效地执行查找、插入和删除操作。散播消息的结构体中存储的元素定义如代码清单 11-7 所示。该结构采用度

数为 32 的 B－树，意味着每个内部节点最少有 32 个孩子（除了根节点），最多有 64 个孩子，相应地，每个内部节点容纳的关键字数量范围为 31～63。

B－树元素的排序是分层的：先按照散播次数排序，次数越少的越优先处理；当消息的散播次数相同时按照消息长度排序，越长的消息越优先处理（说明包含的信息量大，用户数据多）；当消息长度也相同时按照消息编号排序，编号越大（消息越新）的越优先处理。按照这一排序规则绘制的散播消息的 B－树结构示意如图 11-3 所示（图中的 tr 和 1 分别为代码清单 11-7 中 transmits 和 msglen 的缩写），可见图中最左侧元素的散播次数最小，散播次数从左向右越来越大。

代码清单 11-7　散播消息的结构体定义

```
type limitedBroadcast struct {
    transmits int          // 已散播次数，散播次数越少的消息越紧急
    msgLen    int64        // 消息长度，同等条件下越长的消息越优先
    id        int64        // 消息编号，同等条件下编号越大越优先
    b         Broadcast
    name string            // 名称
}
```

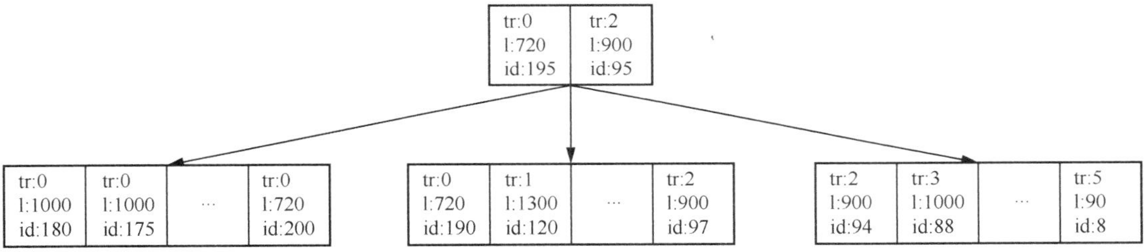

图 11-3　散播消息的 B－树结构

观察图 11-3 会发现，该结构相当于将所有消息按照散播次数拆分成了不同层级的多个小队列，称为 0 小队、1 小队、2 小队等。每条消息总是先进入 0 小队，该消息散播一次之后就降级到 1 小队等待再次散播，每散播一次就下降一级。假设集群要求每条消息散播次数为 8 次，那么消息最多降级到 7 小队，7 小队中的消息散播成功之后就会从整个 B－树结构中删除，从而停止散播。可见散播次数决定了小队的数量，并且以相同的倍数放大了消息流量。假设消息流入 0 小队的速度为每秒 N 条，那么 8 次散播将使得最终的发送流量放大为每秒 $8N$ 条。

对一个节点来说，消息的散播次数由朋友节点数量（活动节点数）和一个系数计算得出，朋友节点越多、系数越大，则散播次数也越多。具体的计算方法如代码清单 11-8 所示，其中 retransmitMult 默认值为 4。按照这一计算方法，当活动节点数为 1～9 时，散播次数为 4，当活动节点数为 10～99 时，散播次数为 8。图 11-4 展示了按照这一计算方法绘制的活动节点数与散播次数的关系。

代码清单 11-8   散播次数计算方法

```
func retransmitLimit(retransmitMult, n int) int {        // n 为活动节点数
    nodeScale := math.Ceil(math.Log10(float64(n + 1)))   // 对数运算并向上取整
    limit := retransmitMult * int(nodeScale)             // 乘系数
    return limit
}
```

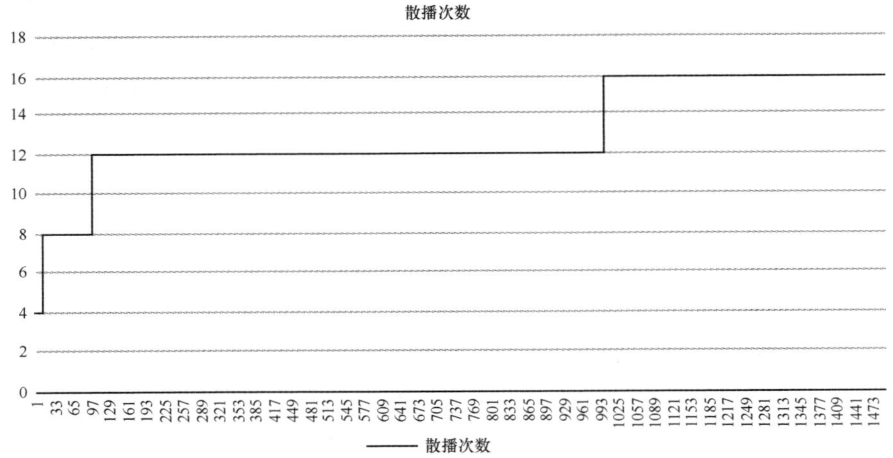

图 11-4   活动节点数与散播次数的关系

　　散播消息使用 UDP 传输，消息的处理速度主要由 3 个因素决定：每个 UDP 包容纳的消息数量、每次散播发送的 UDP 包数量、相邻两次散播的间隔时间。警报管理系统设定每个 UDP 包中用于容纳消息的空间为 1,400 字节，每次散播发送的 UDP 包数量也就是每次散播选取的目标节点个数（向每个节点发送一个 UDP 包），散播间隔时间则由 cluster.gossip-interval 启动参数决定。代码清单 11-9 展示了主要的 3 种散播消息的结构及其长度，包括存活消息、质疑消息和死亡消息。以集群节点批量启动时的存活消息散播场景为例，假设每个消息的长度为 85 字节，则每个 UDP 包最多可容纳 16 条存活消息。如果每次散播选取 3 个目标节点（默认值），也就是发送 3 个 UDP 包，并且散播间隔时间为 200ms，则意味着每 200ms 可处理 48 条存活消息，即每秒 240 条。考虑到每条消息的散播次数形成的放大效应，如果散播次数为 8 则当消息的流入速度在每秒 30 条以下时就不会导致拥塞。

代码清单 11-9   散播消息的结构及其长度

```
type alive struct {             // MsgPack 编码后消息长度为 80～86 字节以上（含 2 字节消息头）
    Incarnation uint32          // 变身次数，MsgPack 编码后长度为 13～17 字节
    Node        string          // 活动节点名称，MsgPack 编码后长度为 32 字节
    Addr        []byte          // 活动节点 IP 地址，MsgPack 编码后长度为 10 字节
    Port        uint16          // 活动节点端口号，MsgPack 编码后长度为 6～8 字节
    Meta        []byte          // 元信息，MsgPack 编码后长度为 6 字节以上
    Vsn []uint8                 // 协议版本号，6 个元素，MsgPack 编码后长度为 11 字节
}
type suspect struct {           // MsgPack 编码后消息长度为 79～83 字节（含 2 字节消息头）
```

```
    Incarnation uint32      // 变身次数，MsgPack 编码后长度为 13～17 字节
    Node        string      // 被质疑节点名称，MsgPack 编码后长度为 32 字节
    From        string      // 提出质疑的节点名称，MsgPack 编码后长度为 32 字节
}
type dead struct {          // MsgPack 编码后消息长度为 79～83 字节（含 2 字节消息头）
    Incarnation uint32      // 变身次数，MsgPack 编码后长度为 13～17 字节
    Node        string      // 被宣告死亡的节点名称，MsgPack 编码后长度为 32 字节
    From        string      // 发出死亡宣告的节点名称，MsgPack 编码后长度为 32 字节
}
```

现在考虑消息的具体装载过程。图 11-5（a）展示了 1 条消息在有 8 个小队的情况下多次散播和降级的过程，可见最终结果是该消息在 400ms 的时间内分 3 批（3、3、2）发送到随机的 8 个节点（实际情形可能会有重复节点）。当多个小队中均存在多条消息时，将按照小队的级别从上到下顺序装载消息，直到 UDP 包满载（当剩余空间不足时可以优先考虑装载较小的消息）。图 11-5（b）展示了 5 条消息在不同时间入队且每个 UDP 包的消息容量为 4 的情况下的消息处理过程。图中的粗体字母代表该消息不能装入 UDP 包，从而无法降级。从最终结果看，容量不足导致了部分消息的散播延迟，但是最终仍然将每个消息分别发给了 8 个节点。

根据以上分析，当消息流入速度超出 UDP 包的承载能力时，可以通过减少散播次数来降低负载，但是这同时减少了接收消息的节点数量，从而降低了散播的可靠性和收敛速度。

图 11-6 展示了 probe 协程、pushpull 协程和 gossip 协程三者的协作过程，可见进入散播队列的消息只有 3 种，即 aliveMsg、deadMsg 和 suspectMsg，这些消息来自 probe 协程、pushpull 协程或者 UDP/TCP 监听处理程序（其实是从其他节点传来的消息）。

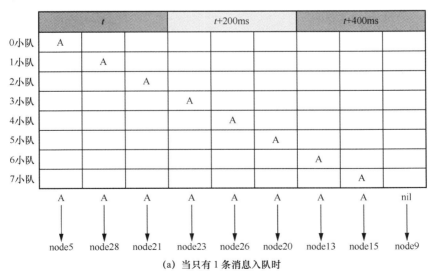

(a) 当只有 1 条消息入队时

图 11-5 从多个小队选取散播消息的规则（假设 UDP 包最多容纳 4 条消息）

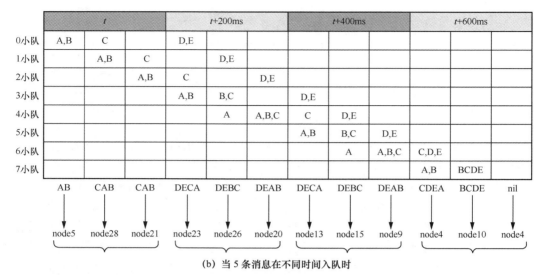

	t			t+200ms			t+400ms			t+600ms		
0小队	A,B	C		D,E								
1小队		A,B	C		D,E							
2小队			A,B	C		D,E						
3小队				A,B	B,C		D,E					
4小队					A	A,B,C	C	D,E				
5小队							A,B	B,C	D,E			
6小队								A	A,B,C	C,D,E		
7小队										A,B	BCDE	
	AB	CAB	CAB	DECA	DEBC	DEAB	DECA	DEBC	DEAB	CDEA	BCDE	nil
	node5	node28	node21	node23	node26	node20	node13	node15	node9	node4	node10	node4

(b) 当 5 条消息在不同时间入队时

图 11-5　从多个小队选取散播消息的规则（假设 UDP 包最多容纳 4 条消息）（续）

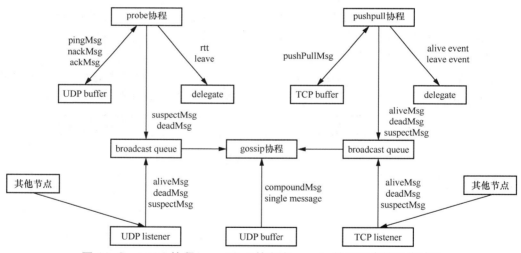

图 11-6　probe 协程、pushpull 协程和 gossip 协程三者的协作过程

在一个完全健康的集群中所有节点都是活动的，每个节点都是其他所有节点的朋友节点，节点的每次探测都能够成功。此时，虽然 probe 和 pushpull 协程仍然忙碌，但是没有产生任何需要散播的消息，节点之间的通信主要是探测消息和全量同步消息，gossip 协程完全空闲，不需要处理任何消息（用户委托数据消息除外）。

消息在集群中的散播不可能无休无止，必须具有消退机制，这依赖于每个节点能够识别出哪些消息需要停止散播，当所有节点都停止散播某个消息时该消息就绝迹了。这种识别能力基于每个消息都携带的一个标识——变身次数（Incarnation），这是一个从 1 开始的自增整数，表示某个节点的变身版本。节点（假设为 X）新加入集群时该值为 1，此后每当对质疑进行反驳时该值加 1，表明变换了新的身份。当节点 X 以新的身份发送消息时，消息中携带的变身次数也随之增大，任何节点（假设为 N）接收到这一消息就会意识到节点 X 发生了身份变化（该消息中的 Incarnation 比自己留档的节点 X 的 Incarnation 值更大），从而更新留档信息并散播该消息。如果该消息形成散播回路，又一次流入了节点 N，此时 Incarnation 值与留档一致，说明身份没有变，则节点 N 会停止散播该消息。除此之外，即使在 Incarnation 值不变的情况下，节点的状态信息与留档不一致也会散播该消息，因为这一消息包含有价值的信息。总之，节点首先考虑变身次数是否一致，在变身次数一致的情况下才会进一步考虑状态。图 11-7 展示了节点 X 的变身过程以及消息在 3 个节点（包括自身）上的散播与停止散播过程。

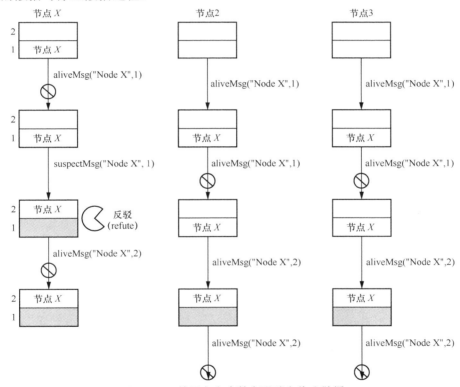

图 11-7　基于变身次数实现消息停止散播

假设在一个具有 32 个节点的完全健康集群中，突然有 1 个节点探测失败，从而进入嫌疑状态，并产生 1 个质疑消息。如果散播次数为 8（3、3、2），那么该质疑消息随后被散播给 8 个节点，并再次被散播给 64 个节点。随着散播的进行，传播者越来越多，每个传播者都只散播一次并变为拒绝者，也就是说每个节点只有一次机会"感染"其他节点。图 11-8 展示了质疑消息在某测试集群中散播的时间分布，可见只有 1 个节点在 600ms～800ms 收到消息，其他 30 个节点均在 600ms 内收到，并且其中 26 个节点在 400ms 内。总之，一旦一个节点开始质疑某个节点，那么很快所有节点都开始质疑它，但是这并不影响对它的探测，只不过探测消息中增加了质疑消息（见 11.1.3 节）。此外，某个节点对节点 N 提出质疑并不妨碍其他节点也对节点 N 提出质疑，其他节点的质疑消息仍然会在集群中传播。

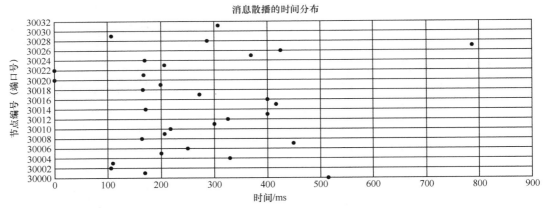

图 11-8   某具有 32 个节点的集群的质疑消息散播的时间分布

11.2   警报存储池与警报状态总账

警报存储池（后简称存储池）和警报状态总账（后简称状态总账）是警报管理系统处理警报的核心数据结构，只有位于这两个结构中的警报才会进行处理，具体的处理过程也依赖这两个结构的信息。警报管理系统通过 API 接收警报并将其存储在存储池中，同时按照顺序处理这些警报，处理过程中产生的状态信息存储在状态总账中，警报失效后系统将其从存储池和状态总账中删除。

11.2.1   警报的存储结构

警报的存储结构如代码清单 11-10 所示，主要由 5 个成员构成，其中 labels 成员（以下称标签集）对于警报的存储具有特殊意义，该成员的哈希值将作为主键来唯一标识一个警报，在存储池中不可能出现标签集完全相同的两个警报。标签集的哈希值运算采用 fnv-1a 算法，以标签名称和标签值构成的字符序列（有分隔符）作为哈希对象，并且在构造该字符序列之前会进行排序（按照标签名称升序排列），所以标签的先后顺序不会影响哈希运算结果。警报的标签集的哈希值也称为警报指纹，它是一个 64 位整数。具有相同标签集的两个警报——即使其他元素不相同——具有相同的指纹，不同指纹的两个警报的标签集也不同。

代码清单 11-10 警报的存储结构

```
{"labels": {"severity":"critical", "name":"service down", "instance":"10.10.10.10"},
"annotations": {"contact":"Elon", "mobile":"18812345678", "refid":"3762846"},
"generatorURL": "3762846.domain.address",
"startsAt": "2022-01-02T09:30:00Z",
"endsAt": "2022-01-03T23:59:59Z"
}
```

存储池采用字典结构（map，见代码清单 11-11）来存储警报，以警报指纹为主键。警报管理系统的各协程可以向该字典添加警报，也可以查询、修改、删除警报。一般来说，任何一种操作都需要提供警报指纹。需要指出的是，存储池的字典结构中存储的是警报指纹和警报指针，并不直接存储警报对象本身。警报对象实际上由 Go 语言运行时管理，由 Go 语言垃圾回收机制负责回收。即使从存储池中删除了某个警报，如果还有其他指针引用了该警报，它仍然不会被回收。

代码清单 11-11 存储池的字典结构

```
type Alerts struct {            // store.Alerts，存储池
    sync.Mutex                              // 互斥锁
    c  map[model.Fingerprint]*types.Alert   // 存储池字典
    cb func([]*types.Alert)
}
type Alert struct {          // types.Alert，字典元素
    model.Alert
    UpdatedAt time.Time
    Timeout   bool
}
type Alert struct {    // model.Alert
    Labels LabelSet `json:"labels"`            // LabelSet 实际是 map[string]string
    Annotations LabelSet `json:"annotations"`
    StartsAt     time.Time `json:"startsAt,omitempty"`
    EndsAt       time.Time `json:"endsAt,omitempty"`
    GeneratorURL string    `json:"generatorURL"`
}
```

存储池存储的是警报本身的信息，在处理这些警报的过程中还会产生一些状态信息，这些状态信息也集中存储在一个字典结构中，本书称其为警报状态总账。警报状态总账同样使用警报指纹作为主键，具体定义如代码清单 11-12 所示。警报状态总账所记录的信息主要包括每个警报是否处于活动状态、是否被抑制以及被哪些警报抑制。

代码清单 11-12 警报状态总账

```
type memMarker struct {
    m map[model.Fingerprint]*AlertStatus      // 警报状态总账字典结构
    mtx sync.RWMutex                          // 状态数据的读写协调使用读写锁，而非互斥锁
}
type AlertStatus struct {                  // 警报状态信息
    State        AlertState `json:"state"`    // active、supressed、unprocessed 三者之一
    SilencedBy []string  `json:"silencedBy"`  // 表明被哪些消声器静音
    InhibitedBy []string `json:"inhibitedBy"` // 表明被哪些警报抑制
    pendingSilences []string
```

```
    silencesVersion int
}
```

存储池和警报状态总账存储的是当前节点处理的所有警报，如果某个警报在这两个地方都不存在，那么系统将无法处理该警报。

11.2.2　警报的写入

存储池中的警报可以通过 HTTP API 进行读和写，状态总账中的信息可以通过 API 查询。API 请求和响应消息采用 JSON 格式，通过 HTTP API 添加和查询警报的典型代码如代码清单 11-13 所示。完整的警报由 5 个字段构成，但在添加警报时只有 labels 字段值是必须有的，其他字段值均可以省略。另外两个关键信息是开始时间（startsAt）和结束时间（endsAt）两个字段，由于后期的警报处理过程高度依赖于这两个时间值，所以如果缺少任一字段值，系统会按照一定规则赋予一个合理值。

代码清单 11-13　通过 HTTP API 添加和查询警报

```
# curl -X POST --data-raw '[{"labels":{"severity":"critical","instance":"host-01",
"event":"service down"}, "annotations": {"contact":"Musk","phone":"1234567890"}, "sta
rtsAt":"2023-02-26T09:00:00Z", "generatorURL":"monitor.host.test"}]' http://127.0.0.1:
10013/api/v1/alerts

# curl http://127.0.0.1:10013/api/v1/alerts
{"status":"success","data":[{"labels":{"event":"service down","instance":"host-01",
"severity":"critical"},"annotations":{"contact":"Musk","phone":"1234567890"},"startsAt":
"2020-02-26T09:00:00Z","endsAt":"2020-03-02T07:40:36.874322821 Z","generatorURL":"mon
itor.host.test","status":{"state":"suppressed","silencedBy":["177f39e4-69fd-41f7-9422-
7a9348bbba6f","2c17c9b3-1b19-4d9a-8c82-5cf4d772698b"],"inhibitedBy":null},"receivers":
["web.hook"],"fingerprint":"01a6a1c2c3e9bd4f"}]}
```

API 对存储池的写入为并发操作，这些操作通过互斥锁来避免读写冲突（实际上无论是写还是读，存储池都需要获得互斥锁），所以存储池上的写和读操作实际上都是串行的。在将警报写入存储池时，如果警报指纹已经存在于存储池中，则需要替换存储池中警报或者忽略该警报，以保持指纹的唯一性。由于存储池内存储的是指针，所以替换操作实际上并没有将原有警报对象销毁，而是用新的警报对象指针覆盖了原有指针。被覆盖的原有警报对象无法通过存储池访问，但是在被垃圾回收之前仍然有可能通过其他渠道访问。

添加警报时，可以对相同指纹的现存警报的起止时间（生命区间）进行调整。当替换现存警报时，如果新警报的生命区间与现存警报的生命区间没有交集，系统直接用新警报替换现存警报。如果新警报的生命区间与现存警报的生命区间存在重叠，那么在替换之前会进行生命区间的合并，合并过程遵循的基本原则是：如果新警报为消融警报，那么合并的结果也是消融的；如果新警报为活动警报，那么合并后的警报也是活动的。合并过程并不会修改现有警报，合并结果全部体现在新警报中。可见，通过添加警报可以控制现存警报的消融时间，从而让某个警报从系统中提前或者延迟退出。

　　状态信息是在处理警报的过程中产生的，而在警报刚进入存储池时系统还未开始对其进行处理，也就不会产生这些状态信息，实际上状态信息是在完成分组（见 11.3 节）之后才开始写入状态总账。与存储池不同的是，状态总账的并发访问控制使用的是读写锁而非互斥锁，在没有任何协程进行写操作的情况下，可以同时满足多个协程的读请求，从而实现读操作的并行。考虑到状态总账的读访问负载比较高并且读访问不可妥协，使用读写锁是恰当的。

　　需要注意的是，存储池和状态总账仅供本地节点使用，不是集群级别的，存储的数据不会在节点之间分享。

11.2.3　警报的订阅

　　考虑到字典结构的特性，警报一旦进入存储池就失去了先后顺序，并且考虑到存储池中的警报有可能被替换，从而导致原警报对象被销毁，为了保持警报处理的先来先服务原则并保证任何警报在替换之前都有机会得到处理，API 在将警报写入存储池之前（如有合并则是在合并之后）会将其写入事先设定的通道供警报处理程序使用。这种利用通道订阅警报的方式不仅保证了警报的处理顺序，而且保证了警报即使发生替换也能够幸存。图 11-9 中的分发器（dispatcher）和抑制器均通过这样的通道订阅警报。警报管理系统创建的所有订阅通道都存储在警报结构体的 listeners 成员（订阅通道，见代码清单 11-14），API 写入的每个警报都会添加到这些通道中。由于通道的特性，订阅内容的读取是一次性的，订阅者对警报的处理不应期待再次从通道获取该警报，所以警报处理协程总是在确定警报不再需要任何处理的情况下才会将其删除。按照设计，订阅通道的长度最少为 200，可以想象，如果在通道中滞留大量警报的情形下发生了系统故障，这部分警报可能在未经处理的情况下丢失。

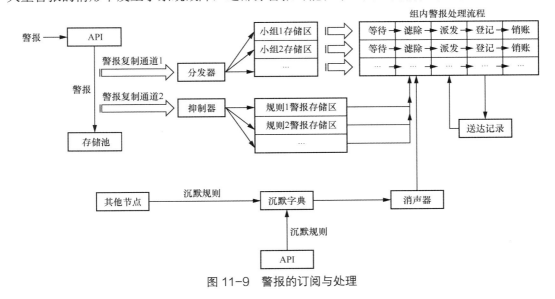

图 11-9　警报的订阅与处理

代码清单 11-14　警报结构体中的订阅通道成员

```
type Alerts struct {                    // mem.Alerts
    cancel context.CancelFunc
    mtx        sync.Mutex
    alerts     *store.Alerts            // 存储所有告警
    listeners map[int]listeningAlerts   // 订阅通道，为每个订阅者提供一个通道，从而支持多用
                                        // 户订阅
    next       int                      // 当前订阅通道数量，即下一个新增订阅通道的索引号
    callback AlertStoreCallback
    logger log.Logger
}
```

11.2.4　警报的清理

如图 11-9 所示，API 接收的警报经过分发器和抑制器的订阅后将进入各自的存储区（以指针的形式），同时存储池中也有一份相同的警报。另外，在处理警报时状态总账中也会添加对应的记录。这 4 处的警报都需要某种清理机制，否则其中的数据将无限膨胀。

存储池和状态总账的清理总是同步进行的，某个警报从存储池中删除的同时会从状态总账中删除。存储池有一个清理协程，负责每隔 30min（由 alerts.gc-interval 启动参数决定）清理一次数据，这一清理过程将从存储池以及状态总账中删除已消融的警报。这种清理工作的意义在于，警报一旦从存储池中删除，API 接收到相同指纹的警报后就失去了合并对象，只能将其作为全新的警报放入存储池。然而，一个警报被从存储池中清理并不意味着不能再发送，因为在分发器的存储区中可能还有它的副本。分发器对警报的处理不考虑存储池的情况，只考虑自己存储区的数据。

分发器对警报的处理遵循的一项原则是保证每个警报在消融之后还能进行一次处理，这要求分发器一直保留警报，直到消融以后的最后一次处理执行完毕。存储池和状态总账的数据清理不影响分发器对警报的处理，即使警报已经从状态总账中删除，只要分发器的存储区中还有它的副本，它仍然有机会得到处理，并且在处理过程中可以重新创建状态记录（在状态总账中）。

分发器存储区的清理以警报是否处理完毕为依据，只有完成警报的最后一次处理后才会将其删除。警报一旦从分发器的存储区中删除就相当于从系统中消失，不再有机会进行任何处理。

11.3　警报的分组与组内处理流程

进入订阅通道的警报往往是多种多样的，它们来自不同的系统、不同的集群、不同的

主机，由不同的事件触发。这种多样性反映到警报数据上就是具有不同的标签集。如果需要根据警报的特征对不同的警报使用不同的处理策略，一种自然的想法是按照特征对警报进行分组，然后以组为单位进行处理。

分组工作由分发器负责完成，分发器采用两阶段分组的方式，先进行封闭式分组形成有限数量的大组，然后在各个大组内部进行开放式分组形成数量不限的小组。封闭式分组采用树形路由匹配的方法，将众多的匹配条件组织成具有层级关系的路由树，以实现分组过程的高效率和可扩展，并且支持一个警报同时分到多个大组。封闭式分组形成的大组的数量是有限的，不会超过路由树节点的总数。开放式分组则是在由路由树形成的大组内部进一步根据警报的某些标签值进行自我聚类，使具有相同标签值的警报自动聚成一组。开放式分组对标签值不做限制，理论上可以分成无限数量的小组。

11.3.1　封闭式分组（路由树及其匹配）

路由树结构体定义如代码清单 11-15 所示，它不限制子节点数量也不要求左、右子树平衡，其每个节点代表一定的匹配规则，可以设定多个匹配条件，要求警报满足所有条件才算匹配成功，任何一个条件不满足就认为匹配失败。匹配过程总是从根节点开始，一旦匹配成功就相当于获取了该节点的通行证，可以继续进行子节点的匹配，如果父节点匹配失败则不再对子节点进行匹配。如果警报获取了某节点 N 的通行证之后，在尝试进行子节点匹配时被所有子节点拒绝，则节点 N 成为警报的接纳者（之一），可以处理该警报。路由树匹配过程如代码清单 11-16 所示。

这个过程就像一个多层的筛子，从上到下网眼越来越细，在进行匹配时警报总是试图抵达自己能够到达的低层节点并收获该节点，收获一个节点后再继续尝试其他分支，直到所有分支遍历完毕（如果某个节点拒绝匹配其后面的兄弟节点，那么匹配过程会忽略该兄弟节点的一些分支节点）。可见，匹配过程实际是深度优先遍历的过程，返回结果则是"足迹"能够到达的每个分支的最低层节点。任何警报只要能够获取根节点的通行证就一定能够找到接纳者，反之如果被根节点拒绝就不可能被接纳。

代码清单 11-15　路由树结构体定义

```
type Route struct {
    parent *Route
    RouteOpts RouteOpts        // 包含收件人名称、分组标签名称、警报处理间隔等信息
    Matchers labels.Matchers   // 匹配条件，满足该条件的警报才会由该节点处理
    Continue bool
    Routes []*Route
}

type RouteOpts struct {
    Receiver string            // 收件人名称，即接收警报的对象（要求在配置文件中已经配置）
    GroupBy map[model.LabelName]struct{}  // 指明在处理警报时根据哪些标签值进行分组（并发）
    GroupByAll bool
```

```
    GroupWait          time.Duration    // 组队等待时间，默认为 30s，用于积累警报并快速开始首次处理
    GroupInterval   time.Duration    //  警报处理间隔，默认为 5m，用于积累警报，从而实现批量处理
    RepeatInterval time.Duration    // 用于在警报送达收件人之前去重，避免频繁送达同一警报
    MuteTimeIntervals []string      // 时间段，用于时钟静默滤除，表示在此期间滤除所有警报
    ActiveTimeIntervals []string    // 时间段，用于时钟滤除，表示在此期间之外滤除所有警报
}

// 默认路由参数配置（alertmanager.yml）
route:
  group_by: ['alertname']          // 聚类标签集
  group_wait: 30s
  group_interval: 5m
  repeat_interval: 1h
  receiver: 'web.hook'
```

代码清单 11-16　路由树匹配过程

```
func (r *Route) Match(lset model.LabelSet) []*Route {      // 返回节点列表
    if !r.Matchers.Matches(lset) {
        return nil
    }
    var all []*Route
    for _, cr := range r.Routes {
        matches := cr.Match(lset)
        all = append(all, matches...)
        if matches != nil && !cr.Continue {      // 当某个节点拒绝匹配更多兄弟节点时
            break
        }
    }
    if len(all) == 0 {                  // 当无法进入更低层节点时，止步于此，收获此节点
        all = append(all, r)
    }
    return all
}
func (ms Matchers) Matches(lset model.LabelSet) bool {
    for _, m := range ms {
        if !m.Matches(string(lset[model.LabelName(m.Name)])) {
            return false
        }
    }
    return true            // 如果未设置任何匹配条件，总是视为匹配成功
}
```

11.3.2　开放式分组（自我聚类）

　　路由树节点不仅决定了是否接纳警报，还规定了对已经接纳的警报如何进行开放式分组，也就是如何对组内警报进行自我聚类。具体的方法是计算聚类标签集（group_by 参数）的哈希值，具有相同哈希值的警报分为一组，并使用字典结构来存储聚类结果，其定义如代码清单 11-17 所示。按照这一方法，聚类之后形成的小组数量取决于聚类标签值能够产生多少个不同的哈希值。这种计算方式决定了小组数量取决于所有聚类标签的取值范围的

乘积。如果设定 3 个聚类标签，每个标签可以取值 0、1 和 2，那么小组数量为 27（3×3×3=27）。由于警报数据是流动的、变化的，所以小组数量会随着数据变动而变动，随时可能增加或者减少。当小组数量增加时比较容易处理，只需要在字典中增加一个新的分组指纹（空标签集的指纹固定为整数 14,695,981,039,346,656,037）。当小组数量减少时，意味着某个指纹对应的小组不存在任何警报（已经处理完毕且没有新增）。对此，分发器会每隔 30s 检查一次，如果发现任何空组就将其从字典中删除。

经过聚类之后，警报指针将存储到对应小组的存储区内。分发器只有一个协程，意味着即使有非常多的聚类小组，同一时间只会向一个小组写入警报。然而，从聚类小组的角度来看，除了分发器会进行写操作，还有下游的警报处理协程会进行读操作以及删除操作。

代码清单 11-17　分组结构体定义

```
routeGroups = map[model.Fingerprint]*aggrGroup{}    // 字典主键为聚类标签集的哈希值
                                                    // （即分组指纹）


type aggrGroup struct {
    labels    model.LabelSet   // 聚类标签集，组内所有警报共享该标签集，分组指纹基于该标签集计算
    opts      *RouteOpts       // 包含收件人名称、分组标签名称、警报处理间隔等信息
    logger    log.Logger
    routeKey  string           // 路由树节点的完整路径，即根节点到当前节点，如{job="cls1"}/
                               // {instance="hostA"}
    alerts    *store.Alerts    // 分派到该组的警报存储于此（实际是以警报指纹为键的字典）
    ctx       context.Context
    cancel    func()
    done      chan struct{}
    next      *time.Timer      // 倒计时器，计时长度可调，默认由 GroupInterval 参数决定
    timeout   func(time.Duration) time.Duration
    mtx       sync.RWMutex     // 协调访问冲突（分发器与警报处理协程之间）
    hasFlushed bool
}
```

分组的意义在于可以进行并发控制，每个小组都由独立的警报处理协程负责处理警报，通过控制小组数量可以间接控制并发量，调整各小组的警报流量则可以调整负载分布。由于每个警报的处理逻辑涉及多个环节，很可能在某个环节出现卡顿，所以通过并发处理可以避免卡顿造成的全局性影响，提高吞吐量。此外，各协程在处理所在分组的警报时并非实时处理（到来就处理），而是批量处理（通过等待一段时间来积累警报），这进一步扩展了系统的处理能力。

在分发器进行开放式分组的过程中（见图 11-10 中的自我聚类环节），每次创建新的小组都会同时启动该小组的警报处理协程，在这一阶段不会限制协程的数量，只要有需要就创建。在删除小组时会同时停止该小组的警报处理协程。可见，每个存活的小组一定有自己的警报处理协程，从而能够处理小组内的警报。这种创建和回收机制既能够保证警报得到及时处理，又能够避免长时间的资源浪费。

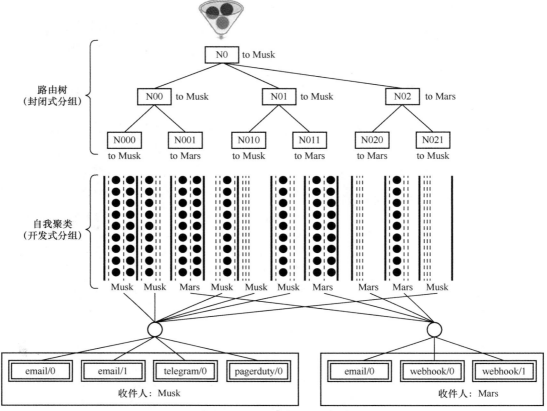

图 11-10　封闭式分组与开放式分组及警报分发过程

11.3.3　组内警报处理流程

　　每个小组内的警报由专属的协程负责处理，这些协程处理警报时只考虑 1 个小组，协程之间相互独立，不需要进行协调同步（只是读取警报数据时，需要与写警报的协程进行协调以避免读写冲突）。

　　对于具体的每个警报，一旦被分到了所属的小组（按照前述分组方法）就进入了组内警报处理流程，这一流程主要由等待、滤除、派发、登记和销账这 5 个环节组成。分组阶段的每个路由树节点都规定了 2 个等待时间：group_wait 和 group_interval。前者表示警报进入小组后并非立刻处理，而是需要等待一定时间。该设计的意义之一在于，协程处理 1 条警报和处理多条警报所花时间并无太大差别，如果短时间内有多条警报入组，以串行方式逐个处理不如等待多条警报就位后批量处理。group_interval 表示协程每隔一段时间处理一次警报，以免有警报过期却不知道，并且可以实现同一警报多次派发。总之，等待环节的主要意义是用时间来积累警报,以尽可能达到批量处理的效果。因此,在此之后的环节处理的警报都是以数组形式出现的。

但是有时候某条警报分派到小组内时已经延迟了较长时间,在这种情况下如果继续被动地等待显然是不负责任的,这种情况下警报分派到小组内后会立即触发处理流程。这提醒我们,虽然批量处理是有价值的,但是不应该一味追求批量,必要的时候应该提供一种机制来兼顾数据本身的时效价值。

另外需要强调的是,协程在处理警报时总是使用原始警报的副本,而不是直接使用原始警报,取得副本的过程如代码清单 11-18 所示。在此之后的所有处理过程都是在副本上进行的,由于副本和原始警报指纹将全程保持一致,所以两者仍然能够呼应。

代码清单 11-18　处理小组警报时获取原始警报的副本

```
...
    for _, alert := range alerts {
        a := *alert                // 获取原始警报的副本
        if !a.ResolvedAt(now) {
            a.EndsAt = time.Time{} // 修改副本,不影响原始警报
        }
        alertsSlice = append(alertsSlice, &a)
    }
...
```

后续的滤除、派发和登记环节进一步细分为 9 个步骤,如图 11-11 所示。可见,在滤除环节的处理以单协程方式进行,在派发和登记环节则根据派发地址的数量启动多个子协程并发处理,其中单协程部分包含 5 个步骤,多协程部分包含 4 个步骤。图中没有列出的销账环节实际上用于等待并发子协程全部结束后由父协程修改小组存储区的数据。

11.4　警报的滤除

并非所有警报都受到收件人的欢迎,有些警报对于收件人是一种负担。警报管理系统提供抑制器、时钟过滤和消声器这 3 种机制来滤除某些警报,避免其流向收件人,三者均在警报滤除环节发挥作用,其发挥作用顺序依次为抑制器、时钟过滤、消声器。

在使用集群的情况下,由于警报的滤除依赖于集群中其他节点的信息,所以滤除的前提是节点已经就绪(即成功加入集群并与其他节点建立稳定的联系)。协程每次开始滤除之前都需要检查节点是否就绪,不过由于节点加入集群是一次性的,在节点已经就绪的情况下执行的检查动作等价于一个空操作,所以开销可以忽略不计。检查节点就绪状态的步骤称为GossipSettle。每个节点在启动后会创建一个子协程负责等待节点就绪,具体过程为每隔一段时间检查就绪的朋友数量,如果连续 3 次检查的朋友节点数量都没有变化则认为节点已经就绪。

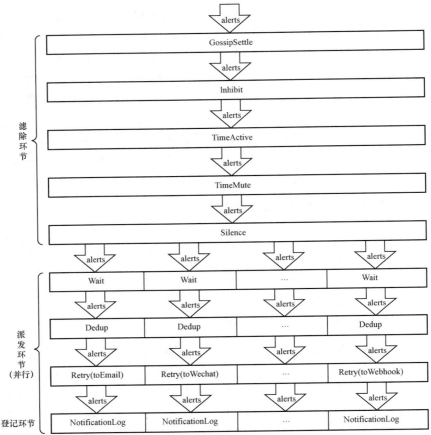

图 11-11   组内警报处理流程之滤除、派发和登记

11.4.1　抑制器

　　有时候警报之间在逻辑上并非相互独立，一条警报的含义可能包含另一条警报。例如，某主机电源中断的警报与该主机 ping 失败的警报之间就具有包含关系，前者成立意味着后者成立。在这种情况下，警报接收人希望只接收前者而滤除后者。这种一条警报可以"吞噬"另一条警报的现象称为抑制（inhibit）。通过抑制机制可以减少警报冗余、减少警报处理开销。

　　抑制机制的核心是抑制规则（InhibitRule），其定义如代码清单 11-19 所示，它用于描述抑制者（也称抑制源）和被抑制者（也称抑制目标）之间的对应关系。一般来说，抑制源和抑制目标是一类警报而非特定的一个警报，即某个警报可以被多个警报抑制（甚至包括它自身），某个警报也可以抑制多个其他警报（甚至自身）。一旦知道了抑制规则，那么只需要知道当前活动的警报中有哪些警报能够成为合格的抑制源，就可以根据抑制规则确定任意警报是否可构成抑制目标。

代码清单 11-19　抑制规则定义

```
type InhibitRule struct {
    SourceMatchers labels.Matchers          // 抑制源匹配条件，用于选取合格的抑制源警报
    TargetMatchers labels.Matchers          // 抑制目标匹配条件，用于选取潜在的抑制目标
    Equal map[model.LabelName]struct{}      // 恒等标签，只有抑制源和抑制目标的这些标签
                                            // 完全一样才执行抑制
    scache *store.Alerts                    // 抑制源警报池
}
```

抑制器的工作机制可参见图 11-9，其核心思想是为每个抑制规则构建一个抑制源警报池，当有新的警报到来时，逐个尝试每个抑制规则，如果某个规则成功地抑制了该警报，则结束尝试。如果所有规则均不能抑制该警报，则该警报幸存下来。由于抑制源警报池中的数据是动态变化的，随着新警报的加入和旧警报的消亡而不断变化，所以相较于静态的抑制规则，抑制源警报池更难管理。

如图 11-9 所示，抑制源警报池中的数据来自警报订阅通道，抑制器负责将通道中的警报指针分发到对应的抑制规则中（根据抑制源匹配条件），如果一个警报能够匹配多个抑制源，则分发到多个规则中。在分发过程中不需要考虑恒等标签，即使警报中根本不存在恒等标签也一样进行分发。值得说明的是，警报订阅通道位于分组之前，所以抑制源警报池面对的是所有警报，无论警报在分组阶段进入哪个小组，在抑制阶段都使用同一套抑制规则。

抑制源警报池中的警报一旦消亡就失去了抑制能力，为了节约存储资源，抑制器每隔15min 进行一次回收操作，将消亡的警报移出抑制源警报池。

抑制源必须在抑制目标穿越抑制器之前就位，如果某个警报在抑制源就位之前就"走"过了抑制阶段，它很可能逃脱被抑制的命运。此外，由于抑制器不会与集群内的其他节点同步信息，所以抑制源和抑制目标必须位于同一节点上才会发生期望的抑制效果。如果两者被分发到不同节点，那么就会抑制失败。

11.4.2　时钟过滤

抑制器和后面即将讲解的消声器都是基于规则进行过滤的，是否滤除警报取决于警报自身是否符合规则。时钟过滤则不考虑警报本身而是基于时间进行滤除，它包含两种过滤方式：时钟允许和时钟禁止。时钟允许对应配置文件中的 active_time_intervals，指在指定的时间段内允许发送警报。时钟禁止对应配置文件中的 mute_time_intervals，指在指定的时间段内禁止发送警报。实际上，时钟允许是一种变相的时钟禁止，它意味着在指定时间段之外的时间禁止发送警报。在进行滤除时，先执行时钟允许规则，如果当前时间不在允许的时间段则所有警报都将被滤除，否则所有警报进入下一环节，执行时钟禁止规则。如果

当前时间在禁止时间段内则所有警报被滤除，否则所有警报被放行。可见，时钟过滤工作机制类似白黑名单制度，警报要想通过时钟过滤，要求当前时间在白名单范围内，同时不在黑名单范围内。如果没有设置白名单或黑名单，则意味着忽略对应的环节，对警报不进行滤除。

11.4.3　消声器

如果说抑制器实现了用一部分警报吞噬另一部分警报，那么消声器实现的是根据沉默警报选取规则（以下称沉默规则）选出沉默警报并将其静音。类似于抑制器，每个警报管理器系统的消声器也只有一个，但是可以设定任意数量的沉默规则，一个警报可能同时符合多个沉默规则。

沉默规则规定了符合何种条件的警报需要保持沉默（不发送给收件人）。在分布式集群环境中，由于警报可能流入任意节点，所以沉默规则需要在所有节点之间保持一致。当某个节点收到新添加的沉默规则时，需要将该规则传播给整个集群。沉默规则的数据量一般都比较小，其传播过程不会造成太大的开销。

沉默规则可以通过 API 录入系统，下面的 curl 命令通过 API 向警报管理系统添加了一条沉默规则。当其中的 id 字段为空或者不存在时，系统将为其生成一个随机 ID（uuid），该 ID 能够保证全局唯一性，即使在不同节点之间同步沉默规则也不会出现 ID 冲突。每个规则都必须设定结束时间（endsAt 字段），这一时间决定了处理警报时该规则是否有效。

```
# curl -X POST --data-raw '{"id":"","matchers":[{"name":"job", "value":".*-test",
"isRegex":true, "isEqual":true}],"startsAt":"2023-02-28T22:00:00Z","endsAt":"2023-03-
05T22:00:00Z"}' http://127.0.0.1:10083/api/v1/silences
```

无论是来自 API 还是来自其他节点的沉默规则都被存储在一个字典结构中，即代码清单 11-20 中的 st 成员（以下称沉默字典），其主键为沉默规则 ID。当节点之间进行沉默规则的同步时，传输的就是该字典的数据。沉默规则在节点之间的传输采用 ProtoBuf 消息格式，所以沉默字典的元素设计为 ProtoBuf 消息对象。实际上，通过 API 写入的沉默规则在存储到沉默字典中时都经历了一次类型转换，在反序列化之后转换为了 ProtoBuf 消息对象。

代码清单 11-20　沉默规则的存储结构及沉默字典

```
type Silences struct {
    logger      log.Logger
    metrics     *metrics
    now         func() time.Time
    retention   time.Duration      // 滞留时间（沉默规则到期失效后将滞留一段时间再被删除，以防
                                   // 需要重新启用）
    mtx         sync.RWMutex
    st          state              // 沉默字典，其初始内容加载自快照文件
```

```
    version      int                  // 表示加载快照文件的次数，每次加载快照文件时，该值加 1
    broadcast  func([]byte)
    mc           matcherCache         // 字典结构，便于根据沉默规则快速找到匹配信息（Matchers）
}
type state  map[string]*pb.MeshSilence        // 沉默字典，以沉默规则 ID 为主键
message MeshSilence {
    Silence silence = 1;
    google.ProtoBuf.Timestamp expires_at = 2 [...];          // 过期时间，用于数据清理判定
}
```

如果对写入沉默字典的沉默规则指定了 ID，则该操作可能是新增沉默规则或者是对已有沉默规则的修改，具体需要综合考虑沉默规则 ID 与沉默规则更新时间，如果沉默字典中不存在该 ID 说明是新增沉默规则，如果 ID 在沉默字典中已存在，则更新时间靠后的新沉默规则将覆盖旧沉默规则。如果考虑沉默规则在所有节点之间的同步，假设用户在两个不同节点修改了同一个沉默规则，最终谁能幸存将由修改时间决定。

沉默字典需要设计一种清理机制以免其无限膨胀。警报管理系统会启动一个单独的协程负责每隔 15min 进行一次过期沉默规则的回收。沉默字典中的每个沉默规则都设定了过期时间（expires_at 字段）作为回收条件，该时间与结束时间不同，它是在结束时间的基础上增加了滞留时间（由 data.retention 启动参数决定），所以我们很可能发现某些已经超过结束时间的沉默规则仍然存在于沉默字典中。

沉默字典中的沉默规则是需要长期使用的重要数据，但是它只存在于内存中，如果突发系统故障导致数据丢失可能造成很大的损失。为了应对这种情况，数据清理协程在每次回收过期沉默规则之后会为沉默字典生成快照文件（数据存储路径下的 silences 文件），这样即使发生系统故障也可以在系统恢复以后重新加载快照文件中的数据。快照文件的数据为 ProtoBuf 格式，通过解码快照文件能够知道有哪些沉默规则被成功保存下来。代码清单 11-21 展示了某测试环境中的快照文件解码结果。

代码清单 11-21　某测试环境中的快照文件解码结果

```
$ bash ./silence_pb_decode data/silences
{"silence":{"id":"1db27fbc-2a89-407f-b737-e2f24372247a","matchers":[{"type":1,"name":
"job","pattern":".*-test"}],"starts_at":"2023-03-04T22:33:17.237405204Z","ends_at":
"2023-03-05T22:00:00Z","updated_at":"2023-03-04T22:33:17.237405204Z"},"expires_at":
"2023-03-05T22:10:00Z"}
{"silence":{"id":"bb1bb6e8-ebd1-4c39-a9bc-2aba31f7ef85","matchers":...}
{"silence":{"id":"e962b184-02c1-464a-8d44-19d8ce07ff84","matchers":...}
...
```

消声器工作于警报滤除的最后一个环节，在处理警报时，消声器逐个检查沉默规则，判断该警报是否符合沉默规则以及符合哪些沉默规则，并把符合沉默规则的警报拦截下来，不传递到下一个环节。但是这有可能造成不必要的重复操作，因为同一警报有可能多次发送，如果在此过程中沉默字典并未变化，那么每次都检查所有沉默规则就是无意义的重复。为了避免这种情况，每个警报的匹配结果（满足条件的沉默规则 ID 以及版本号）将存储在状态总账中，当下次遇到同一警报时可以通过检查状态总账来避免重复操作。如果发现沉

默规则没有变更，并且所有沉默规则都在有效期内，则可以直接利用状态总账中的匹配结果。如果发现沉默规则升级了，那就只好检查一遍所有的沉默规则。如果发现其中部分沉默规则沉默失效，则更新状态总账以反映最新的有效沉默规则。考虑到实际情形中沉默规则较少发生修改，这种处理方式可以避免大量的重复操作。

11.5　警报的派发

如果说警报的滤除需要重点考虑警报自身和时间因素，那么警报的派发需要重点考虑收件人因素。虽然每个小组的警报只需要派发给 1 个收件人，但是每个收件人允许有多个收件渠道（如 email、webhook、telegram 等），这些收件渠道的通信方式和效率往往存在很大差异。警报处理协程通过并发方式同时向这些收件渠道发送警报，具体方式是为每个收件渠道临时创建一个子协程来发送警报，然后等待这些子协程结束。

子协程派发警报的过程分为等待（wait）、去重（dedup）、试投（retry）3 个步骤，详见图 11-11。

11.5.1　收件人的数据结构表示

一个收件人可以拥有多类收件渠道，而每一类收件渠道又可以有多个收件地址。例如名为 Musk 的收件人可能有 email 和 webhook 两类收件渠道，其中 email 类有 3 个收件地址，webhook 类有 2 个收件地址。实际上，这种多级分类方式由配置文件中的 receivers 结构决定。对于警报派发协程，收件人仅仅是多个收件地址的简单组合（数组），每个收件地址规定了发送警报的方法、渠道类型以及地址编号等，具体定义如代码清单 11-22 所示。对于任意一个收件人，收件渠道类型和地址编号的组合是唯一的，如 email/0、webhook/0、webhook/1 等。在更高层面上，整个警报管理系统的所有收件人都具有唯一的名称，那么收件人名称、收件渠道类型、地址编号三者的组合将在整个系统中唯一决定一个警报发送地址，例如 Musk/webhook/1，这样的名称组合在本书中称为收件地址识别码。收件人的收件地址识别码数量决定了派发警报的子协程数量，每个识别码对应一个子协程。

代码清单 11-22　收件地址的结构体定义

```
type Integration struct {
    notifier Notifier          // 发送警报的方法
    rs       ResolvedSender     // 发送消融警报的方法
    name     string            // 收件渠道类型，如 email、webhook、wechat、sns、pushover 等
    idx      int               // 同类型收件渠道内部的地址编号，如 email 收件渠道中的第二个电子邮箱
}
```

11.5.2 派发等待与去重

派发等待仅作用于集群环境下，如果是独立节点则不需要派发等待。派发等待需要与 11.3.3 节中所讲的等待进行区分。11.3.3 节中的等待是为了实现批量化，这里的等待是为了解决集群节点间的一致性问题。

假设一个警报同时发送到了 X 和 Y 两个节点，在没有特别设计的情况下，最终结果将是收件人收到重复的两个警报。解决该问题的一种方法是将两个节点的派发时间隔开（假设先节点 X 后节点 Y），并且将节点 X 的派发结果同步到节点 Y，节点 Y 试图派发该警报时能够知道它刚刚派发过，进而可以放弃派发。这里的派发等待通过为每个节点设置不同的时长来将所有节点的派发时间隔开。每个节点的具体等待时长由该节点的名称在其朋友清单中的位置序号决定，如果名称靠前则等待时间短，靠后则等待时间长。假设节点 X 有 4 个朋友节点（包含自身），它在朋友节点中按照名称排序为第 3 位，则等待时长为（3−1）×15=30s，如果排在第 1 位则等待时长为（1−1）×15=0s。

派发等待之后的下一个步骤是去重，这一步骤依赖于通知日志（见 11.6 节）。其基本原理是通过检查收件地址的上次通知日志，来决定该派发是否属于重复派发，如果重复则放弃派发。由于通知日志包含其他节点的送达情况，所以可以解决跨节点同时派发的问题。详细的去重工作机制参见 11.6 节。

11.5.3 警报的试投

试投是指将警报（可能是多个）编码为需要的格式后与收件地址建立连接并传输的过程，如果传输失败将会视情况决定是否再次尝试试投。由于试投过程需要与外部系统交互，所以很难保证一次传输就成功。当需要多次重试时，如何设计间隔时间是需要考虑的一个问题。这需要综合考虑两方面因素：一是尽量避免多个节点同时访问某个收件地址；二是单个节点对单个收件地址的访问应该在尽快取得成功的基础上避免频繁访问。考虑到随着重试次数的增加，收件地址访问成功的概率会逐渐下降，合理的设计是重试间隔时间逐渐增加。同时，为了避免多个节点形成共振（同频率同时访问），应该在每次访问时设定一个随机的偏移时间。综合考虑之后的方案就是把指数级增长的基准间隔时间加上随机偏移时间作为重试间隔时间，即任意两次重试的基准间隔时间随着重试次数的增加呈指数级增长，每次间隔时间为上次的 1.5 倍，即 0.5s、0.75s、1.125s 等，实际的间隔时间则在基准间隔时间的基础上进行一定幅度的随机偏移，偏移范围为基准间隔时间的 0.5～1.5 倍。具体的重试间隔时间的指数增长情况如表 11-1（其中的基准间隔时间不允许超过 60s）以及图 11-12 所示。

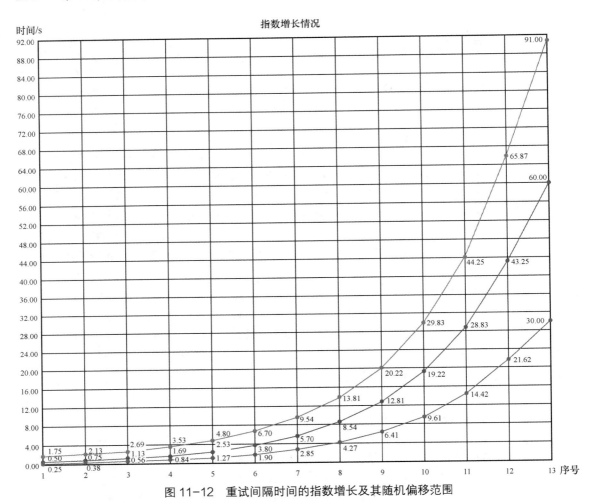

图 11-12　重试间隔时间的指数增长及其随机偏移范围

表 11-1　重试间隔时间的指数增长情况（单位：s）

序号	基准间隔时间	左边界	右边界	区间长度	最小值累计	最大值累计	某次测试结果
1	0.50	0.25	1.75	1.50	0.25	1.75	0.00
2	0.75	0.38	2.13	1.75	0.63	3.88	1.00
3	1.13	0.56	2.69	2.13	1.19	6.56	2.00
4	1.69	0.84	3.53	2.69	2.03	10.09	5.00
5	2.53	1.27	4.80	3.53	3.30	14.89	7.00
6	3.80	1.90	6.70	4.80	5.20	21.59	10.00
7	5.70	2.85	9.54	6.70	8.04	31.13	18.00

续表

序号	基准间隔时间	左边界	右边界	区间长度	最小值累计	最大值累计	某次测试结果
8	8.54	4.27	13.81	9.54	12.31	44.94	25.00
9	12.81	6.41	20.22	13.81	18.72	65.17	39.00
10	19.22	9.61	29.83	20.22	28.33	95.00	56.00
11	28.83	14.42	44.25	29.83	42.75	139.25	97.00
12	43.25	21.62	65.87	44.25	64.37	205.12	136.00
13	60.00	30.00	91.00	61.00	94.37	**296.12**	170.00
14	60.00	30.00	91.00	61.00	124.37	387.12	210.00
15	60.00	30.00	91.00	61.00	154.37	478.12	291.00
16	60.00	30.00	91.00	61.00	184.37	569.12	协程取消
17	60.00	30.00	91.00	61.00	214.37	660.12	
18	60.00	30.00	91.00	61.00	244.37	751.12	
19	60.00	30.00	91.00	61.00	**274.37**	842.12	

　　如果收件地址出现差错，系统在试投阶段可能不断重试，但是由于协程在处理每批警报时都设置了超时机制，超过限定时间则强制终止，所以总体的重试次数是有限的。按照表 11-1 展示的数据，如果试投的时间限制在 300s 内，那么重试次数将为 13～19。

　　另一个需要考虑的问题是如何将警报（多个）编码为需要的格式。警报管理系统的解决办法是利用模板将多个警报转换为单个字符串文本，以便一次性地发送到收件地址。模板的展开以警报为基础，使用的数据类型如代码清单 11-23 所示，这样的结构可以容纳多个警报及其相关信息。

代码清单 11-23　警报投递模板使用的数据类型

```
type Data struct {
    Receiver string `json:"receiver"`
    Status   string `json:"status"`          // 状态是活动还是消亡，取决于是否有活动警报
    Alerts   Alerts `json:"alerts"`
    GroupLabels       KV `json:"groupLabels"`  // KV 也就是 map[string]string
    CommonLabels      KV `json:"commonLabels"`
    CommonAnnotations KV `json:"commonAnnotations"`
    ExternalURL string `json:"externalURL"`   // 服务的监听地址
}
type Alerts []Alert
type Alert struct {
    Status        string    `json:"status"`      // 状态是活动还是消亡，取决于警报结束时间
    Labels        KV        `json:"labels"`
    Annotations   KV        `json:"annotations"`
    StartsAt      time.Time `json:"startsAt"`
    EndsAt        time.Time `json:"endsAt"`
    GeneratorURL  string    `json:"generatorURL"`
    Fingerprint   string    `json:"fingerprint"`
}
```

系统提供的默认模板文件中定义了多个模板，其中每种收件渠道都会用到的是主题模板
（subject），另外一个在大部分渠道都会用到的是警报列表模板（alert_list），这两个模板的定
义如代码清单 11-24 所示。两个模板展示的信息都是用户比较关注的内容，包括警报状态、
活动警报数量、聚类标签值、注释集等。除此之外，集该文件中还定义了多个空模板，在了
解了模板应用的数据类型 Data 结构体之后就可以根据需要定制这些空模板或者添加新模板。

代码清单 11-24   主题模板和警报列表模板的定义

```
{{/* 主题模板定义如下，可知其中包含警报状态、活动警报数量、聚类标签值、共同标签值 */}}
{{ define "__subject" }}[{{ .Status | toUpper }}{{ if eq .Status "firing" }}:{{ .
Alerts.Firing | len }}{{ end }}] {{ .GroupLabels.SortedPairs.Values | join " " }} {{
if gt (len .CommonLabels) (len .GroupLabels) }}({{ with .CommonLabels.Remove .
GroupLabels.Names }}{{ .Values | join " " }}{{ end }}){{ end }}{{ end }}

{{/* 警报列表模板定义如下，可见其中包含标签集、注释集和来源这 3 项内容 */}}
{{ define "__text_alert_list" }}{{ range . }}Labels:
{{ range .Labels.SortedPairs }} - {{ .Name }} = {{ .Value }}
{{ end }}Annotations:
{{ range .Annotations.SortedPairs }} - {{ .Name }} = {{ .Value }}
{{ end }}Source: {{ .GeneratorURL }}
{{ end }}{{ end }}
```

11.6   警报的登记

为了避免重复投递，系统会登记每个收件地址收到的最后一批警报（哈希值），这些信
息称为通知日志（notification log）。通知日志将在节点之间广播，所以即使收件人在多个节
点同时接收警报，各个节点也能够知道所有的通知日志。

11.6.1   通知日志的存储与读写

与沉默字典类似，通知日志也采用字典结构（具体定义见代码清单 11-25），该字典的
主键包含警报的分组识别码（路由树节点路径和分组标签集）以及收件地址识别码。由于
通知日志与沉默字典一样需要在各节点之间散播，所以通知日志字典（以下称"送达字典"）
中的元素也使用 ProtoBuf 消息对象表示。

代码清单 11-25   通知日志数据结构

```
type Log struct {              // 通知日志
    logger     log.Logger
    metrics    *metrics
    now        func() time.Time
    retention  time.Duration
```

```
    runInterval time.Duration    // 时间长度，间隔多长时间进行一次快照文件保存和记录清理
    snapf       string           // 快照文件路径
    stopc       chan struct{}
    done        func()
    mtx         sync.RWMutex      // 读写锁，读取通知日志需要读锁，写入通知日志需要写锁
    st          state            // 送达字典
    broadcast func([]byte)       // 作为参数的字节切片源自 MeshEntry 对象的序列化
}
type state map[string]*pb.MeshEntry // 送达字典，以警报分组识别码和收件地址识别码的组合为键

// ProtoBuf 消息结构
message MeshEntry {
  Entry entry = 1;
  google.ProtoBuf.Timestamp expires_at = 2 [...];  // 根据该时间值判断是否进行数据清理
}

message Entry {
  bytes group_key = 1;                            // 警报分组识别码
  Receiver receiver = 2;
  google.ProtoBuf.Timestamp timestamp = 5 [...];        // 时间戳，生成传达记录的时间
  repeated uint64 firing_alerts = 6;        // 由警报指纹表示的活动警报列表
  repeated uint64 resolved_alerts = 7;      // 由警报指纹表示的已消亡警报列表
}
message Receiver {
  string group_name = 1;        // 收件人名称
  string integration = 2;       // 收件渠道类型，例如 wechat、webhook、email 等
  uint32 idx = 3;               // 收件地址在当前渠道类型中的编号
}
```

从整体层面考虑，鉴于警报分组并发处理的事实，同一个收件地址可能接收来自多

个分组的警报。这种多个分组与多个
收件地址之间的关系构成了一个警报
投递网络，如图 11-13 所示（仅展示了
单个收件人的情况）。在这样的投递网
络中，避免重复投递是指网络中的警报
分组不应该连续两次投递相同的警报

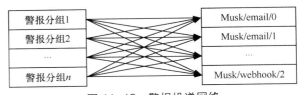

图 11-13　警报投递网络

到右侧的收件人（即 Musk）。这种情况就要求送达字典能够存储每一条边（图中的箭头）
的状态，即需要使用收件地址识别码和警报分组识别码的组合作为主键。

警报经过路由分组和自我聚类两个阶段之后才进入最终分组，所以警报分组识别码应
能够描述这样一个完整的路径，即包含路由树节点路径和聚类标签集（两者用冒号分隔），
举例如下。

```
{job="mars",from="earth"}/{inst=~"rover-.*"}:{severity="crit", event="lost"}
```

如果将警报分组识别码和收件地址识别码组合起来，最终构成的送达字典的主键如下
所示。

```
{job="mars",from="earth"}/{inst=~"rover-.*"}:{severity="crit", event="lost"}:Musk/
email/1
```

在送达字典中，主键对应的值为 ProtoBuf 消息对象，当需要向其他节点广播字典内容时能够方便地进行序列化。送达字典的数据由多个协程并发写入，具体数量取决于警报投递网络的规模以及活跃的边的数量。

送达字典中的数据也需要定期清理，系统会启动一个协程负责数据清理，每隔 15min（固定值）进行一次清理并生成快照文件（新的快照文件替换旧的快照文件）。通知日志在字典中的存活时间由启动参数 data.retention 决定，如果该值为 120h，意味着自通知日志的生成开始计算，它可以在字典中存活 120h（除非被下一个通知日志提前覆盖）。

快照文件是送达字典的 ProtoBuf 消息对象序列化输出，每个通知日志包含一个长度前缀。即使发生了系统故障，仍然可以在服务重启之后恢复快照文件中的数据。通过解码送达字典快照文件可以大概知道有哪些警报在最近一段时间曾经送达，以及送达至哪个收件地址。代码清单 11-26 展示了某个送达字典快照文件的解析结果，其中的 group_key 值为 Base64 编码，解码后的值为 {}:{}，说明该警报经过一个空路由树节点，并且聚类标签集为空。

代码清单 11-26　某个送达字典快照文件的解析结果

```
# ./nflog_decode nflog
{"entry":{"group_key":"e306e30=","receiver":{"group_name":"web.hook","integration":
"webhook"},"timestamp":"2023-03-05T21:54:15.080158824Z","firing_alerts":[148148926592
58857222,10825379382589046142,15374659340398609739,14682201317500149777]},"expires_at":
"2023-03-05T22:54:15.080158824Z"}
```

11.6.2　通知日志的广播

在登记通知日志时，无论记录是否需要合并到本地，它都会被广播到其他节点。也就是说，每次广播只传输一个通知日志，而不是整个送达字典。这保证了数据传播的及时性，使其他节点能够在短时间内快速获知通知日志。广播的方式采用 UDP 还是 TCP 取决于消息长度是否超过 700 字节。在警报投递网络的任意一条边上，每次生成的通知日志大部分内容具有固定长度，唯一变化的是警报指纹的数量。警报指纹一般为很大的整数且采用 varint 编码，每个警报指纹的长度一般为 10 字节。

11.6.3　通知日志的作用

通知日志的主要作用是避免相同警报在短时间内连续重复投递，它主要应用于去重环节。其工作机制如图 11-14 所示。其主要原理是通过与当前待发送警报进行集合运算，确定待发送警报是否是通知日志的子集，如果待发送警报是通知日志的子集，说明属于连续重复投递。如果该现象出现时，通知日志已经陈旧（超过一定的周期），说明这一连续重复投递不属于短时间重复，可以执行投递。如果通知日志不是陈旧的，则放弃投递。

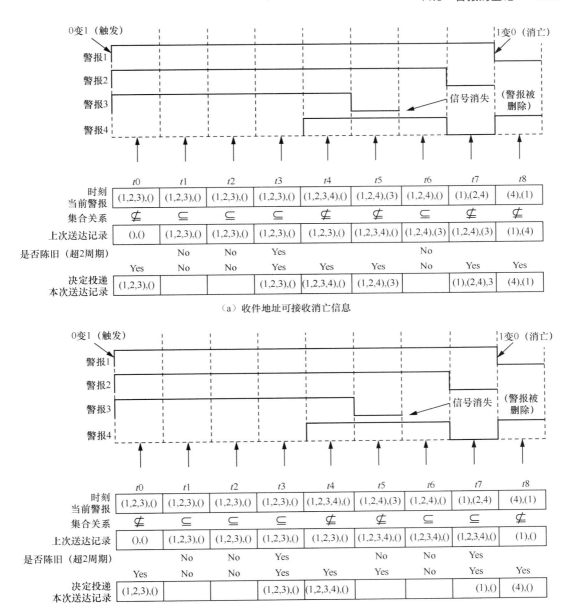

（a）收件地址可接收消亡信息

（b）收件地址不可接收消亡信息

图 11-14　通知日志在去重环节的应用[①]

[①] 注：矩形波表示警报状态，1 代表活动，0 代表已消融，上升沿代表触发警报，下降沿代表警报消融，无信号代表警报已从分发器的存储区中删除。时间以警报处理间隔为单位长度。正常情况下任何警报都从一个上升沿开始，并持续到下降沿之后的一个周期。当前警报由 2 个集合构成（用圆括号表示），分别为活动警报集合和消融警报集合。上次通知日志同样包含2 个集合，分别为最近一次处理完毕的活动警报集合和消融警报集合。本次通知日志是指经过去重之后实际发送的警报集合，如果为空说明本次没有发送任何警报。图 11-14 仅表现了本地节点的去重，未考虑多节点之间的信息同步。

去重阶段应用通知日志的总体规则为先判断当前警报是否构成上次通知日志子集，然后判断当前时间是否超过复发时间（通知日志是否陈旧），最后决定是否投递该警报。按照规则，如果当前警报是通知日志的子集（活动警报和消亡警报分别计算，两者均构成子集关系），则放弃投递（除非上次通知日志已陈旧）。如果当前警报与上次通知日志不构成子集关系（至少有一个警报不在通知日志中），那么无论通知日志是否陈旧，都将继续投递所有的当前警报。这种情况一般伴随着上升沿或者下降沿出现，可见，上升沿和下降沿一般会导致投递当前全部警报。在下降沿之后的第一个周期，警报将被删除并退出当前分组。信号的消失不会导致投递发生，这意味着通知日志将延续上次的内容。

上述的子集关系是在收件地址接收消亡警报的情况下形成的，如果当前收件地址不接收消亡警报（仅接收活动警报），则不需要考虑消融警报是否是通知日志的子集，那么图 11-14 中的 $t5$ 和 $t7$ 时刻就形成了子集关系。

有时警报会在激发后迅速消亡，这种情况下，去重程序看到的是一个没有上升过程的下降沿。这对不接收消亡警报的收件地址来说，这种情况和接收正常警报没有什么区别。但是对于可以接收消融警报的收件地址，会导致投递次数的增加。